全国高职高专建筑类专业规划教材

AutoCAD 建筑制图

主　编　张多峰　马巧娥
副主编　龚景毅　张永伟　倪化秋
　　　　胡娅春　李　慧　符元民
主　审　曾令宜

黄河水利出版社
·郑州·

内容提要

本书是全国高职高专建筑类专业规划教材，是根据教育部对高职高专教育的教学基本要求及全国水利水电高职教研会制定的 AutoCAD 建筑制图课程教学大纲编写完成的。本教材依据高职高专院校建筑工程技术专业人才培养方案的基本要求，按照“任务驱动，教、学、做一体化”的课程教学模式编写。教学内容按照建筑工程施工员的岗位任职要求构建，教学任务设计将制图理论学习和 AutoCAD 绘图技能培养有序融合，强化工程图识读能力和 AutoCAD 绘图技能。全书在七个教学项目模块中设计了二十二个学习型教学任务，内容包括：AutoCAD 制图基本知识与技能、正投影原理与三视图绘制、正等轴测图绘制、AutoCAD 三维实体模型创建、组合体视图识读、工程形体图示表达、绘制和识读房屋建筑施工图等。

本书为高职高专院校建筑工程类专业的教材，也可作为相关专业技术人员的参考书。

图书在版编目(CIP)数据

AutoCAD 建筑制图/张多峰，马巧娥主编. —郑州：黄河水利出版社，2011.8 （2012.5 修订重印）
全国高职高专建筑类专业规划教材
ISBN 978-7-5509-0068-4

Ⅰ. ①A… Ⅱ. ①张… ②马… Ⅲ. ①建筑制图-计算机辅助设计-AutoCAD 软件-高等职业教育-教材 Ⅳ. ①TU204

中国版本图书馆 CIP 数据核字(2011)第 115896 号

组稿编辑：王路平 电话：0371-66022212 E-mail：hhslwlp@163.com
简 群 66026749 w_jq001@163.com

出 版 社：黄河水利出版社
地址：河南省郑州市顺河路黄委会综合楼 14 层 邮政编码：450003
发行单位：黄河水利出版社
发行部电话：0371-66026940、66020550、66028024、66022620(传真)
E-mail：hhslcbs@126.com
承印单位：河南地质彩色印刷厂
开本：787 mm×1 092 mm 1/16
印张：16.25
字数：380 千字 印数：4 101—8 000
版次：2011 年 8 月第 1 版 印次：2012 年 5 月第 2 次印刷
2012 年 5 月修订

定价：32.00 元

前 言

本书是根据《教育部、财政部关于实施国家示范性高等职业院校建设计划，加快高等职业教育改革与发展的意见》（教高［2006］14 号）、《教育部关于全面提高高等职业教育教学质量的若干意见》（教高［2006］16 号）等文件精神，由全国水利水电高职教研会拟定的教材编写规划，在中国水利教育协会指导下，由全国水利水电高职教研会组织编写的建筑类专业规划教材。本套教材以学生能力培养为主线，具有鲜明的时代特点，体现出实用性、实践性、创新性的教材特色，是一套理论联系实际、教学面向生产的高职高专教育精品规划教材。

《AutoCAD 建筑制图》课程是建筑工程类专业一门制图理论和绘图技能兼具的技术基础课。编者在开发教材的过程中，积极贯彻《教育部关于全面提高高等职业教育教学质量的若干意见》的精神，依据专业人才培养方案的基本要求，设计"任务驱动，教、学、做一体化"的课程教学模式，突出学生实践能力培养。为此，本教材有以下几个突出特点：

（1）按照建筑工程施工员岗位的任职要求构建课程教学内容，以必需、够用为原则，降低理论深度，将制图理论学习和 CAD 技能培养有序融合，强化工程图识读能力和 CAD 绘图技能。

（2）按照"任务驱动，教、学、做一体化"的课程教学模式编写，将知识点组织到各个教学任务中，教师指导学生在完成实训任务的过程中学习和掌握必要的基础理论与基本技能，边教、边学、边做，提高学习效率。

（3）教材案例联系工程实际，绘图技能方法来自工程技术人员的实践经验总结，争取做到职业能力培养和职业岗位要求零距离接轨。

（4）贯彻《房屋建筑制图统一标准》（GB/T 50001—2001），力求图形严谨规范、概念叙述准确、语言通俗易懂。

本书为创新性教材，是集体教学研究的成果。适合高等职业院校建筑工程类专业作为教材使用，也可作为建筑工程技术人员的参考书。使用本教材需要具备多媒体教学设备和开放性的 AutoCAD 实训机房，最好具有教、学、做一体化教室。

本书编写人员及编写分工如下：绪论、任务一、四、九由山东水利职业学院张多峰编写；任务二、三由山东省曲阜市职业中专符元民编写；任务五、六、七由杨凌职业技术学院马巧娥编写；任务八、十六、十七、十八、十九、附图由山东水利职业学院龚景毅、倪化秋编写；任务十、十一、十二由成都职业技术学院张永伟编写；任务十三、十四、十五由郑州城市职业学院胡娅春编写；任务二十、二十一、二十二由郑州城市职业学院李慧编写。本书由张多峰、马巧娥担任主编，张多峰负责全书统稿；由龚景毅、张永伟、倪化秋、胡娅春、李慧、符元民担任副主编；由黄河水利职业学院曾令宜教授担任主审。

感谢山东水利职业学院张鲁明老师、山东省日照市建筑设计研究院张建福设计师对本书编写提供的无私帮助和给予的宝贵意见。

由于作者水平有限，书中难免存在欠缺和不当之处，恳请读者批评指正。

编 者

2011 年 3 月

目　录

绪　论

一、《AutoCAD 建筑制图》的任务和学习方法

(一)《AutoCAD 建筑制图》课程的地位和作用

《AutoCAD 建筑制图》课程学习绘制和阅读建筑工程图,它是一门制图理论和实践技能兼具的专业基础课。

在建筑工程技术领域,建筑工程图是建筑工程技术人员用以表达设计意图、组织生产施工、交流技术思想的重要技术资料。设计人员通过工程图把工程结构和尺寸表达出来,施工人员通过工程图进行组织生产施工,使用者通过工程图来进行管理、维护和维修。因此,建筑工程图被称为工程技术语言。

(二)本课程的学习任务和学习目标

(1)学习制图基本原理,能够图示表达常见建筑工程形体结构。

(2)学习房屋建筑制图国家标准和图示表达方法,能够识读房屋建筑施工图和钢筋混凝土结构图。

(3)学习 AutoCAD 绘图软件的应用,能够熟练绘制房屋建筑施工图和钢筋混凝土结构图。

(三)本课程的学习方法和考核方法

(1)本课程以"任务驱动,教、学、做一体化"为主要教学模式,即在绘图或识图任务的引领下,学生在完成实训任务的过程中学习和掌握必要的基础理论与基本技能,边教、边学、边做,最后学生发表任务成果,接受质询和评价。

(2)课程对绘图的成果质量要求较高,绘图和读图能力的培养主要是通过一系列的绘图实践来实现的,所以制图的学习是一个艰苦积累的过程,应有一个不骄不躁的学习态度。

(3)AutoCAD 是绘图学习的主要工具,注重操作实践,注意在学习中多用多练,熟能生巧,逐步熟练地运用计算机绘图软件进行工程图的绘制。

(4)学习考核主要是对任务成果质量和过程表现进行量化,然后进行学期综合评价。

二、AutoCAD 基本知识

AutoCAD 是"Autodesk Computer Aided Design"的缩写。其中,CAD 是泛指一种使用计算机进行辅助设计的技术,AutoCAD 是指美国 Autodesk 公司开发的 CAD 应用软件。AutoCAD 有它自身极丰富的内涵和广泛的应用范围,是一门多学科综合应用的新技术,具有易于掌握、使用方便、体系结构开放等特点。它的基本功能有二维绘图与编辑功能、三维造型与渲染功能、图纸管理功能、输出与打印功能、网络资源访问功能、协作设计和参照功能。工程图绘制是 AutoCAD 最重要的组成部分,因为无论哪种设计,最终的设计结

果都离不开图。目前,AutoCAD 已经成为世界上应用最广泛的 CAD 软件之一,广泛应用于建筑、机械、纺织、气象、水利、农业、冶金、土木工程等领域。

AutoCAD 自 1982 年问世以来,版本一直在不断更新,目前市场上流行的版本有 AutoCAD2006、AutoCAD2007、AutoCAD2008 等。这些版本的经典界面是基本相同的,下面以 AutoCAD2007 版本为例,介绍 AutoCAD 的绘图界面,如图 0-1 所示。

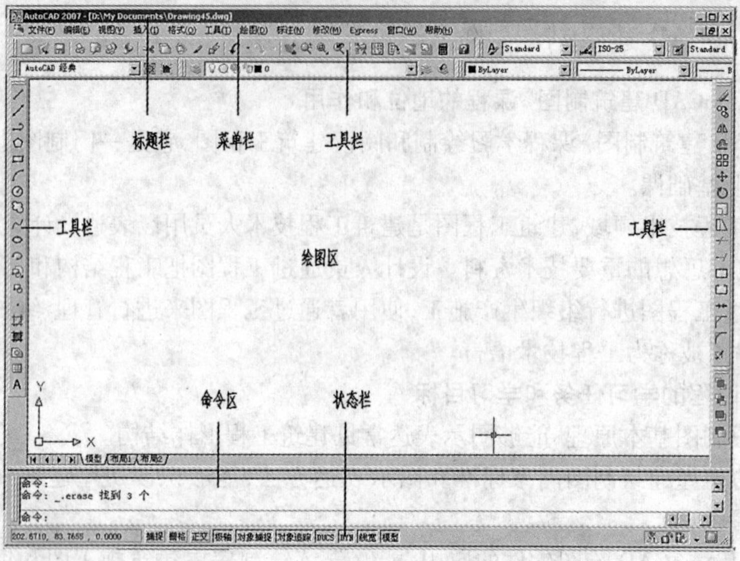

图 0-1　AutoCAD2007 中文版绘图界面

AutoCAD 的绘图界面主要由标题栏、绘图区、菜单栏、各种工具栏、状态栏、命令行等部分组成。其主要功能简介如下。

(一)命令区

命令区在工作界面的下方,它是一个命令输入窗口,缺省状态下显示 3 行命令文字,如图 0-1 所示,也可以拖动边界调整显示窗口的大小。操作者使用键盘输入命令字符,按回车键(或空格键)后即执行输入的命令。

(二)工具栏

工具栏是包含启动命令的按钮。设置工具栏的目的是快速调用命令,单击工具栏中图标按钮,即可执行相应的命令。

在 AutoCAD 中,系统已提供了 30 多个已命名的工具栏。默认情况下,AutoCAD 绘图界面显示“绘图”、“修改”等工具栏,大多数处于隐藏状态。

将鼠标光标放置在已显示的任意工具栏上,单击右键,在显示的右键菜单上用鼠标点击相应的工具栏,即可显示或隐藏该工具栏。

(三)绘图功能按钮

绘图功能按钮在状态栏中,如图 0-2 所示,左键单击按钮即可打开或关闭各按钮。

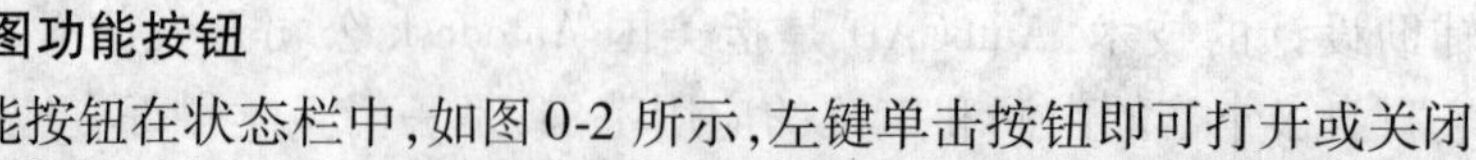

图 0-2　状态栏中的绘图功能按钮

常用的绘图功能按钮有“极轴”、“对象捕捉”、“对象追踪”。下面分别介绍其功能。

“极轴”打开时，光标追踪用户设置的极轴角度，这样可以利用极轴追踪功能绘制各种倾斜角度的直线。“极轴”角度的设置方法是：将鼠标移到“极轴”开关按钮上，单击鼠标右键，弹出右键快捷菜单，如图 0-3 所示，在快捷菜单中选择“设置”命令，弹出显示“极轴追踪”设置选项的“草图设置”对话框，如图 0-4 所示。在其中可以对“极轴追踪”的各选项进行设置。

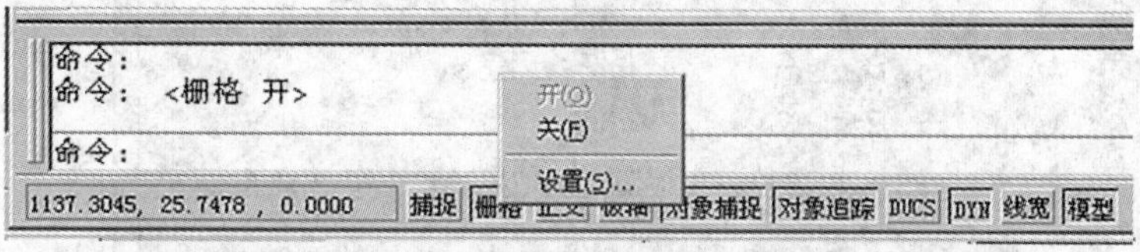

图 0-3 “栅格”按钮的右键菜单

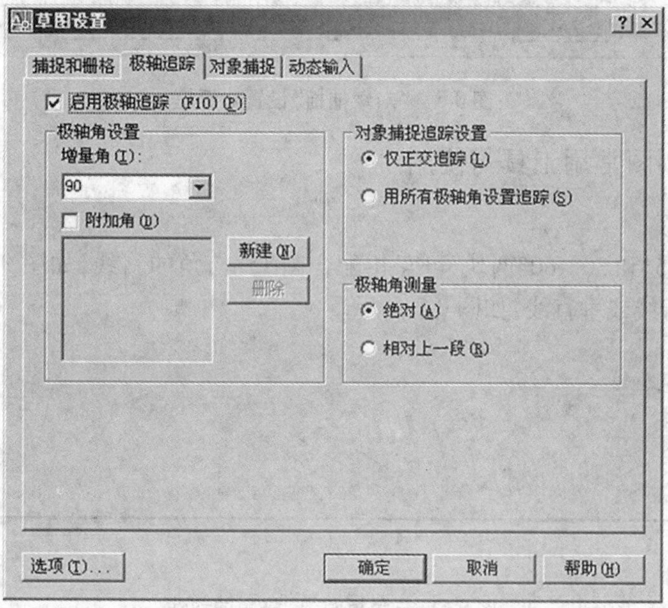

图 0-4 “极轴追踪”设置对话框

“对象捕捉”打开时，绘图时能够捕捉到设置的图形对象特征点，如圆或圆弧的圆心、线段的端点、交点、中点、垂足点等。对象捕捉的设置方法同极轴设置是一样的，图 0-5 为“对象捕捉”设置对话框。

在该对话框中有 13 个特征点可设为固定捕捉，可以从中选择一个或多个特征点捕捉形成一个固定对象捕捉模式，如图 0-5 选择了“端点”、“圆心”、“交点”、“延伸”4 个特征点捕捉为固定对象捕捉模式，选择后单击“确定”按钮即确定设置。

“对象追踪”打开时，绘图时可以与设置的图形对象特征点对齐，即当光标移动到与某个特征点处于水平对齐、垂直对齐、某极轴角对齐等位置时，就会出现一条对齐线，并显示相应的追踪参数。

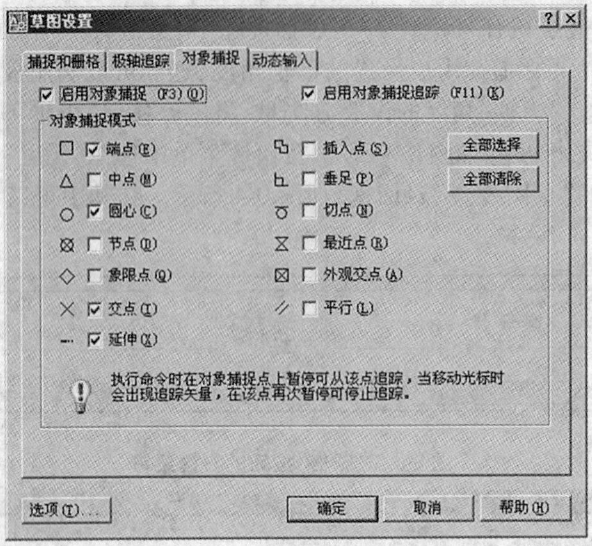

图 0-5　“对象捕捉”设置对话框

三、手工制图常用工具与使用

(一)三角板

三角板分 45°和 30°、60°两块,可互相配合画 15°倍角的斜线,如图 0-6 所示;也可画任意角度的平行线或垂直线,如图 0-7 所示。

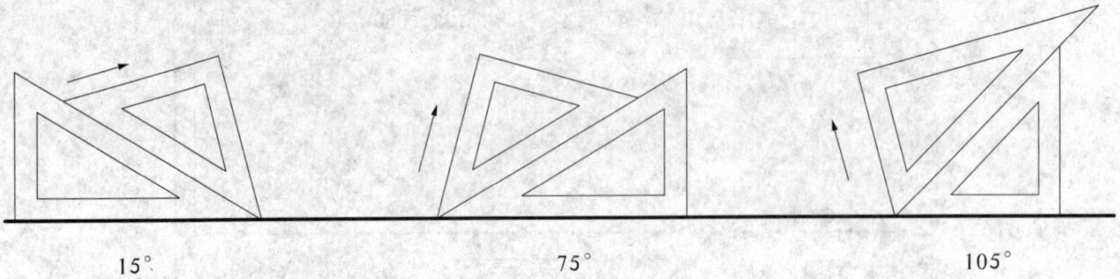

图 0-6　三角板画 15°倍角的斜线

(a) 平行线　　　　(b) 垂直线

图 0-7　三角板画平行线或垂直线

(二)铅笔

绘图用铅笔的铅芯分别用 B 和 H 表示其软、硬程度,绘图时根据不同使用要求,应准备以下几种硬度不同的铅笔:

B 或 HB—画粗实线用；

HB 或 H—画箭头和写字用；

H 或 2H—画各种细线和画底稿用。

其中用于画粗实线的 B 或 HB 型铅笔磨成矩形，其宽度 *b* 为粗实线的线宽，其余的磨成圆锥形，如图 0-8 所示。

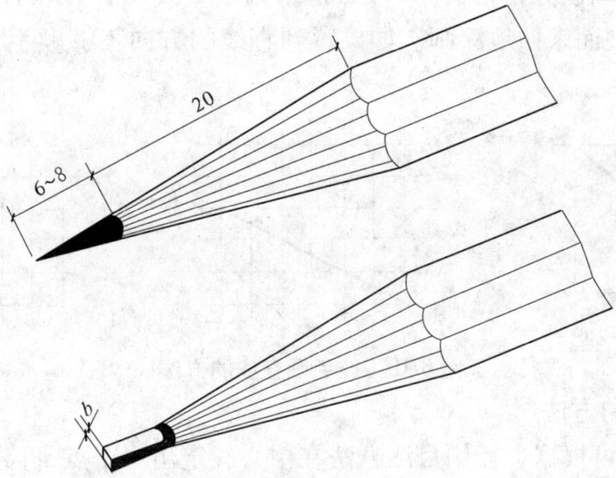

图 0-8　铅芯的形状

(三) 圆规

圆规用来画圆和圆弧。画图时应尽量使钢针和铅芯都垂直于纸面，钢针的台阶与铅芯尖应平齐，使用方法如图 0-9 所示。

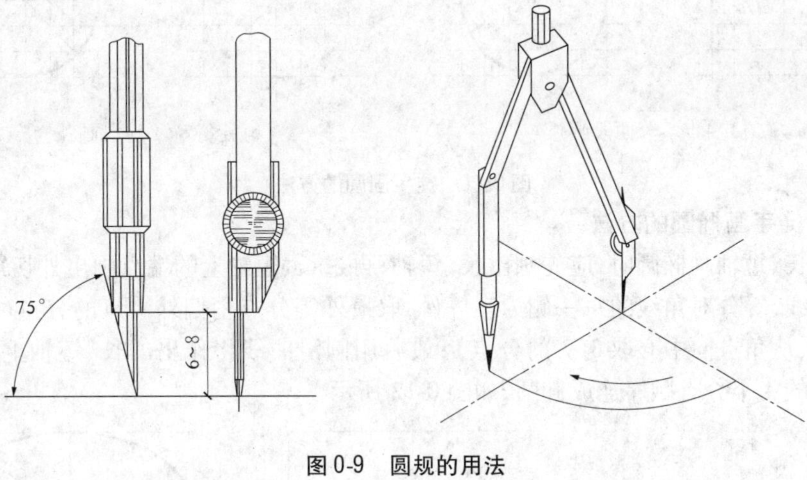

图 0-9　圆规的用法

四、草图的画法

徒手画的图叫草图，但没有潦草的含义。在施工现场或作设计构思阶段常要画出草图，经确认后再画成仪器图。用计算机绘图也要先徒手画出草图后再上机绘制。所以，徒手图不但是传统制图的需要，在计算机绘图的今天更显得重要。

徒手画图要求画图速度较快，比例大致准确，图形正确，标注清晰，图面整洁。草图一般画在白纸或小方格纸上。在方格纸上画草图可以较好地画出直线，也容易确定图样的比例。

（一）徒手画直线的方法

徒手画直线时，眼睛应看着线的末点，手腕放松，笔尖沿着直线方向画过去。如果草图要求较精确，则先画出方格框，再按依照框格画出直线，如图 0-10 所示。画线应自然，切不可为了加粗线型而来回地涂画。如果感到直线的方向不够顺手，可将图纸转动适当的角度。

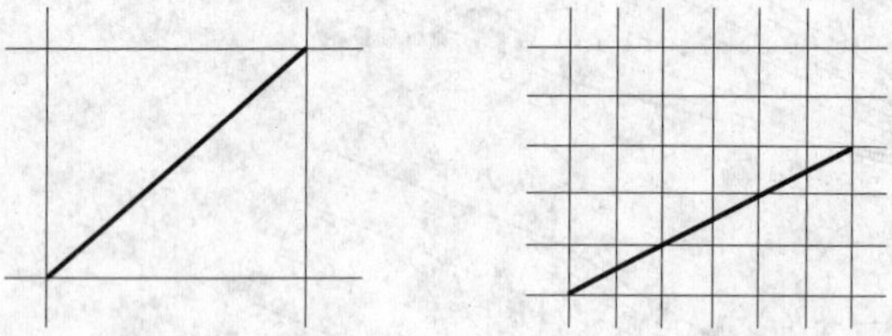

图 0-10　徒手画直线的方法

（二）徒手画圆的方法

确定了圆心后，可根据半径用目测方法在中心线定出 4 个点，再分别通过 3 点圆两段弧而成整圆，如图 0-11(a)所示。对于较大的圆，可以通过圆心作两条互相垂直的 45°辅助线，同样每过 3 点作一段圆弧，由 4 段圆弧合成整圆如图 0-11(b)所示。

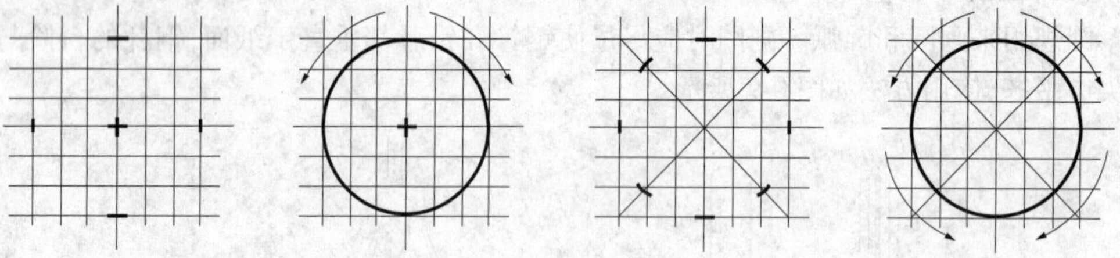

(a) 定4点，分两段画弧　　(b) 定8点，分4段画弧

图 0-11　徒手画圆的方法

（三）徒手画椭圆的方法

已知长、短轴画椭圆时，应先画出长、短轴；再过长、短轴上的端点画出外切矩形，连矩形的对角线，等分对角线的每一侧为三等份，取最外等分点稍偏外一点的分点(亦可在半对角线上，从角点向中心取 3∶7 的分点)；最后用圆滑曲线将作出的长、短轴上的端点和对角线上的 4 个分点顺序连成椭圆，如图 0-12 所示。

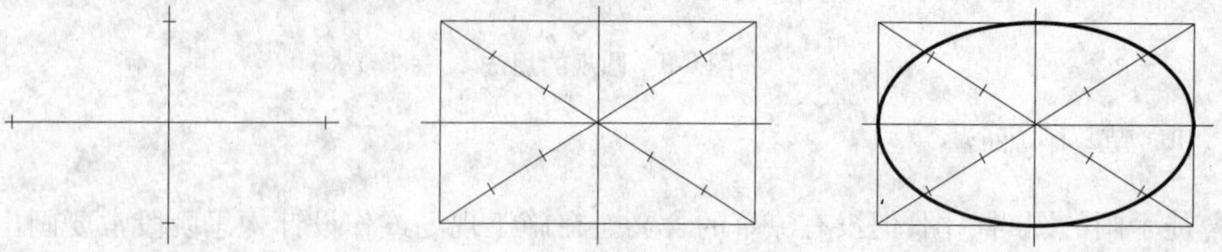

(1)　　(2)　　(3)

图 0-12　椭圆的徒手画法

五、课外拓展练习

(1)关于绘图窗口的背景颜色,描述错误的是(　)。

A. 可以更改为其他颜色

B. 打印图纸之前一定要改为白色

C. 图形的打印与背景颜色无关

D. 在“选项”对话框“显示”卡上设置背景颜色

(2)对象追踪不能单独使用,必须配合(　)一起使用。

A. 对象捕捉　　B. 捕捉　　C. 极轴追踪　　D. 延伸捕捉

(3)利用“极轴”工具绘制水平线和垂直线,以下“极轴增量角”设置错误的是(　)。

A. 0　　B. 30　　C. 45　　D. 90

(4)关于“正交”、“极轴”、“对象捕捉”、“对象追踪”的描述错误的是(　)。

A. 正交与极轴不可同时开启

B. 极轴可以实现正交功能

C. 对象捕捉可以捕捉对象外的点

D. 对象追踪可以单独使用,无需打开对象捕捉

(5)极轴增量角设为默认的90°,用直线(LINE)命令配合“极轴”工具绘制直线时,以下正确的说法是(　)。

A. 只能向上画90°垂直线

B. 只能向上画90°或向下画270°垂直线

C. 可以画水平线和垂直线

D. 还要打开正交才能画水平线和垂直线

项目一　AutoCAD 制图基本知识与技能

教学任务	教学目标	
	知识目标	技能目标
任务一　制图标准与CAD设置	1.掌握房屋建筑制图图线标准 2.掌握房屋建筑制图尺寸标注标准 3.了解AutoCAD"图层"和"特性"工具栏的作用	1.能够利用AutoCAD图层设置图线特性 2.能够利用AutoCAD特性工具栏设置图线特性 3.能够进行图线"线型比例"的设置 4.能够正确进行尺寸标注样式设置
任务二　AutoCAD绘制直线构成平面图形	1.掌握常用的CAD绘直线段的几种方法 2.掌握CAD功能按钮的设置方法 3.掌握线性尺寸标注和角度尺寸标注的设置方法	1.能够绘制直线段构成的平面图形 2.能够标注平面图形线性尺寸和角度尺寸
任务三　AutoCAD绘制圆弧连接平面图形	1.掌握圆弧连接图形的尺寸分析和线段分析方法 2.掌握"圆"、"圆弧"、"圆角"命令的应用方法	1.能够熟练绘制圆弧连接平面图形 2.能够正确标注半径、直径等尺寸
任务四　平面图形绘制与打印	1.掌握平面图形的线段分析和绘图步骤分析 2.掌握CAD图形的模型空间打印方法和打印设置	1.能够绘制较复杂平面几何图形 2.能够正确绘制图框、标题栏 3.能够正确设置和打印平面图形

任务一　制图标准与 CAD 设置

一、图线标准

《房屋建筑制图统一标准》(GB/T 50001—2001) 对图线的线型、线宽和用途进行了规定。

(一) 线型

房屋建筑制图最常用的几种线型如表 1-1 所示。手工绘图时,一般情况下,虚线的每画长宜为 3 ~6 mm,点画线的长画长宜为 8 ~12 mm,点画线的短画长宜为 1 mm 左右,虚线和点画线间隔宜为 1 mm 左右。

表 1-1　房屋建筑制图中的图线

名称	线型	线宽	用途
粗实线		b	主要可见轮廓线
中实线		$0.5b$	可见轮廓线
细实线		$0.25b$	可见轮廓线、尺寸线、尺寸界线等
粗虚线		b	新建的给水排水管道线、总平面图中的地下建筑物或地下构筑物等
中虚线		$0.5b$	不可见轮廓线
细虚线		$0.25b$	不可见轮廓线、图例线
粗单点长画线		b	起重机(吊车)轨道线
细单点长画线		$0.25b$	中心线、对称线、定位轴线等
粗双点长画线		b	预应力钢筋线等
细双点长画线		$0.25b$	假想轮廓线、成型以前的原始轮廓线
折断线		$0.25b$	断开界线
波浪线		$0.25b$	断开界线

(二) 线宽

房屋建筑制图图线的宽度 b 宜从下列线宽系列中选用:2.0 mm、1.4 mm、1.0 mm、0.7 mm、0.5 mm、0.35 mm。选定基本线宽 b,再根据线宽比就可以确定中粗线和细线的宽度。每个图样应根据复杂程度与比例大小,选用表 1-2 中相应的线宽组。同一张图纸内,相同比例的各图样,应选用相同的线宽组。

表 1-2 线宽组 （单位:mm）

线宽比	线宽组					
b	2.0	1.4	1.0	0.7	0.5	0.35
$0.5b$	1.0	0.7	0.5	0.35	0.25	0.18
$0.25b$	0.5	0.35	0.25	0.18		

注:1. 需要缩微的图纸不宜采用 0.18 mm 及更细的线宽;

2. 同一张图纸内,各种不同线宽中的细线可统一采用较细的线宽组的细线。

如果所绘图样比较简单,可采用两种线宽的线宽组,其线宽比为 b:$0.25b$。

(三)图线的画法

(1)相互平行的两直线,其间隙不宜小于其中的粗线宽度,且不宜小于 0.7 mm。

(2)虚线、单点长画线或双点长画线的线段长度和间隔宜各自相等。

(3)单点长画线或双点长画线,当在较小的图形中绘制有困难时,可用细实线代替。

(4)单点长画线或双点长画线的两端不应是点,点画线与点画线交接或点画线与其他图线交接时,应是线段交接。

(5)虚线与虚线交接或虚线与其他图线交接时,应是线段交接。虚线为实线的延长线时,不得与实线连接,如图 1-1 所示。

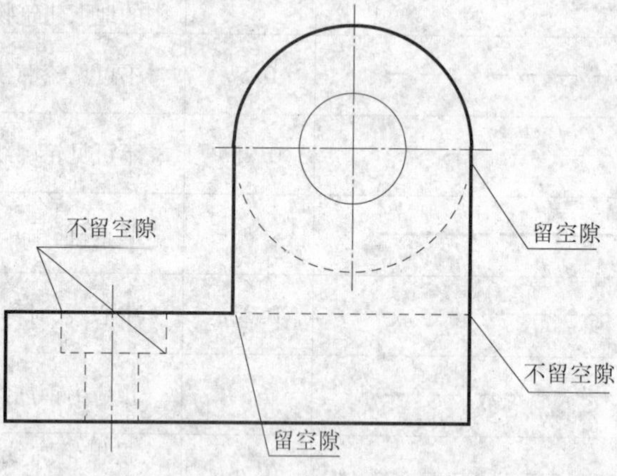

图 1-1 图线的画法

(6)图线不得与文字、数字或符号重叠、混淆,不可避免时,应首先保证文字等的清晰。

(7)绘制圆或圆弧的中心线时,圆心应为线段的交点,且中心线两端应超出圆弧外3 ~5 mm。

二、AutoCAD 图线特性设置

AutoCAD 主要利用“图层”功能设置或修改图线特性,也可以利用“特性”工具栏进行当前图线设置或修改图线特性。“线型比例”则是调整图线的疏密度达到制图标准的要求。

(一)利用图层设置图线特性

1. 图层“颜色”设置

在工程图中,为 CAD 标准检查的需要,相同类型的图线应采用同样的颜色。《CAD 工程制图规则》(GB/T 18229—2000)规定了各类图线的颜色设置。表 1-3 是我国 CAD 标准规定的图线颜色。

表 1-3　图线标准颜色

图线类型		屏幕上的颜色
粗实线	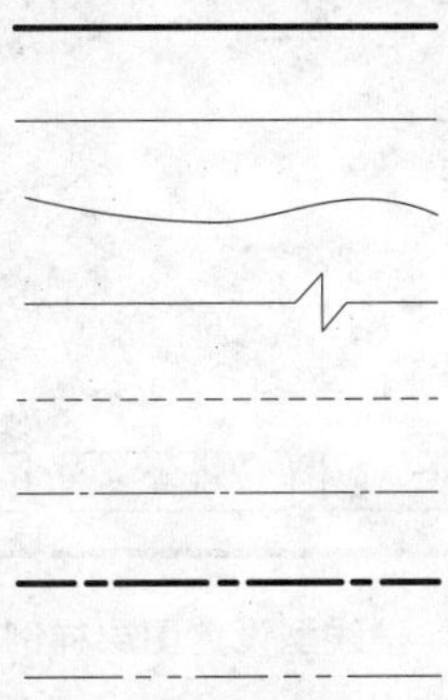	白色
细实线		绿色
波浪线		绿色
双折线		绿色
虚线		黄色
细点画线		红色
粗点画线		棕色
双点画线		粉红色

2. 图层“线型”设置

AutoCAD 建筑制图常用的线型型号及特性尺寸如表 1-4 所示,在绘制房屋建筑工程图时,虚线线型推荐选用“JIS_02_2.0”(小图)或“JIS_02_4.0”(大图);细点画线线型推荐选用“JIS_08_15”(大图)或“JIS_08_11”(小图)。

表 1-4　图线线型型号及特性尺寸

名称	线型样式	线型型号	间隙	短画长	长画长
虚线		HIDDEN2	1.5	3.0	
		JIS_02_2.0	1.0	2.0	
		JIS_02_4.0	1.5	4.0	
点画线		JIS_08_11	0.6	0.6	11.0
		JIS_08_15	0.75	0.75	15.0
		CENTER2	3.0	3.0	19.0
双点画线		PHANTOM2	3.0	3.0	16.0
		JIS_09_08	0.5	0.5	8.0
		JIS_09_15	0.9	0.9	15.0

3. 图层“线宽”设置

线宽按《房屋建筑制图统一标准》(GB/T 50001—2001)的要求设置，推荐选用 0.7 mm、0.35 mm、0.18 mm 或 0.5 mm、0.25 mm、0.13 mm 线宽组。

4. 图层设置举例

按线型设置图层样例如图 1-2 所示。

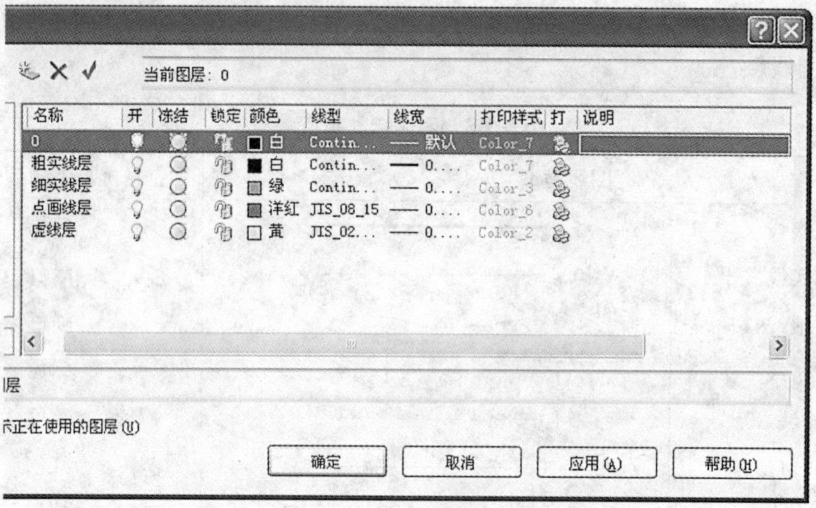

图 1-2 按线型设置图层样例

按图形类别设置图层样例如图 1-3 所示。

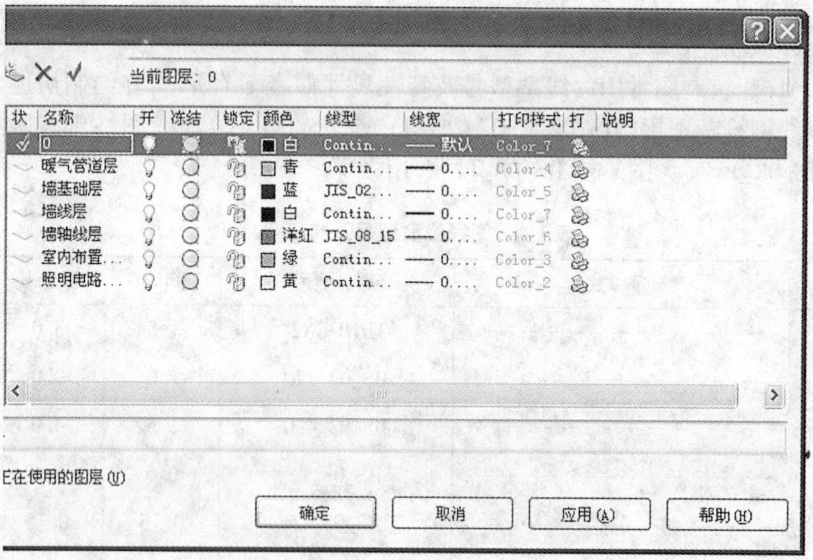

图 1-3 按图形类别设置图层样例

(二)利用“对象特性”工具栏设置图线特性

在缺省设置的 AutoCAD 界面上，在绘图区的上部显示“对象特性”工具栏，如图 1-4 所示，工具栏中包括“颜色控制”、“线型控制”、“线宽控制”三个特性控制窗口，“颜色”、“线型”、“线宽”都可以通过控制窗口设置。

图 1-4　“对象特性”工具栏

如果将特性值设置为“ByLayer”(随层),则绘制的图形对象的特性为当前图层设置的特性。例如,如果“图层 0”为当前图层,“图层 0”的图线颜色设置为“红色”,“对象特性”控制窗口中指定颜色“ByLayer”,则绘制出的直线的颜色将为红色。

如果将特性值设为指定的值,则该值将替代当前图层设置的值,且不随当前图层的改变而变化。例如,如果将“图层 0”上的直线指定为“蓝色”,则此后绘制的直线的颜色均为蓝色,直到重新修改“控制窗口”中的这个特性值为止。

应该注意的是,通过“对象特性”工具栏来设定对象的特性,容易引起记忆不清,不利于图形的修改和参照,所以在绘图中尽量不要使用“对象特性”工具栏,它仅是一种个别对象的特性控制方法。

(三)线型比例设置

“线型比例”的设置是放大或缩小虚线、点画线等线段的画长和间隔,使之能够达到国家制图标准的显示效果。方法如下:

在“格式”菜单中,单击“线型…”,弹出“线型管理器”窗口,如图 1-5 所示。

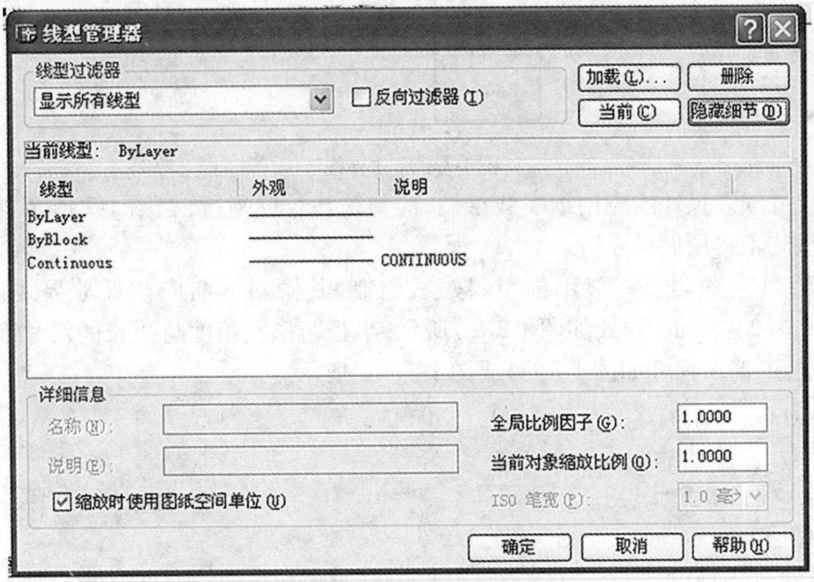

图 1-5　线型比例设置

其中,“全局比例因子”设置后,所有线型(包括已绘制和以后绘制的图线)的疏密都随着比例值发生变化;“当前对象缩放比例”设置后,新绘制的图线线型疏密随着比例值发生变化,当前比例值 = 全局比例因子值 × 当前对象缩放比例。

线型比例的具体设置与选择的线型、打印方式、打印比例等因素相关。

三、尺寸标注标准

(一)尺寸的组成

《房屋建筑制图统一标准》(GB/T 50001—2001)对图样的尺寸标注样式进行了规定,如图1-6所示,图样上的尺寸包括尺寸界线、尺寸线、尺寸起止符号和尺寸数字。

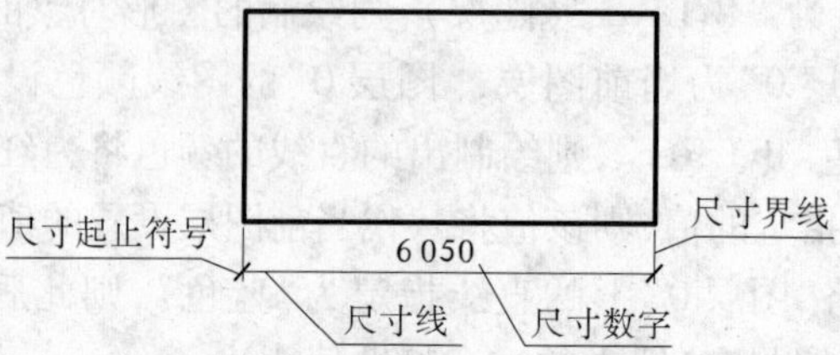

图1-6　尺寸的组成

(1)尺寸界线。尺寸界线应用细实线绘制,一般应与被注长度垂直,其一端应离开图样轮廓线不小于2 mm,另一端宜超出尺寸线2～3 mm,图样轮廓线可兼作尺寸界线,如图1-7所示。

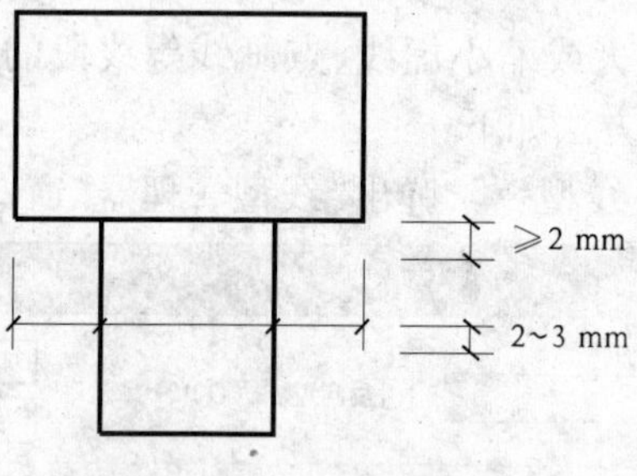

图1-7　尺寸界线

(2)尺寸线。尺寸线应用细实线绘制,应与被注长度平行,如图1-7所示,图样本身的任何图线均不得用做尺寸线。

(3)尺寸起止符号。一般用中粗斜短线绘制,其倾斜方向应与尺寸界线成顺时针45°,长度宜为2～3 mm,样式如图1-8(c)所示,半径、直径、角度与弧长的尺寸起止符号,宜用箭头表示,箭头尺寸如图1-8(a)或图1-8(b)所示。

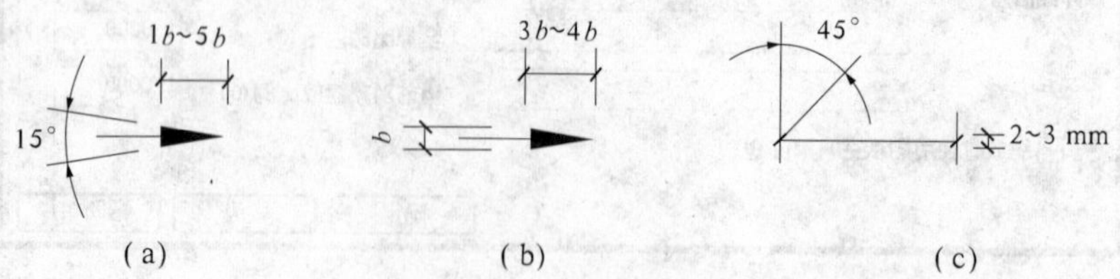

图1-8　尺寸起止符号

(4)尺寸数字。图样上的尺寸应以尺寸数字为准,不得从图上直接量取。图样上的尺寸单位,除标高及总平面以m为单位外,其他必须以mm为单位。

尺寸数字的方向有如下的规定:水平尺寸注在尺寸线的上方,字头向上;竖直尺寸注在尺寸线的左方,字头向左;倾斜尺寸注在尺寸线的上方,字头有朝上的趋势,如图1-9(a)所示;若尺寸在30°斜线区内,宜按图1-9(b)、(c)所示形式注写。

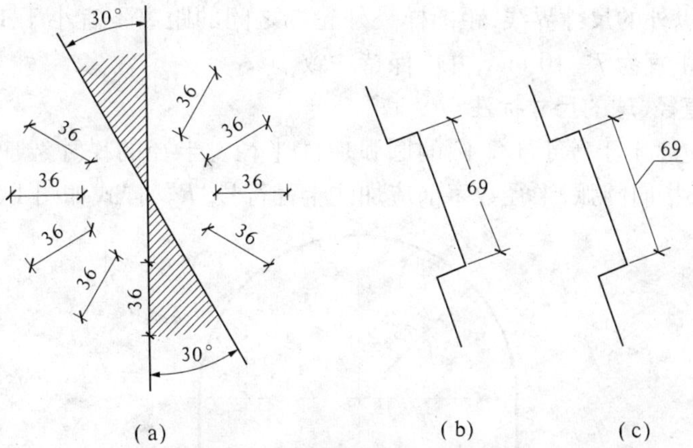

图 1-9　尺寸数字的注写方向

尺寸数字一般应依据其方向注写在靠近尺寸线的上方中部。若没有足够的注写位置,最外边的尺寸数字可注写在尺寸界线的外侧,中间相邻的尺寸数字可错开注写,如图 1-10所示。

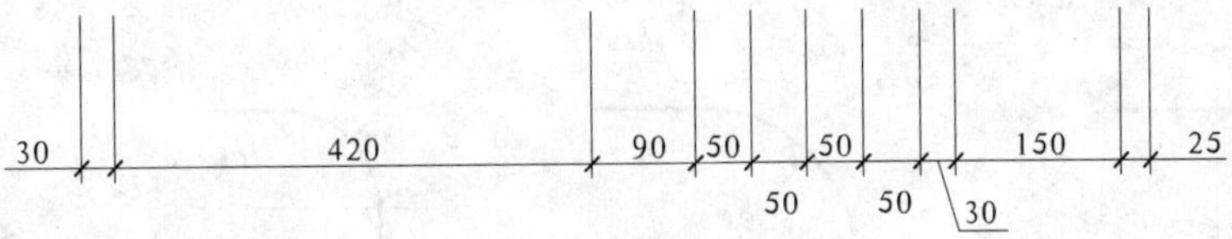

图 1-10　尺寸数字的注写位置

(二)尺寸的排列与布置

尺寸宜标注在图样轮廓以外,不宜与图线、文字及符号等相交,如果尺寸数字与图线相交不可避免,则应将图线断开,如图 1-11 所示。

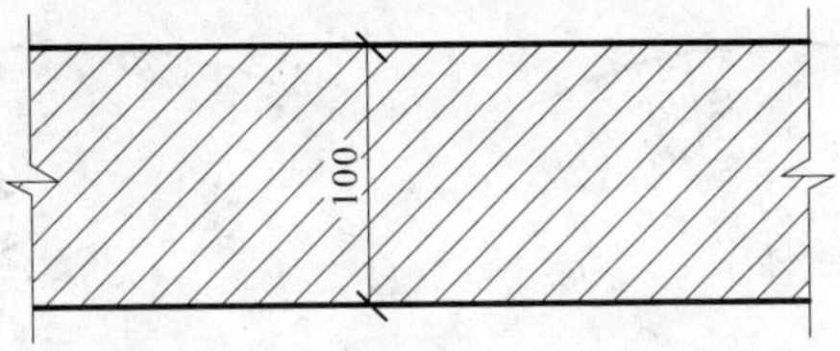

图 1-11　尺寸数字处图线应断开

互相平行的尺寸线,应从被注写的图样轮廓线由近向远整齐排列,较小尺寸应离轮廓线较近,较大尺寸应离轮廓线较远,如图 1-12 所示。

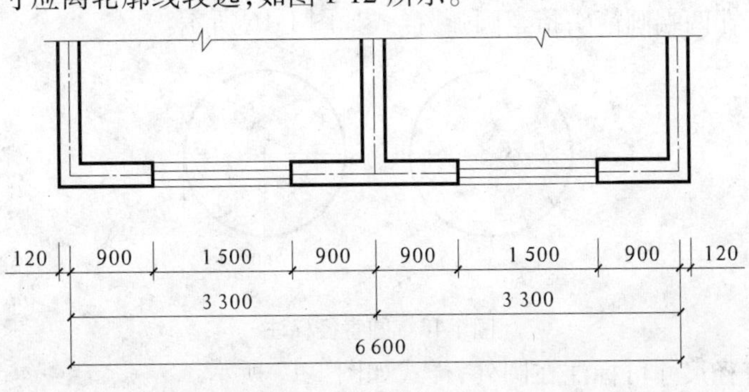

图 1-12　尺寸的排列

图样轮廓线以外的尺寸界线，距图样最外轮廓之间的距离不宜小于 10 mm。平行排列的尺寸线的间距宜为 7 ~ 10 mm，并应保持一致。

(三)半径、直径、球的尺寸标注

(1)半径标注。小于等于 1/2 圆的圆弧应注半径。半径的尺寸线应一端从圆心开始，另一端画箭头指向圆弧，半径数字前应加注半径符号"R"，样式如图 1-13 所示。

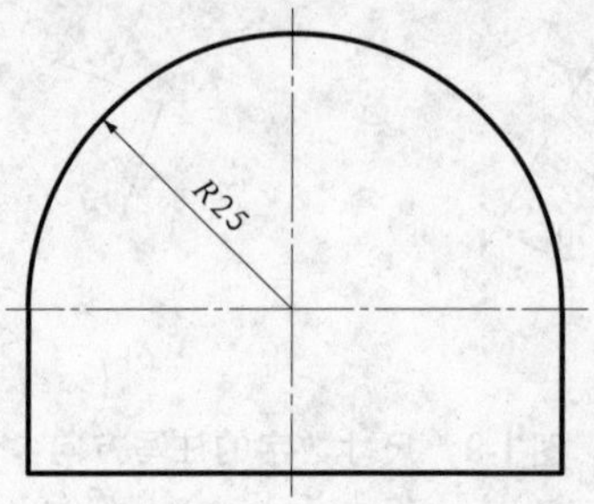

图 1-13　半径标注方法

较小圆弧的半径可按图 1-14 样式标注。

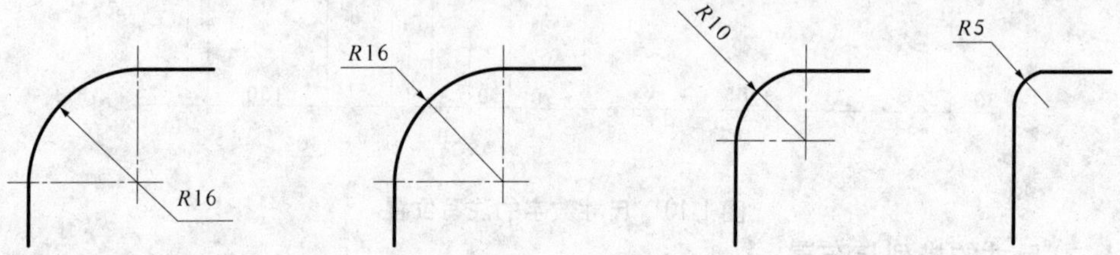

图 1-14　小圆弧半径标注

较大圆弧的半径可按图 1-15 样式标注。

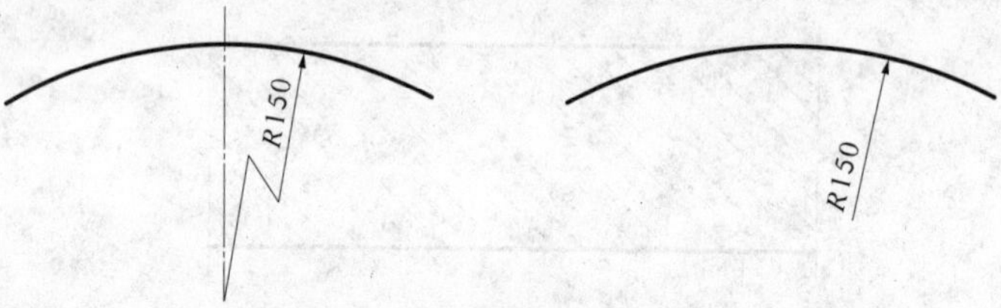

图 1-15　大圆弧半径标注

(2)圆的标注。标注圆的直径尺寸时，圆内标注的尺寸线应通过圆心，直径数字前应加直径符号 ϕ。在两端画箭头指至圆弧，样式如图 1-16 所示。

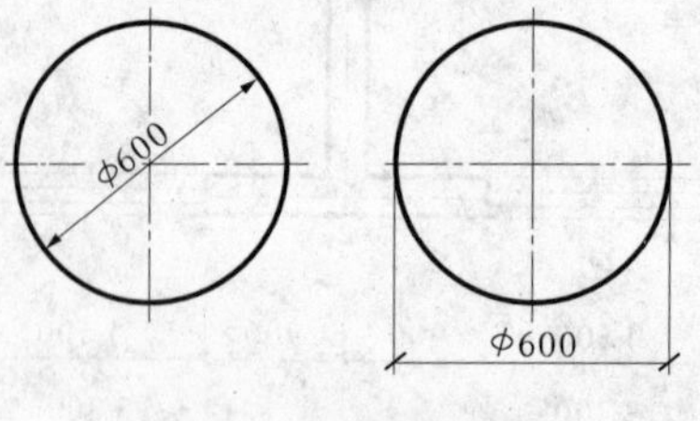

图 1-16　圆直径标注

较小圆的直径尺寸可标注在圆外，样式如图 1-17 所示。

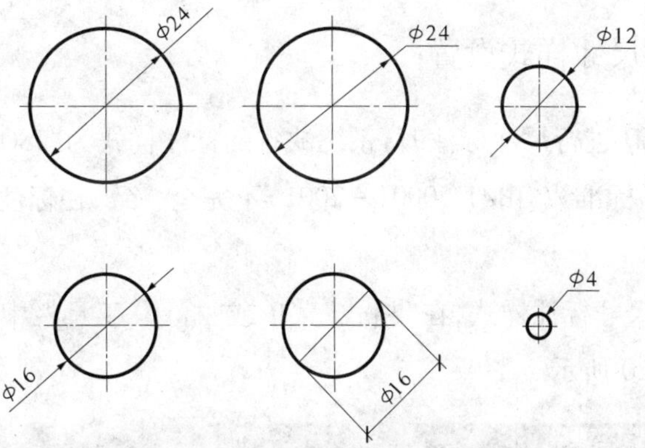

图 1-17　小圆直径标注

(3)圆球标注。标注球的半径尺寸时,应在尺寸数字前应加注符号“*SR*”;标注球的直径尺寸时,应在尺寸数字前应加注符号“$S\phi$”。注写方法与圆弧半径和圆直径的尺寸标注方法相同。

(四)角度、弦长、弧长的标注

(1)角度标注。角度的尺寸线用细实线圆弧表示,该圆弧的圆心为角的顶点,角的两条边为尺寸界线,起止符号应以箭头表示,若没有足够位置画箭头,可以圆点代替,角度数字应按水平方向注写,如图 1-18 所示。

(2)弦长标注。标注圆弧的弦长时,尺寸线应以平行于该弦的直线表示,尺寸界线垂直于该弦,起止符号用中粗斜短线表示,如图 1-19(a)所示。

(3)弧长标注。标注圆弧的弧长时,尺寸线应以与圆弧同心的细圆弧线表示,尺寸界线应垂直于该圆弧的弦,起止符号用箭头表示,弧长数字上应加圆弧符号“⌒”,如图 1-19(b)所示。

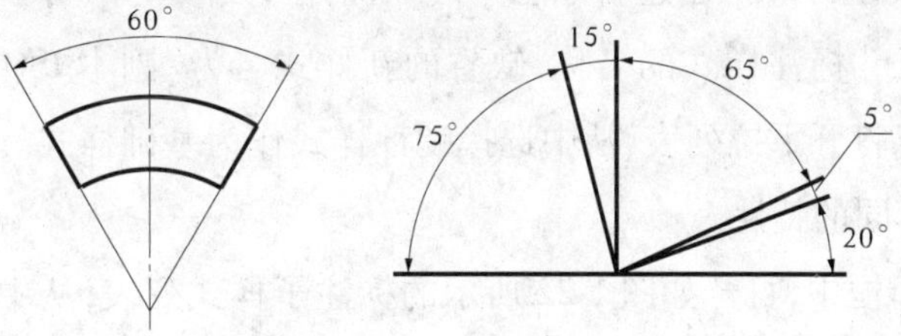

图 1-18　角度的标注

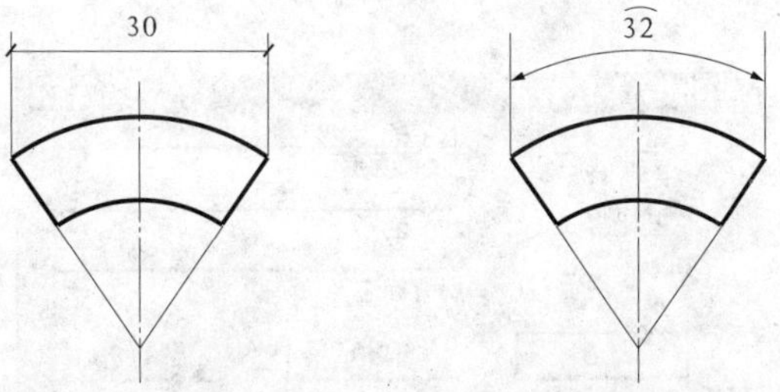

(a)弦长的标注　　(b)弧长的标注

图 1-19　弦长、弧长的标注

四、AutoCAD 尺寸样式设置

在利用 AutoCAD 进行尺寸标注时,系统缺省的标注样式为“ISO－25”,该样式与上述《房屋建筑制图统一标准》(GB/T 50001—2001)不完全一致,在标注时需要新建或修改尺寸标注样式。

要新建或修改尺寸标注样式,在“格式”菜单或“标注”工具栏中,打开“标注样式管理器”对话框,如图 1-20 所示。

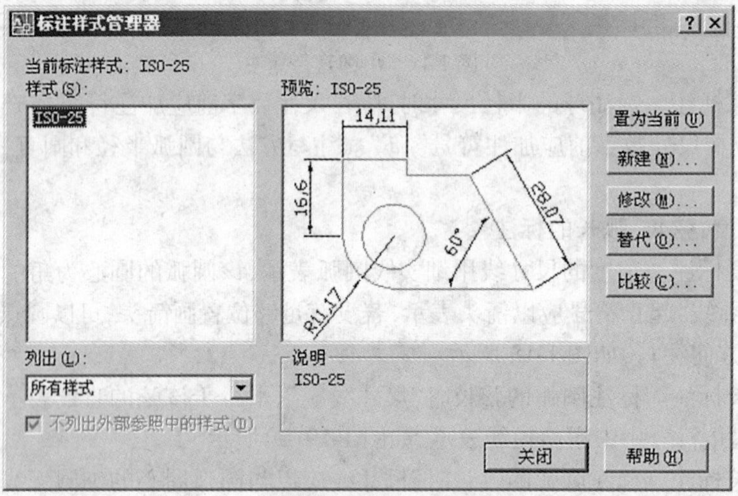

图 1-20 “标注样式管理器”对话框

点击“新建”按钮,打开“创建新标注样式”对话框,如图 1-21 所示。在“新样式名”输入框中输入新建尺寸标注样式的名称,缺省的新样式名为“副本 ISO－25”。在“基础样式”选择框中,可以打开下拉列表,从中选择一种样式作为基础样式。新建的标注样式只修改与基础样式不同的特性。

在“用于”选择框中,打开如图 1-22 所示的标注子样式列表,从中选择一种标注类型作为标注子样式。点击“继续”按钮,弹出“新建标注样式”对话框,如图 1-23 所示,从中对新样式进行设置。

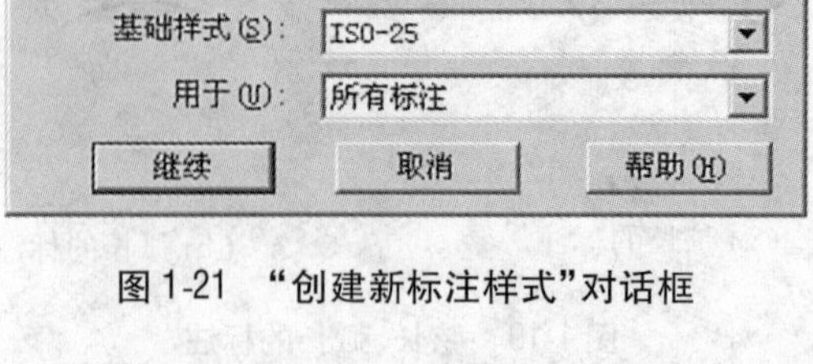

图 1-21 “创建新标注样式”对话框

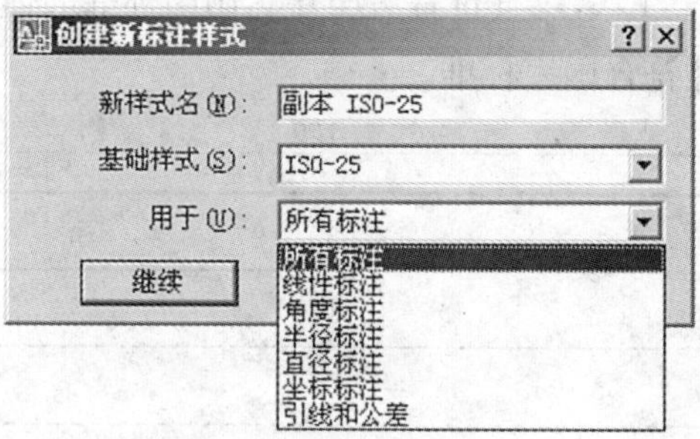

图 1-22　标注子样式列表

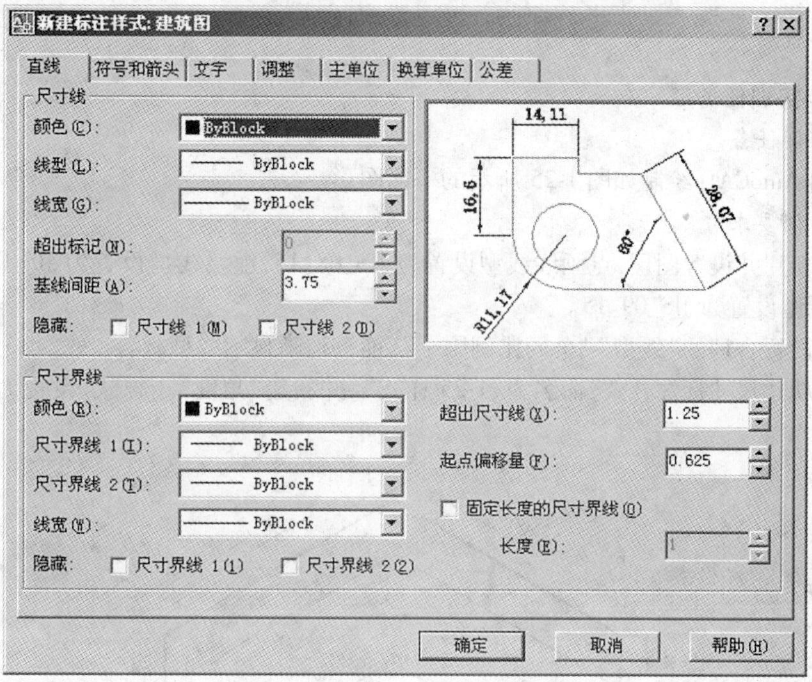

图 1-23　“新建标注样式”对话框

点击“修改”按钮，打开“修改标注样式”对话框，内容与图 1-23“新建标注样式”对话框相同，从中可以对标注样式进行重新设置，点击“确定”按钮后原样式即被修改。

五、实训任务与指导

(一)实训任务一

1. 实训任务

应用 AutoCAD 绘制如图 1-24 所示的平面图形。

2. 实训要求

(1)设置 4 个图层，分别赋予粗实线、细实线、细点画线、细虚线特性。

(2)新建图 1-24 标注样式,设置符合房屋建筑制图标准的标注样式。

(3)图线和尺寸标注符合国家标准。

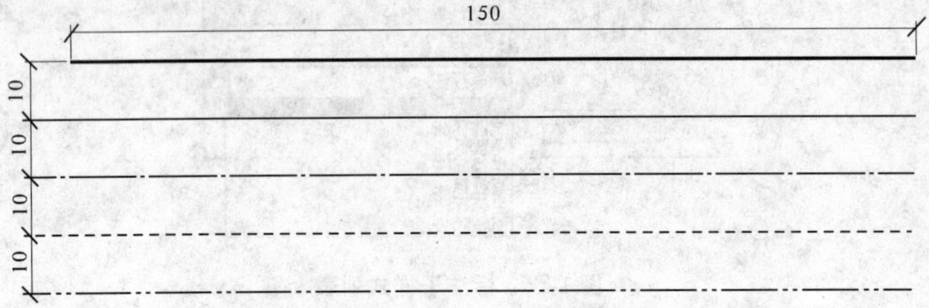

图 1-24　图线和尺寸标注练习

(二)实训任务二

1. 实训任务

应用 AutoCAD 绘制如图 1-25 所示的平面图形。

2. 实训要求

(1)新建并设置图层,点画线线型设置为 JIS_08_15,虚线线型设置为 JIS_02_4.0,双点画线线型设置为 JIS_09_15。

(2)设置合理的“线型”“全局比例因子”,能够清晰显示线型。

(3)新建尺寸标注样式,命名为“1-25 样式”,并新建“角度”子样式,设置为原图所示样式。

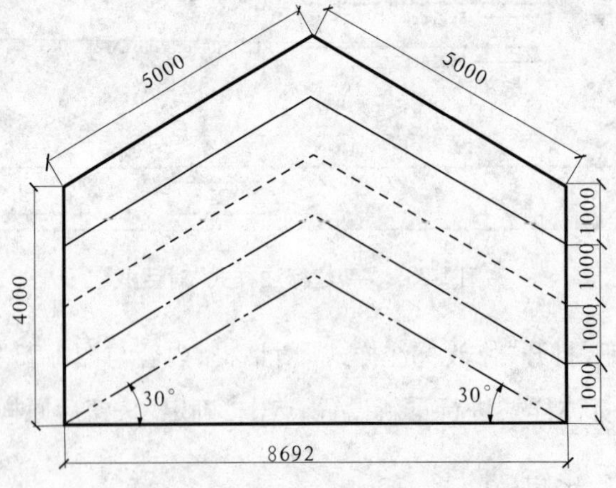

图 1-25　CAD 绘图设置练习二

六、课外拓展练习

(1)制图标准规定,铅直尺寸线上的尺寸数字字头方向是(　　)。

A. 向上　　　B. 向左　　　C. 保持字头向上的趋势　　　D. 任意

(2)在线性尺寸中尺寸数字 200 mm 代表(　　)。

A. 物体的实际尺寸是 200 mm　B. 图上线段的长度是 200 mm

C. 比例是1:200　　　　　D. 实际线段长是图上线段长的200倍

(3)制图标准规定,尺寸起止符号必须采用箭头的是(　)。

A. 弧长　　B. 半径　　C. 角度　　D. 以上都是

(4)制图标准规定,尺寸线(　)。

A. 可以用轮廓线代替　　B. 可以用轴线代替

C. 不能用任何图线代替　　D. 可以用中心线代替

(5)工程图样中的汉字通常应尽可能选择(　)字体。

A. 楷体　　B. 宋体　　C. 仿宋体　　D. 长仿宋体

(6)AutoCAD 默认的标准(standard)文字样式的字体名是(　)。

A. 仿宋_GB231　　B. gbeitc. shx　　C. isocp. shx　　D. txt. shx

任务二　AutoCAD 绘制直线构成平面图形

一、AutoCAD 绘制直线段的几种方法

(一)直接给距离法

将"极轴"按钮打开,利用极轴追踪功能,用鼠标指定直线的方向,输入要绘制直线段的长度,按回车键确认,即可绘出给定长度和方向的直线,此方法称为直接给距离法。

【例1-1】 根据所注尺寸,用"直接给距离法"绘制图1-26所示平面图形。

(1)打开状态栏中的"极轴"、"对象捕捉"、"对象追踪"按钮开关。

(2)启用"直线"命令,用鼠标指定绘图界面中任一点作为绘图的起始点,本例可以指定40线段的上端点。

(3)用鼠标指引绘制直线的方向竖直向下,输入长度40,按回车键;然后用鼠标指引水平方向,输入80,按回车键;再用同样的办法绘出70、30直线段。

(4)用鼠标在竖直方向上捕捉40直线段的上端点并追踪对齐点后左键点击,如图1-27所示。绘出30左端的竖直线。

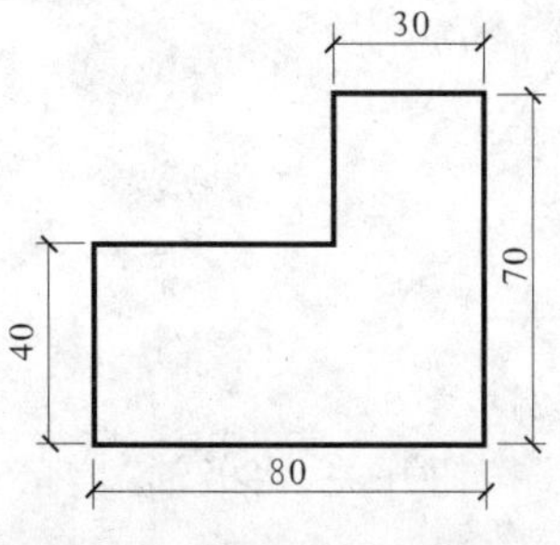

图1-26　直接给距离法图例

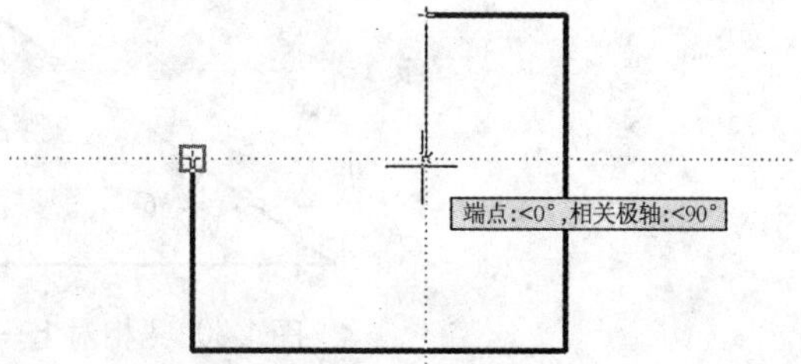

图1-27　端点对象追踪

(5)输入字符"C",按回车键,直线段与起点闭合,"直线"命令自动结束。

(二)相对坐标法

相对坐标的输入格式为“@ x,y”,表示该坐标点是以该命令执行后的前一个输入点为坐标原点。

相对坐标法一般用来绘制标注水平和竖直尺寸的倾斜直线,在绘制如图 1-28 所示的倾斜直线时,如果先确定 A 为起点位置,则输入相对坐标值“@ 100,60”,然后回车;如果先确定 B 为起点位置,则输入相对坐标值“@ -100, -60”,然后回车。

(三)相对极坐标法

相对极坐标的输入格式为“@ $L<\theta$”, 该坐标点的计算是以该命令执行后的前一个输入点为极坐标原点。L 为直线的长度,θ 为直线的极轴角度。

系统对极轴角的默认设置是:以直线的起点为中心,X 坐标轴的正向水平线为基准(0°),逆时针方向为正角度,顺时针方向为负角度。

相对极坐标法一般用来绘制标注长度和角度的倾斜直线,如图 1-29 所示,在绘制该直线时,如果先确定 A 点为直线起点,则输入相对极坐标值“@ 120 $<$ 31”,然后回车;如果先确定 B 点为直线起点,则输入相对极坐标值“@ 120 $<$ 211”,然后回车。

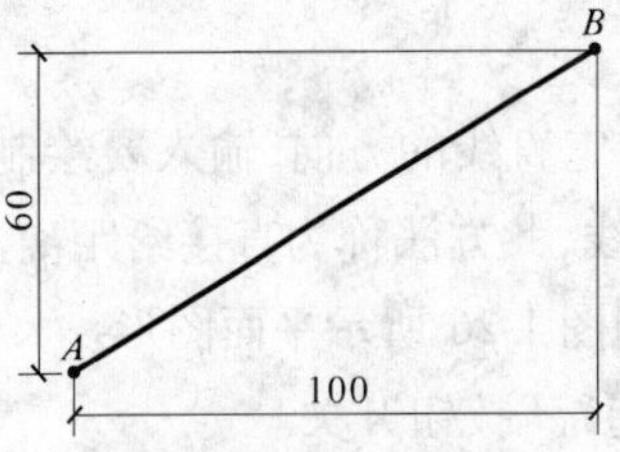

图 1-28　相对坐标法图例

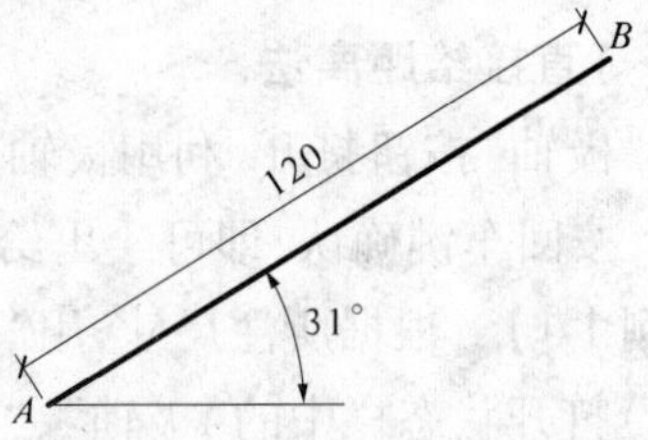

图 1-29　相对极坐标法图例

(四)设置“相对上一段”追踪法

采用极轴设置中的“相对上一段”选项功能来追踪绘制直线段的方法,称为设置“相对上一段”追踪法。此种办法主要绘制相互间有角度的直线段图形。下面举例说明“相对上一段”追踪法在绘图中的应用。

【例 1-2】　根据所注尺寸,用设置“相对上一段”追踪法绘制图 1-30 所示平面图形。

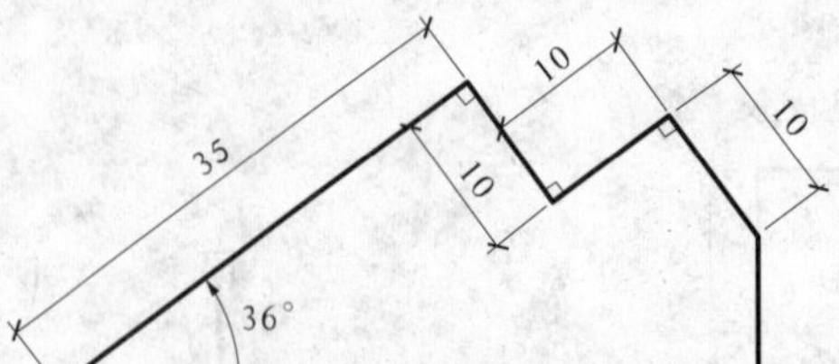

图 1-30　“相对上一段”追踪法图例

(1)打开状态栏中的“极轴”、“对象捕捉”、“对象追踪”按钮开关,将极轴“增量角”设为 90,“附加角”设为 36,如图 1-31 所示。

(2)启用“直线”命令,35 线段的下端点作为绘图的起始点。

(3)用鼠标指引 36°角追踪方向,输入 35,按回车键。

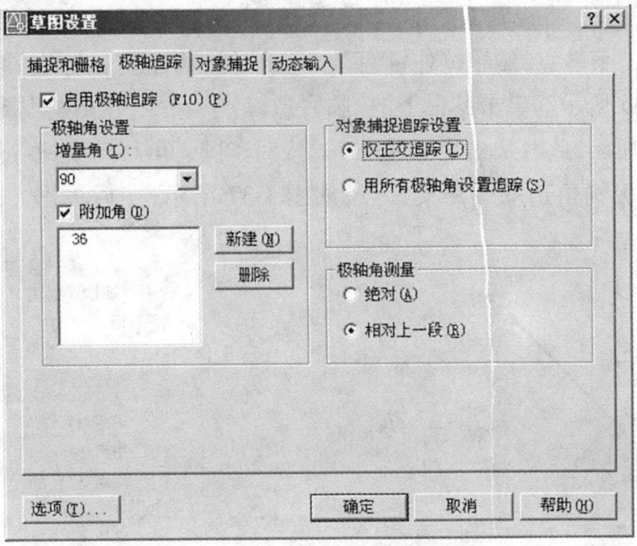

图 1-31　设置“相对上一段”及追踪角度

(4)用鼠标指引相对角度 270°角追踪方向,如图 1-32 所示,然后输入 10,按回车键。

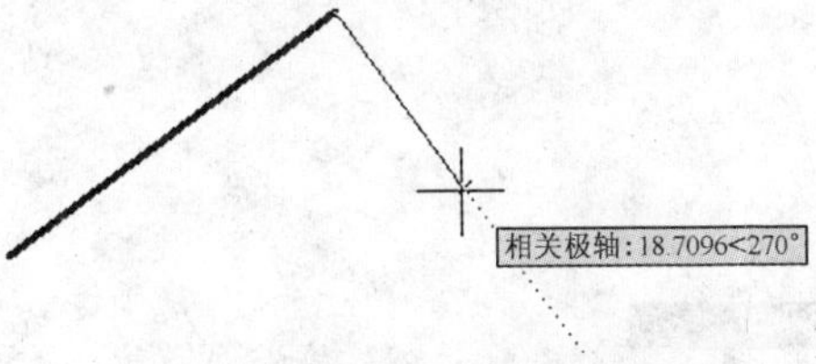

图 1-32　“相对上一段”极轴追踪

(5)再用鼠标指引相对角度 90°角追踪方向,然后输入 10,按回车键。

(6)再用鼠标指引相对角度 270°角追踪方向,然后输入 10,按回车键。

(7)鼠标指引竖直向下找到与起点水平追踪线的交叉点,如图 1-33 所示,然后点击左键。

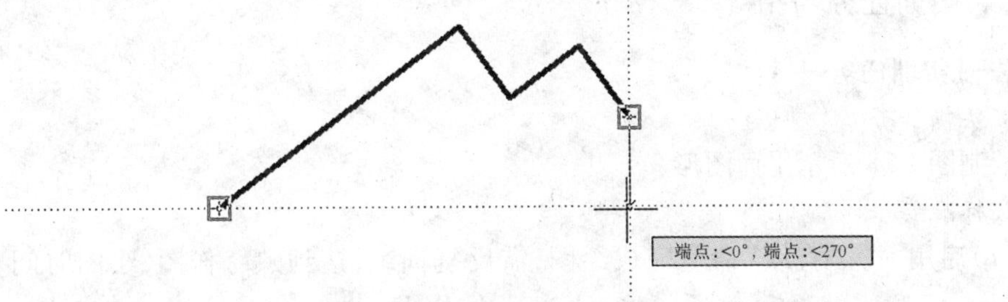

图 1-33　对象追踪

(8)输入字符“C”,按回车键,直线段与起点闭合,“直线”命令自动结束。

(五)利用“临时追踪点”追踪法

如图 1-34 所示标注角度和竖直线性距离的倾斜直线,可借助于“临时追踪点”功能确定直线端点位置,这种绘制倾斜直线段的方法称为利用“临时追踪点”追踪法。

在绘制该直线时，将极轴“增量角”设为45，启用“直线”命令，在绘图区用鼠标指定一点作为45°角的下端点，然后按住键盘的“Shift”键，再单击鼠标右键，弹出临时追踪快捷菜单，如图1-35所示。单击其最上的“临时追踪点”命令，用鼠标从起点竖直向上指引方向，如图1-36所示，此时从命令区输入20，按回车键。再移动鼠标寻找临时追踪点的水平追踪线与45°极轴角追踪线的交叉点，如图1-37所示，然后单击左键，该线段被正确绘出。

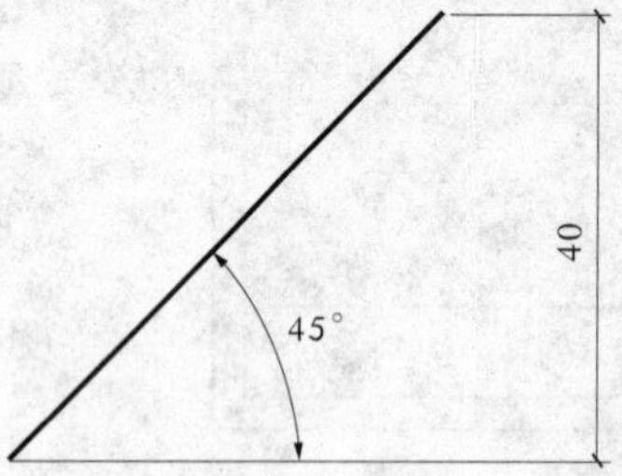

图1-34 “临时追踪点”应用

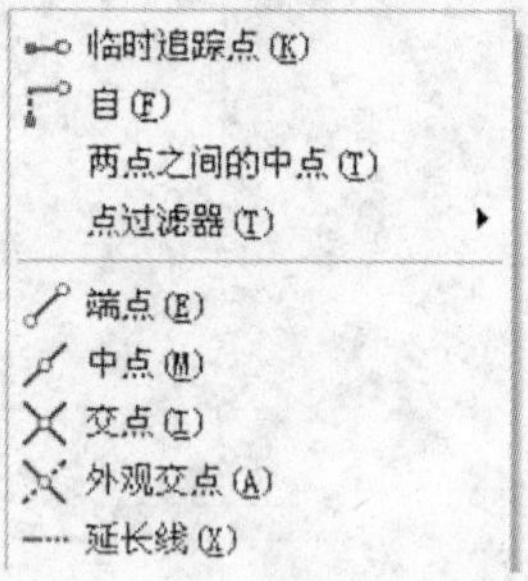

图1-35 临时追踪快捷菜单

图1-36 光标位置

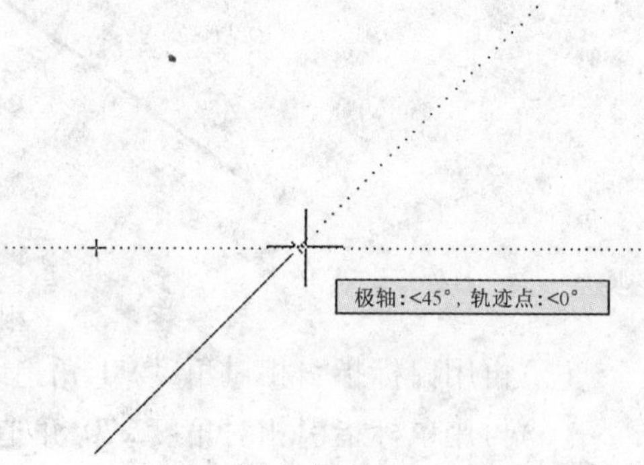

图1-37 临时追踪点的应用

二、实训任务与指导

(一)实训任务一

1. 实训任务

绘制图1-38所示平面图形。

2. 标准要求

(1)启用一次“直线”命令完成绘图，需反复训练，达到熟练作图，绘图时间不超过3 min。

(2)新建尺寸标注样式，按图示样式进行尺寸标注，时间不超过6 min。

3. 实训指导

(1)确认已打开状态栏中的“极轴”、“对象捕捉”、“对象追踪”按钮。

(2)启用“直线”命令，将图中110直线的上端点作为起画点，拖动鼠标指引方向，用直接给距离法绘出110竖直线段和60水平线段。

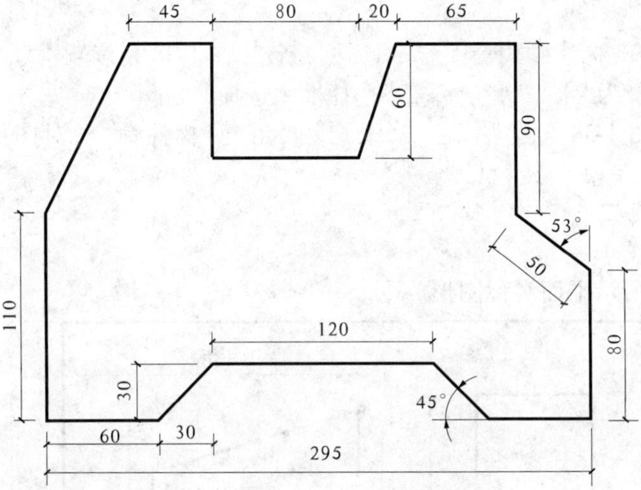

图 1-38　实训任务一

(3)从命令区输入“@30,30”,按回车键,绘出倾斜线。

(4)用鼠标指引追踪水平方向,输入120,按回车键。

(5)将极轴“增量角”设置为45,追踪对齐左边端点,绘制315°的倾斜直线,如图1-39所示。

(6)将鼠标放置于110线段的下端点上稍许停留,然后快速向右水平移动鼠标,鼠标光标稍微向线下放置,则出现如图1-40所示追踪线,这时,输入295画出底端最右的一段直线。

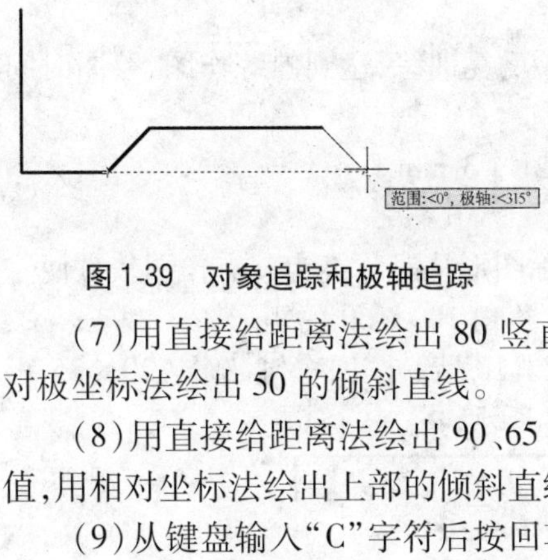

图 1-39　对象追踪和极轴追踪

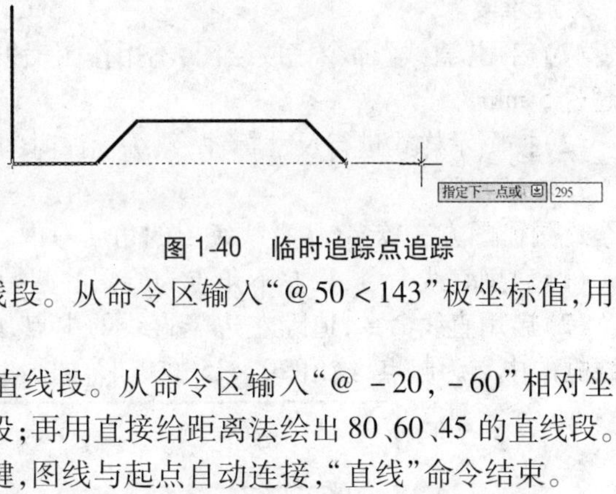

图 1-40　临时追踪点追踪

(7)用直接给距离法绘出80竖直线段。从命令区输入“@50<143”极坐标值,用相对极坐标法绘出50的倾斜直线。

(8)用直接给距离法绘出90、65的直线段。从命令区输入“@ -20,-60”相对坐标值,用相对坐标法绘出上部的倾斜直线段;再用直接给距离法绘出80、60、45的直线段。

(9)从键盘输入“C”字符后按回车键,图线与起点自动连接,“直线”命令结束。

(10)从“样式”工具栏中启用“标注样式”命令,在弹出的“标注样式管理器”对话框中,单击“新建”按钮,又弹出“创建新标注样式”对话框,在新样式名一栏中输入“图1-38”样式名,然后单击“继续”按钮。

(11)在弹出的“新建标注样式”对话框中,单击“调整”标签,将“使用全局比例”输入框中的值改为“2”,“箭头”改为“建筑标记”,尺寸界线“起点偏移量”设为“3”,单击“确定”按钮,返回“标注样式管理器”对话框,单击“置为当前”按钮,然后关闭该对话框。

(12)将鼠标光标放置于任一工具栏上,单击鼠标右键,弹出快捷菜单,从中单击“标注”,则弹出“标注”工具栏。

(13)应用“图1-38”标注样式,启用“线性”、“对齐”等标注命令,对全图的线性尺寸进行标注。

(14)再次打开"标注样式管理器"对话框,新建"图 1-38 角度"样式,将"文字"标签中的"文字对齐"选择为"水平",在"垂直"选择框中选择"外部"。

(15)应用"图 1-38 角度"标注样式,启用"角度"标注命令,对图中角度尺寸进行标注。

(二)实训任务二

1. 实训任务

绘制图 1-41 所示平面对称图形。

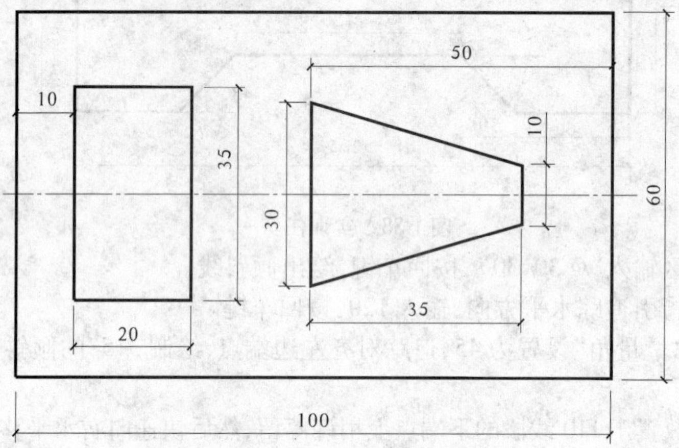

图 1-41　实训任务二

2. 标准要求

(1)启用"直线"命令完成绘图,不用作图辅助线,反复训练,达到熟练作图,绘图时间不超过 5 min。

(2)按图示样式进行尺寸标注,熟练标注时间不超过 3 min。

3. 实训指导

此图作图方法较多,从直线练习的角度考虑,对称图形从对称线为起点作图较方便。

(1)启用直线命令,以左下角点为绘图的起始点,绘出 100 × 60 的矩形。

(2)启用直线命令,追踪左边竖直线的中点,输入"10"后,按回车键,确定 20 × 35 矩形线框的中点为起点,绘出 20 × 35 的矩形,如图 1-42 所示。

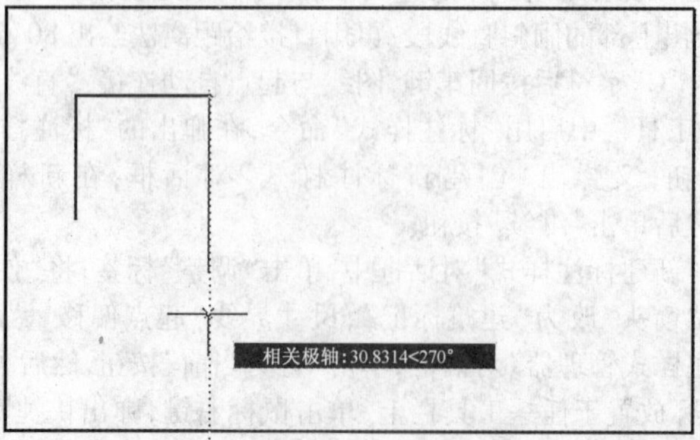

图 1-42　中点定位绘矩形

(3)启用直线命令，追踪右边竖直线的中点，输入"50"后，按回车键，确定30直线段的中点为起点，绘出30的直线段。

(4)启用直线命令，追踪30竖直线的中点，如图1-43所示，输入"35"后，按回车键，确定10线段的中点为起点，绘出10的直线段，最后连接。

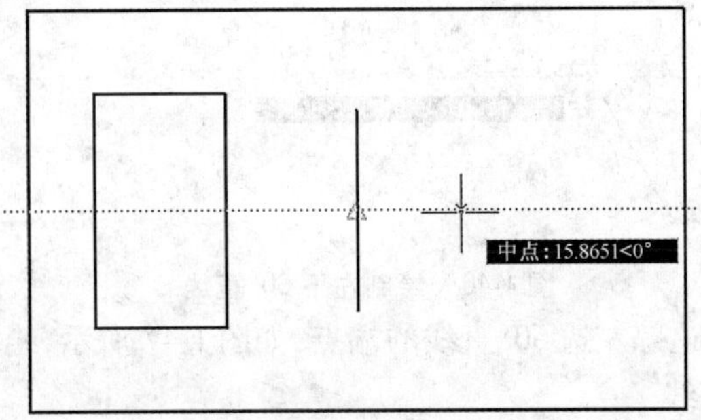

图1-43　中点定位绘梯形

(5)新建"图1-41"标注样式，设置箭头为"建筑"标记，启用"线性"标注命令，标注全图。

(三)实训任务三

1. 实训任务

绘制图1-44所示平面图形。

2. 标准要求

(1)启用"直线"命令完成绘图，最好不用作图辅助线，需反复训练，达到熟练作图，绘图时间不超过10 min。

(2)按图示样式进行尺寸标注，熟练标注时间不超过5 min。

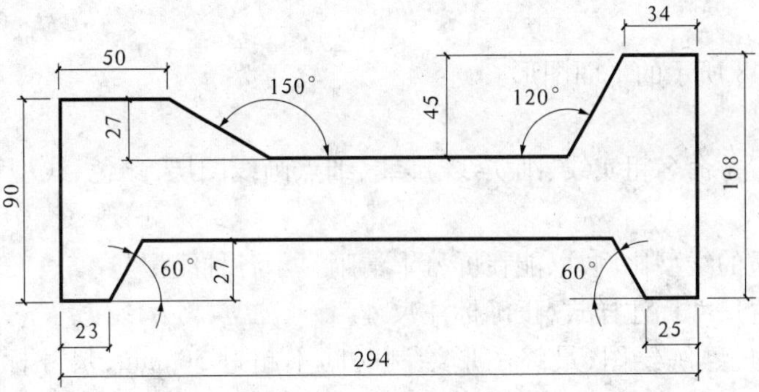

图1-44　实训任务三

3. 实训指导

(1)用直接给距离法绘制23、90、50直线段，启用"直线"命令，鼠标追踪左下角点水平向右方向，输入294，绘制右边直线图形，如图1-45所示。

图1-45　绘制两端直线

(2)将“极轴追踪”的“增量角”设置为30,应用“临时追踪点”追踪法绘制左下60°直线,如图1-46所示。用同样的方法绘制左上150°直线。

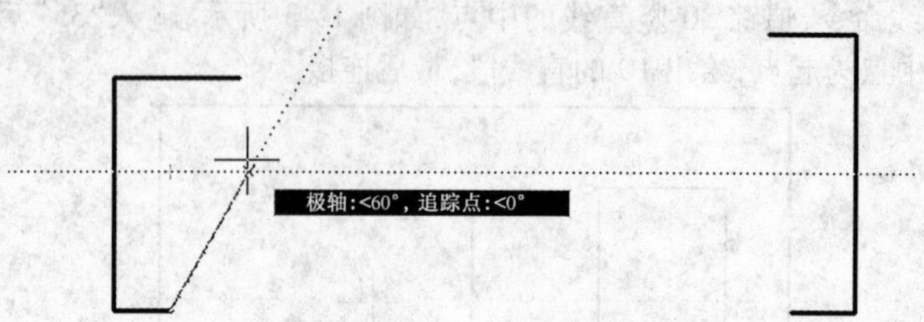

图1-46 绘制左下60°直线

(3)从右边用鼠标追踪左边60°直线的端点,如图1-47所示,绘制右下60°直线,再用同样的方法绘制120°直线。

图1-47 绘制右下60°直线

(4)新建标注样式,对全图进行标注。

(四)实训任务四

1. 实训任务

绘制如图1-48所示的平面图形。

2. 实训要求

(1)要求设置并命名粗实线、细实线、虚线、细点画线图层,颜色、线型、线宽符合国家标准。

(2)设置合适的线型比例,以能在屏幕上清晰显示各种线型。

(3)正确设置尺寸标注样式,正确标注尺寸。

(4)反复练习,熟练绘图,最终图形绘制时间不超过30 min,尺寸标注时间不超过20 min。

3. 实训指导

(1)新建图层并设置。

新建命名图层并设置如下:

粗实线层,颜色设置为白色,线型为Continuous,线宽为0.6 mm;

细实线层,颜色设置为绿色,线型为Continuous,线宽为0.15 mm;

虚线层,颜色设置为黄色,线型为JIS_02_2.0,线宽为0.15 mm;

细点画线层,颜色设置为红色,线型为JIS_08_11,线宽为0.15 mm;

双点画线层,颜色设置为粉红色,线型为JIS_09_15,线宽为0.15 mm。

(2)设定线型比例。

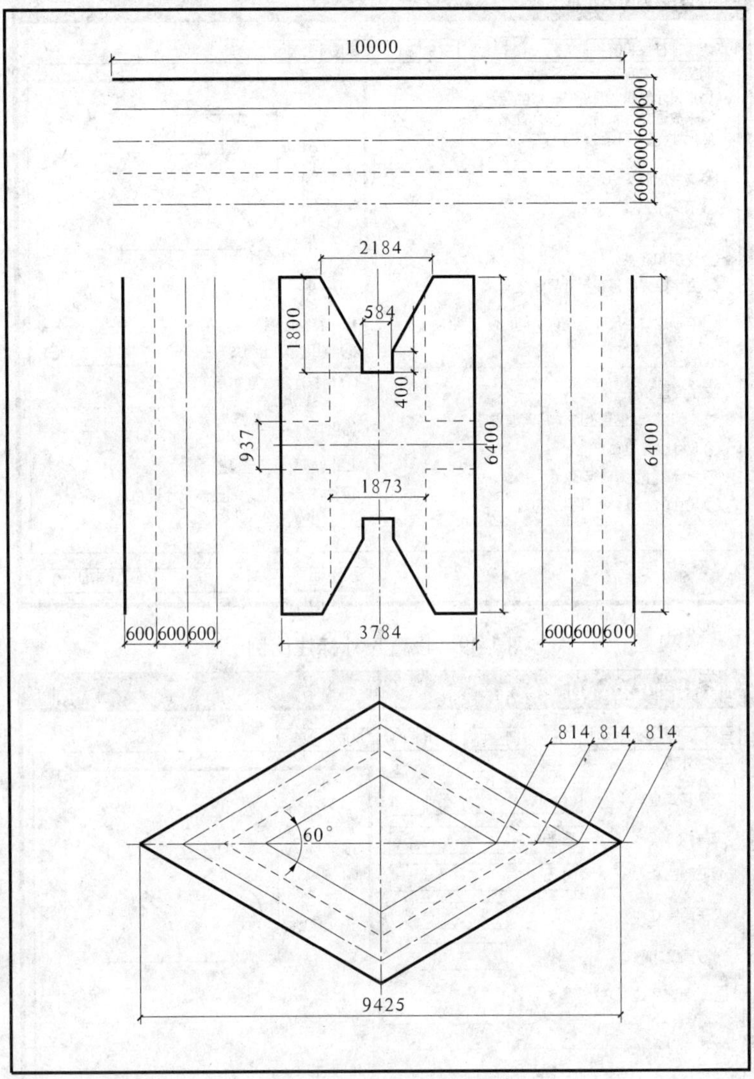

图 1-48　图线和尺寸标注设置练习

线型比例和打印设置有关，为了观察图形的需要，线型比例的计算一般是用图形的长度尺寸除以图纸的有效长度。本例线型比例可设为 70 左右。

(3)按 1∶1 绘制所有图形，注意图形的对称性。

(4)新建“图 1-48”标注样式，将“调整”选项中的“使用全局比例”设为 70，将“箭头”改为“建筑标记”，尺寸界线“起点偏移量”设为“3”，如图 1-49所示。

(5)应用新建的标注样式，标注全图线性尺寸。

(6)标注“60°”时，新建“图 1-48 角度”标注样式，设置“文字”标签中“文字对齐”选项为“水平”；“文字位置”选项中“垂直”复选框选择为“外部”，如图 1-50 所示。应用该样式标注角度尺寸“60”，并应用“标注工具栏中的“编辑标注文字”命令调整角度数字位置。

(7)将穿过尺寸数字的图线做打断处理。

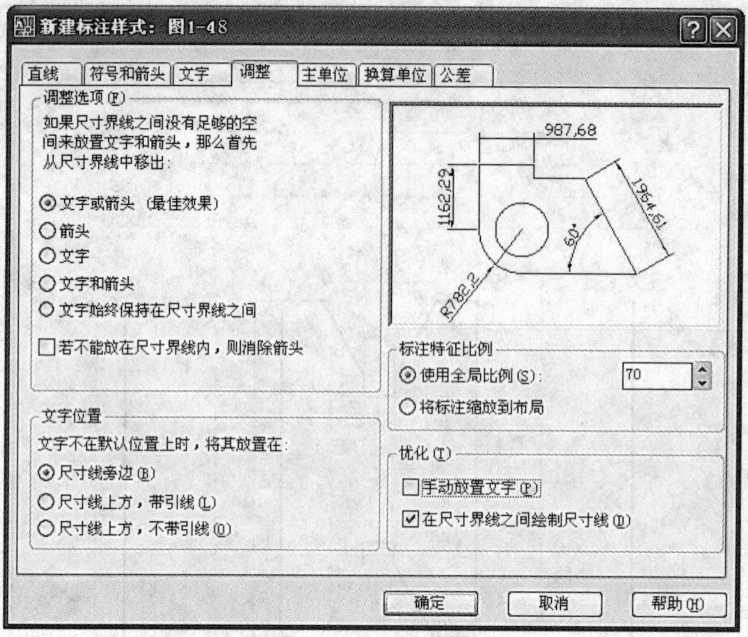

图 1-49 设置尺寸标注比例

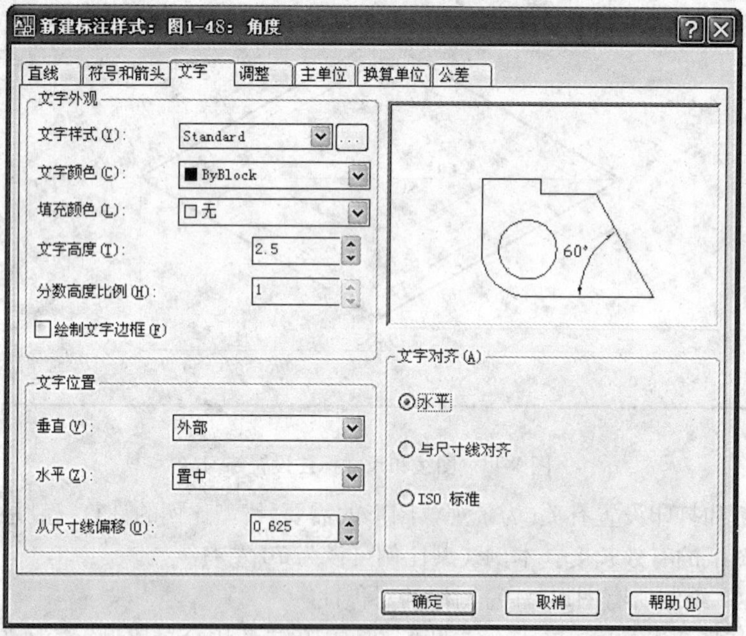

图 1-50 “1-48 角度”标注样式设置

(五)实训注意事项

(1)当绘制的直线远远超出屏幕范围时,中断绘图命令,双击鼠标中轮,即能显示所画出的所有图线。

(2)当屏幕不能缩放和平移时,单击“视图”菜单中的“重生成”命令,即能重新缩放和平移屏幕。

(3)在绘图输入尺寸时，可以用“3784/2”、“3784/3”方式输入不易计算的尺寸。

(4)尺寸标注中出现的几处错误，如图 1-51 所示，应修改正确。

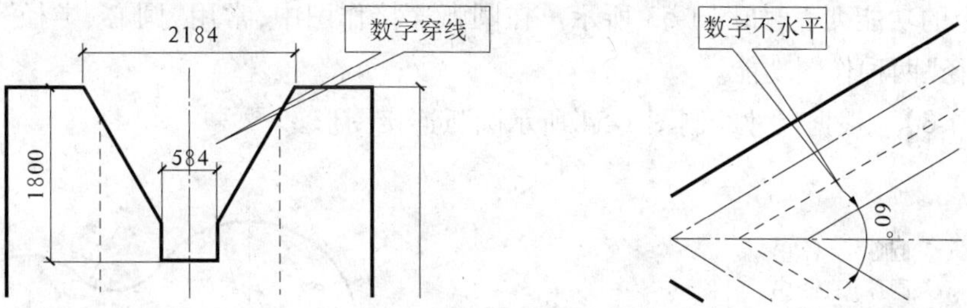

图 1-51　尺寸标注中常见错误

三、课外拓展练习

(1)在绘制直线时，第一点坐标为 100,80，第二点坐标为@30,40，绘制的直线长度为(　)。

A. 30　　B. 45　　C. 50　　D. 80

(2)刚刚结束绘制了一直线，现在直接回车两次，结果是(　)。

A. 直线命令中断　　B. 以直线端点为起点绘制直线

C. 以圆弧端点为起点绘制直线　　D. 以圆心为起点绘制直线

(3)对“极轴追踪”进行设置，把“增量角”设为 30，把“附加角”设为 15，采用极轴追踪时，不会显示极轴对齐的是(　)。

A. 15°　　B. 30°　　C. 45°　　D. 60°

(4)一条直线有三个夹点，拖动中间夹点可以(　)。

A. 更改直线长度　　B. 移动直线

C. 更改直线的颜色　　D. 更改直线的斜率

任务三　AutoCAD 绘制圆弧连接平面图形

一、相关绘图命令

(一)“修剪”命令

执行“修剪”命令是以“剪切边对象”为界剪裁掉线段的“要修剪对象”，如图 1-52 所示。

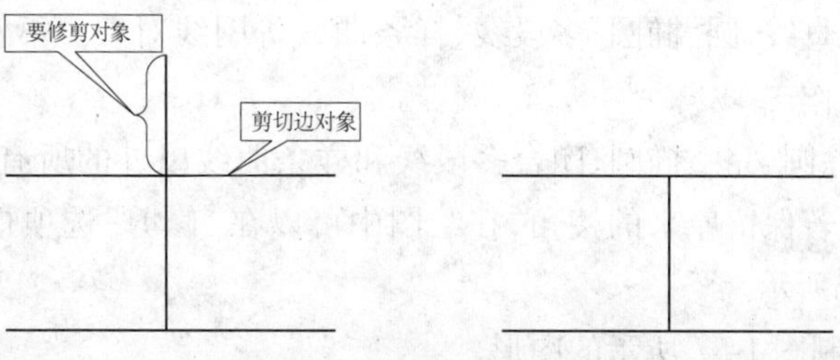

图 1-52　“修剪”命令功能

（二）"圆"命令

"圆"命令有多种绘制圆的功能。打开"绘图"下拉菜单，鼠标指向"圆"选项，则显示"圆"命令的功能列表，如图 1-53 所示。在圆弧连接作图中，常用"圆心、半径"和"相切、相切、半径"两种作图功能。

【例 1-3】 根据尺寸绘制图 1-54 所示圆弧连接图形。

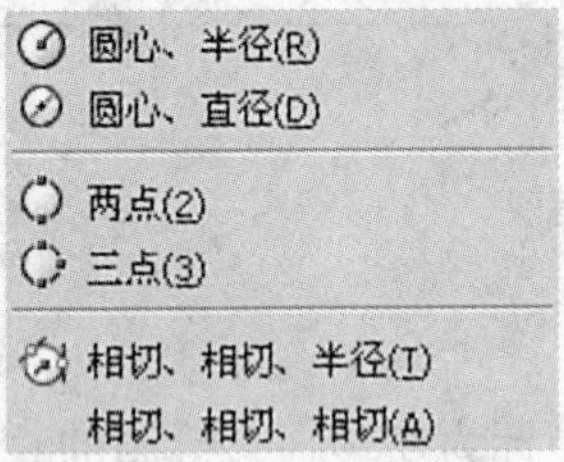

图 1-53 "圆"命令菜单

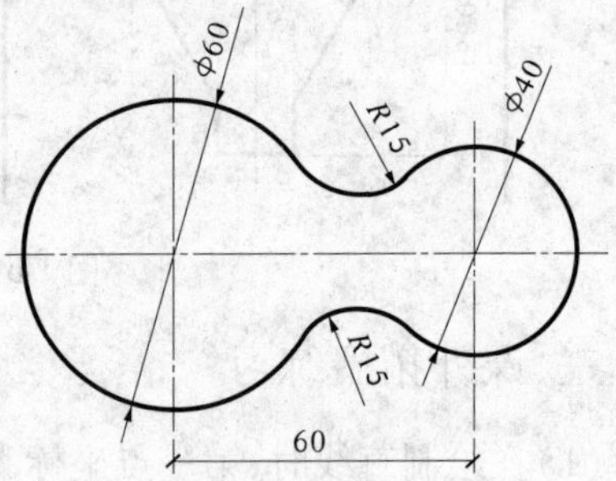

图 1-54 圆弧连接

（1）将"粗实线"图层置为当前，绘制出 $\phi60$ 和 $\phi40$ 的两圆。

（2）启用"相切、相切、半径"画圆命令，鼠标点击 $\phi60$ 圆的上部，作为与圆相切的第一个对象，再用鼠标点击 $\phi40$ 圆的上部，作为与圆相切的第二个对象，从键盘输入连接圆的半径"15"，按回车键。则上部 $R15$ 的圆弧连接完成。

（3）用同样的方法，绘制下部 $R15$ 的圆弧连接，得到如图 1-55 所示的图形。

（4）将多余的线条剪裁掉，完成作图。

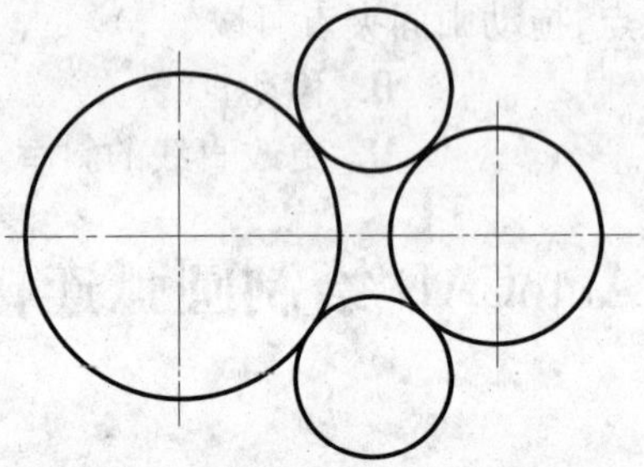

图 1-55 "圆"命令作圆弧连接

（三）"圆角"命令

执行"圆角"命令是通过一个指定半径的圆弧来光滑地连接两个图线对象。"圆角"命令可以圆弧连接直线、圆、椭圆、多段线、样条曲线等图线对象。不管两条边是否相交，都可以进行圆角操作。

默认情况下，除圆、完整椭圆、闭合多段线和样条曲线以外的所有对象在圆角时都将进行修剪或延伸。若保留原来的棱角，在绘图中可以在"修剪"选项根据提示选择"不修剪"操作，如图 1-56所示。

【例 1-4】 绘制图 1-57 所示的图形。

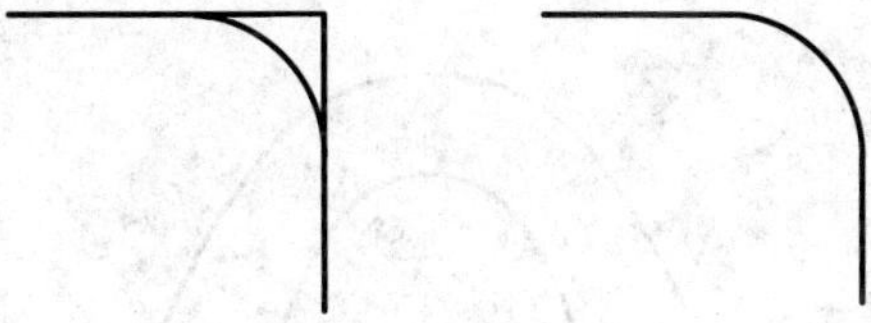

图 1-56 “圆角”命令“不修剪”与“修剪”功能

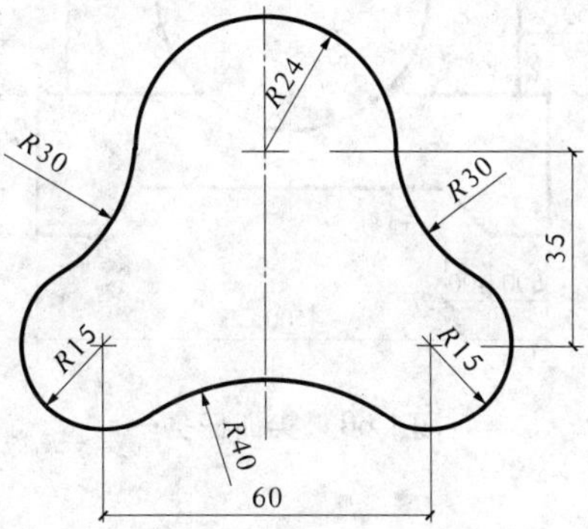

图 1-57 圆角多边形

(1)启用“圆”命令,用鼠标确定左边 *R*15 圆的圆心,输入半径值“15”,按回车键。重新启用绘“圆”命令,输入“@60,0”,按回车键,确定第二个 *R*15 圆的圆心位置,按回车键接受缺省半径值 15。再次启用“圆”命令,输入“@ -30,35”,回车,确定 *R*24 圆的圆心位置,输入半径值“24”,按回车键。绘出如图 1-58 所示图形。

(2)启用“圆角”命令,选择“半径”选项,输入半径值“30”,回车,再选择“多个”选项,分别点击 *R*15 和 *R*24 两圆与 *R*30 圆弧的切点附近部位,绘出 *R*30 的左、右两圆弧。再次选择“半径”选项,输入半径值“40”,回车,点击 *R*15 两圆与 *R*40 圆弧相切的部位,绘出 *R*40 的圆弧,如图 1-59 所示。

(3)启用“修剪”命令,修剪掉多余的图线。

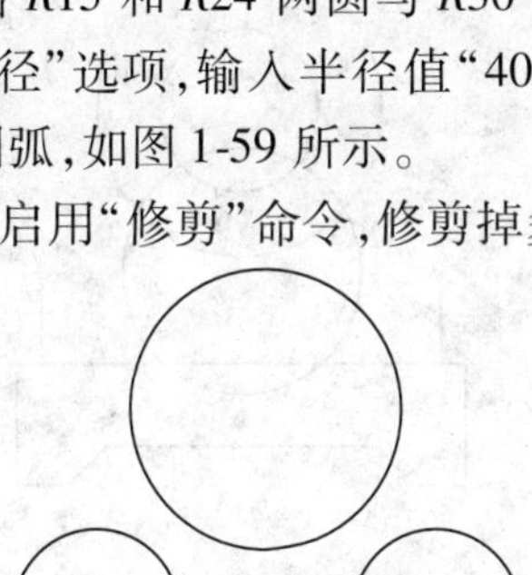

图 1-58 绘制 *R*15 和 *R*24 的圆

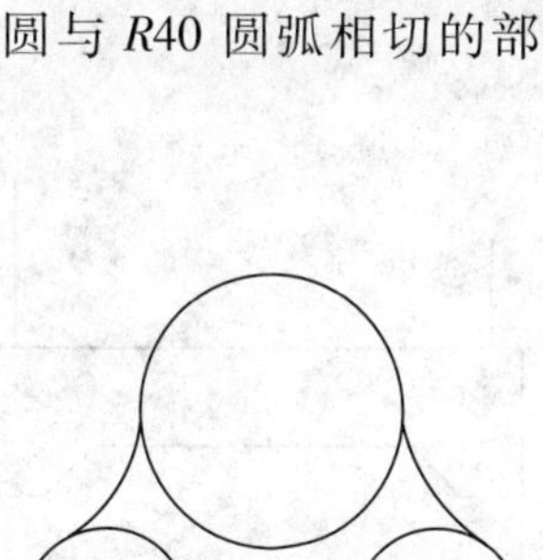

图 1-59 绘制 *R*30 和 *R*40 的圆角

二、实训与指导

(一)实训任务一

1. 实训任务

绘制图 1-60 所示“涵洞”圆弧连接平面图形。

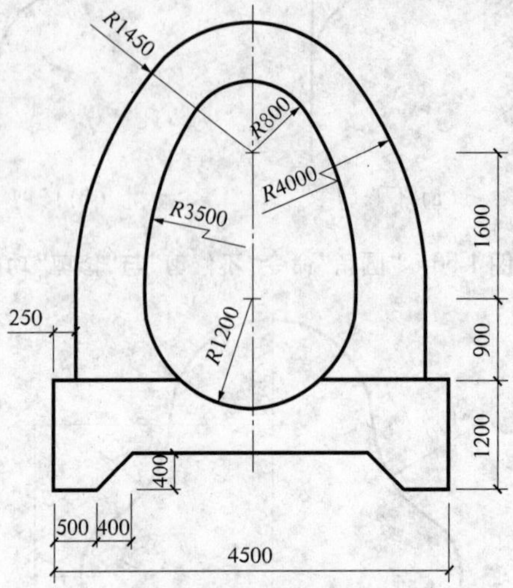

图 1-60　实训任务一

2. 标准要求

(1)正确设置"线型比例",图形线型在屏幕中显示正常。

(2)绘图方法正确,熟练作图,图形绘制时间不超过 10 min。

(3)正确设置尺寸标注样式,尺寸标注时间不超过 5 min。

3. 实训指导

(1)绘制直线部分的图形,如图 1-61 所示。

(2)绘制 *R*1200、*R*800、*R*1450 三个已知圆,如图 1-62 所示。

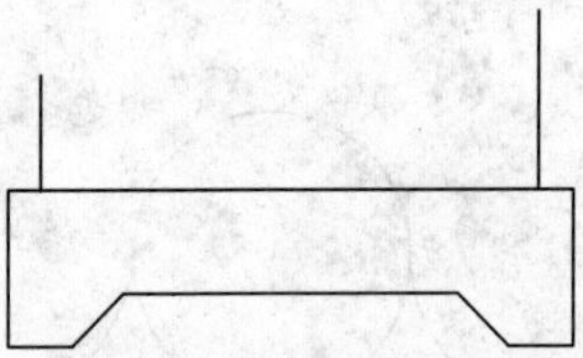

图 1-61　绘制已知直线

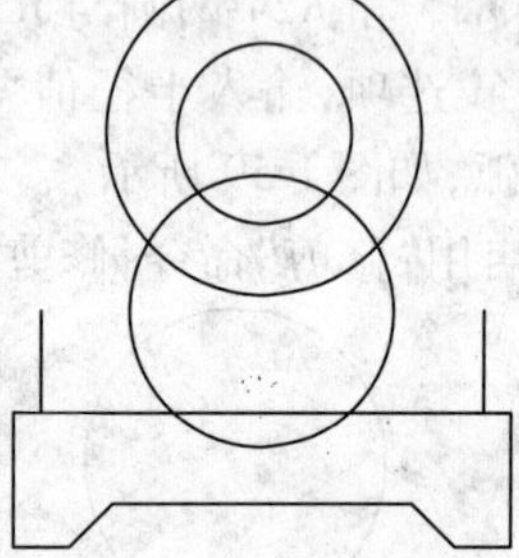

图 1-62　绘制已知圆

(3)用"相切、相切、半径"画圆命令,绘制 *R*4000、*R*3500 的圆,如图 1-63 所示。

(4)用"修剪"命令修剪图形,如图 1-64 所示。

(5)新建尺寸标注样式"1-60","使用全局比例"设置为"30",再新建"1-60 线性"子样式,将"箭头"改为"建筑标记",尺寸界线"起点偏移量"设为"4",标注全图尺寸,如图 1-65所示。

图 1-63　绘制相切圆

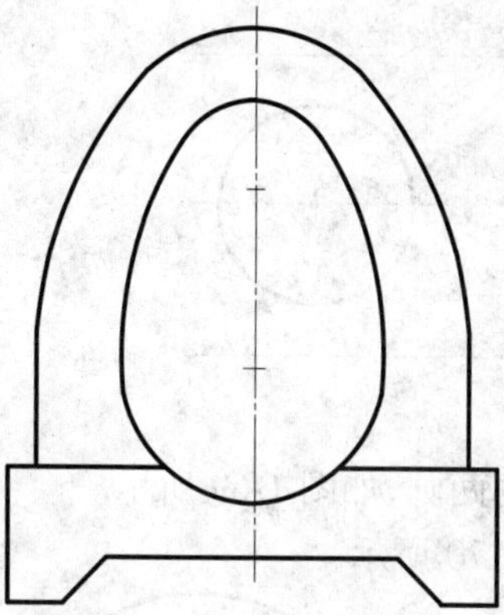

图 1-64　修剪图形

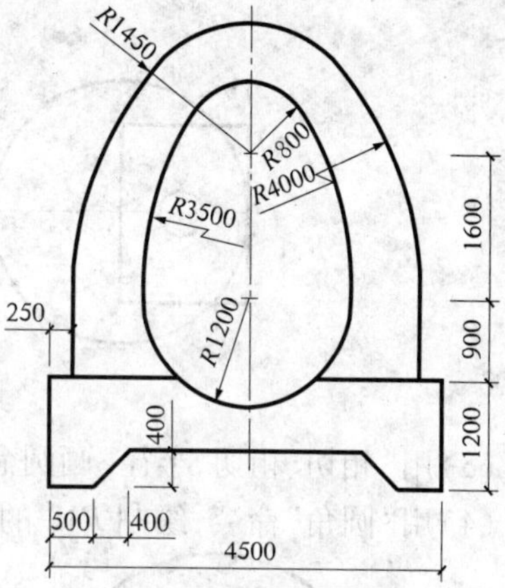

图 1-65　标注尺寸

(二)实训任务二

1. 实训任务

绘制图 1-66 所示的“手柄”圆弧连接平面图形。

2. 标准要求

(1)正确应用“圆”、“圆弧”、“圆角”、“修剪”等绘图命令,操作规范。

(2)进行平面图形尺寸分析,绘图方法正确。

(3)图形绘制时间不超过 10 min,尺寸标注时间不超过 5 min。

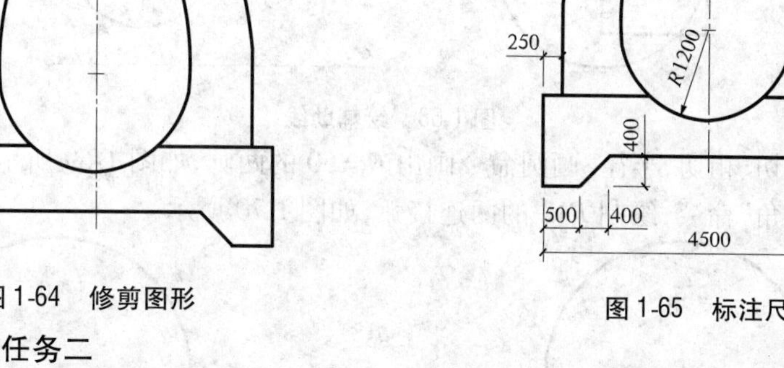

图 1-66　实训任务二

3. 实训指导

(1)绘制已知线段。先绘制左边的已知线框,再绘制所有具有圆心和半径的圆弧,如本图中的 $\phi5$ 小圆和右边的 $R10$ 圆弧,如图 1-67 所示。

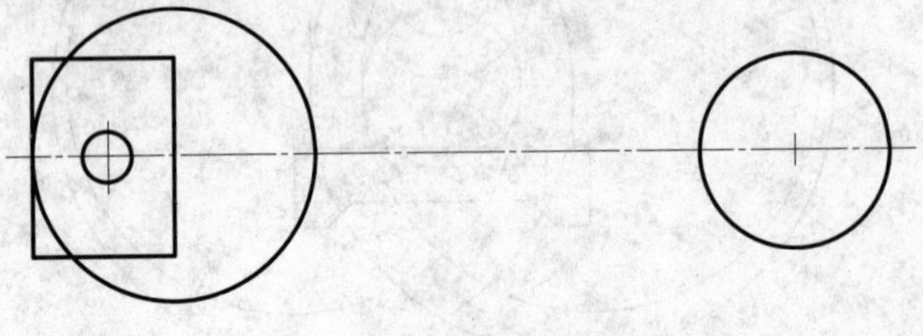

图 1-67　绘已知线段

(2)绘制平行且距离为 30 的两平行线(线型可任意),作为绘图的辅助线,如图 1-68 所示。

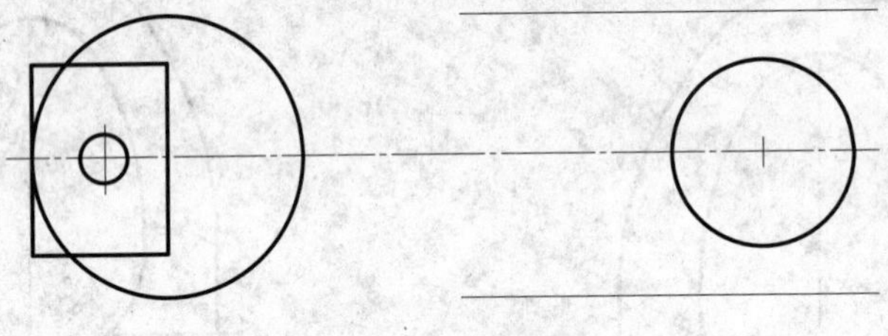

图 1-68　绘辅助线

(3)用“相切、相切、半径”画圆命令画出 $R = 50$ 的两圆,如图 1-69 所示。

(4)用“圆角”命令,绘制 $R12$ 的两连接弧,如图 1-70 所示。

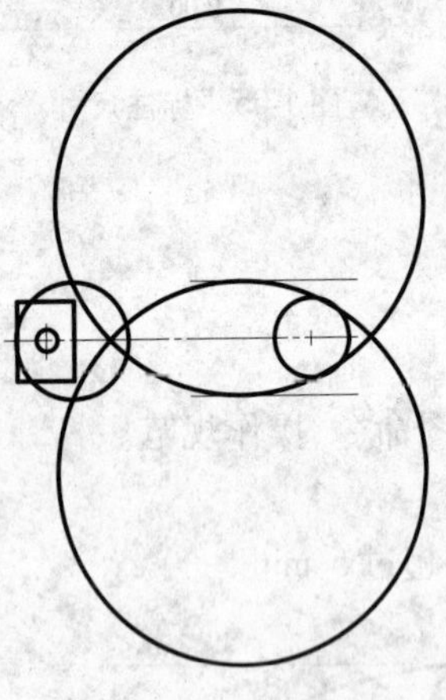

图 1-69　绘中间弧

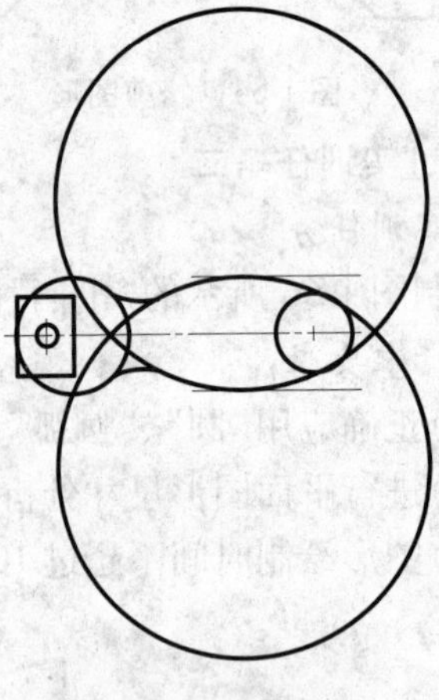

图 1-70　绘制连接弧

(5)用“修剪”命令,剪裁多余线段。用“删除”命令去除两条作图辅助线。修整后图形如图 1-71 所示。

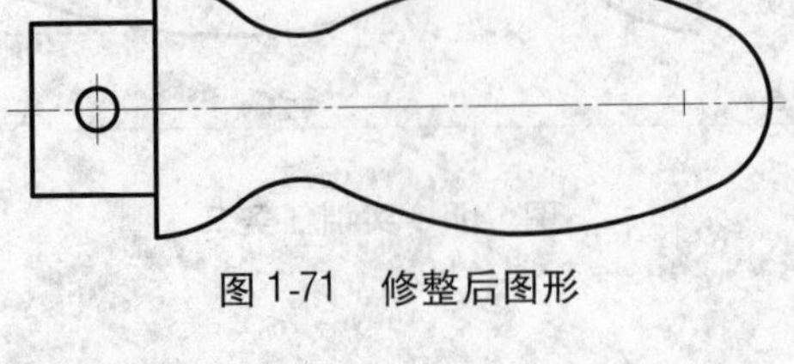

图 1-71　修整后图形

(6)标注尺寸,如图 1-72 所示。

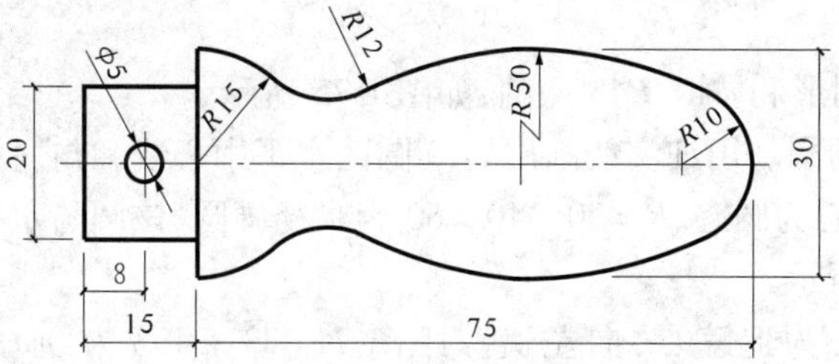

图 1-72　尺寸标注

(7)用“修改”菜单中的“文字编辑”命令,为两端 20 和 30 的两尺寸填加“ϕ”符号,如图 1-73 所示。

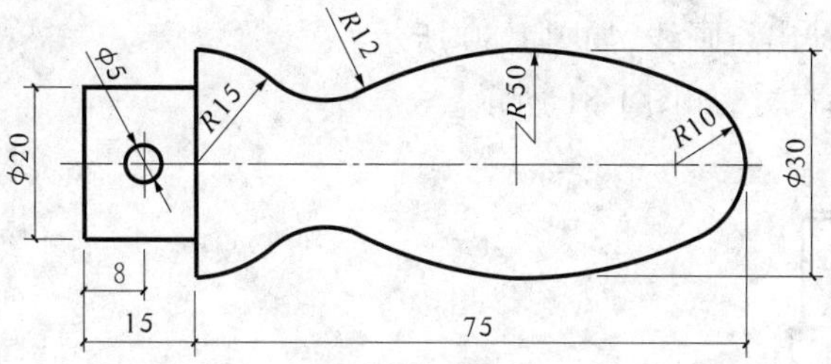

图 1-73　尺寸编辑

(三)实训任务三

1. 实训任务

绘制图 1-74 所示的“吊钩”的圆弧连接平面图形。

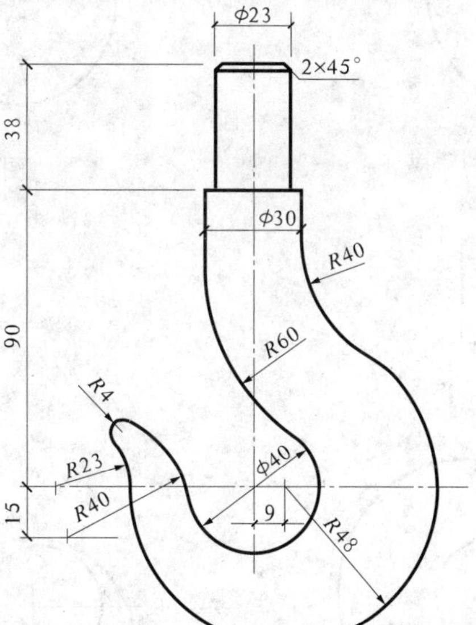

图 1-74　实训任务三

2. 标准要求

(1)进行平面图形尺寸分析和绘图步骤分析,绘图方法正确,图形绘制时间不超过 15 min。

(2)正确设置尺寸标注样式,尺寸标注时间不超过 10 min。

3. 实训指导

(1)绘制直线图形和 ϕ40、R48 两圆,如图 1-75 所示。

(2)绘制 R40 的圆。用细实线画出 ϕ40 圆的水平中心线和与之相距为 15 的平行线。然后以 ϕ40 圆的圆心为圆心、$R=20+40=60$ 为半径画圆,该圆与水平线的交点为 R40 圆的圆心,如图 1-76 所示。

(3)以 R48 圆心为追踪点,向左追踪距离 71(23 + 48)为圆心,绘制 R23 的圆,如图 1-77所示。

(4)用“相切、相切、半径”画圆命令,画出 R4 的圆,如图 1-78 所示。

(5)用“圆角”命令,画出 R40、R60 的圆弧,如图 1-79 所示。

(6)修剪图形,补出点画线,如图 1-80 所示。

(7)标注并编辑尺寸,如图 1-81 所示。

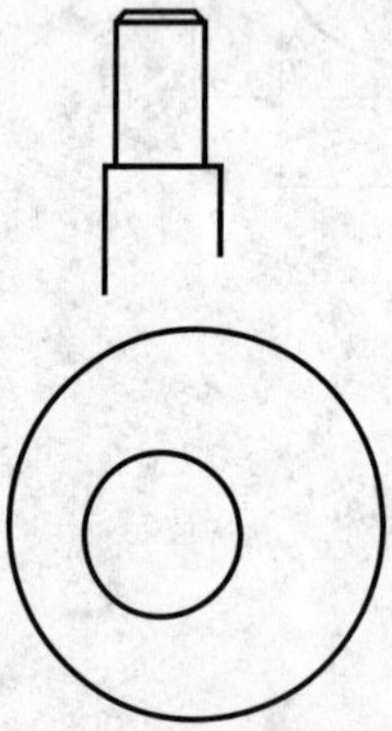

图 1-75　绘制已知线段

图 1-76　绘 R40 圆

图 1-77　绘 R23 圆

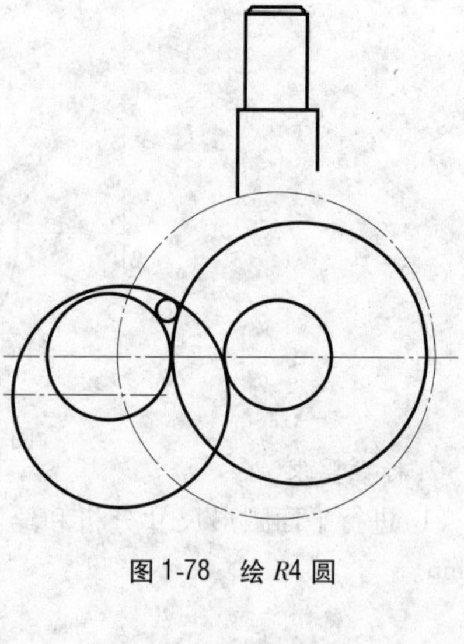

图 1-78　绘 R4 圆

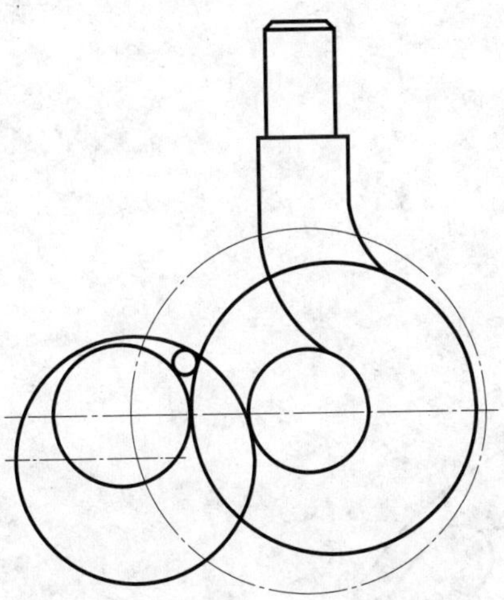

图 1-79　绘 R40、R60 圆弧

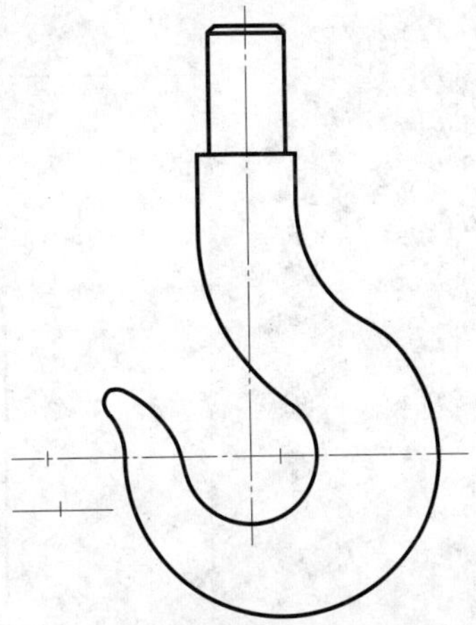

图 1-80　修剪后图形

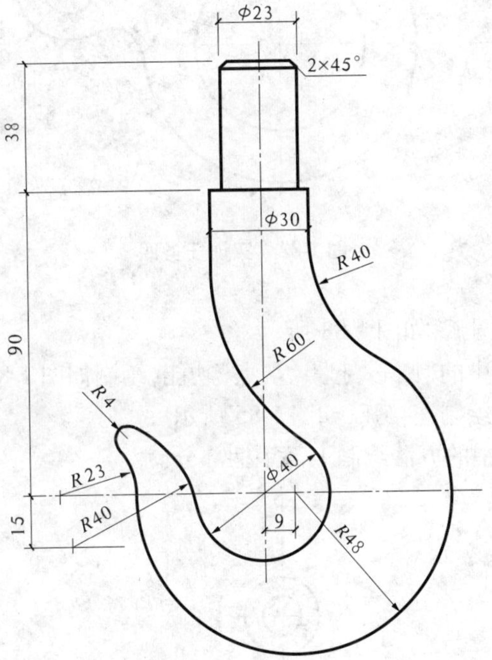

图 1-81　标注编辑尺寸

(四)实训任务四

1. 实训任务

绘制图 1-82 所示的“挂轮架”圆弧连接平面图形。

2. 标准要求

(1)进行平面图形尺寸分析和绘图步骤分析,绘图方法正确,图形绘制时间不超过 20 min。

(2)正确设置尺寸标注样式,尺寸标注时间不超过 10 min。

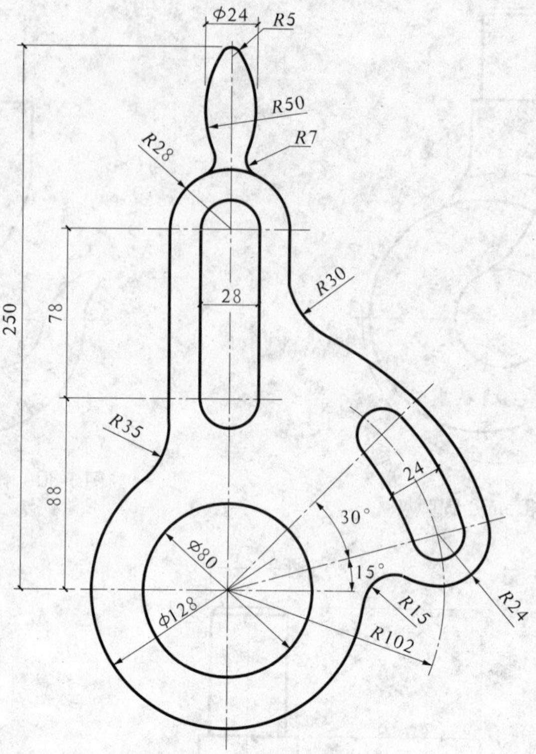

图 1-82　实训任务四

3. 实训指导

(1)绘制所有已知圆弧,如图 1-83 所示。

(2)用“圆弧”命令中的“圆心、起点、端点”功能,绘制如图 1-84 所示已知弧。

(3)用“圆角”命令绘制连接弧,如图 1-85 所示。

(4)用实训任务一中的方法绘制上部手柄部分。

图 1-83　“圆”命令绘制

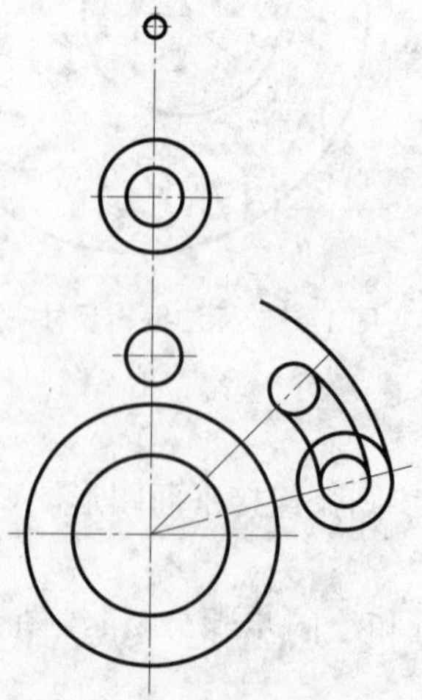

图 1-84　“圆弧”命令绘制

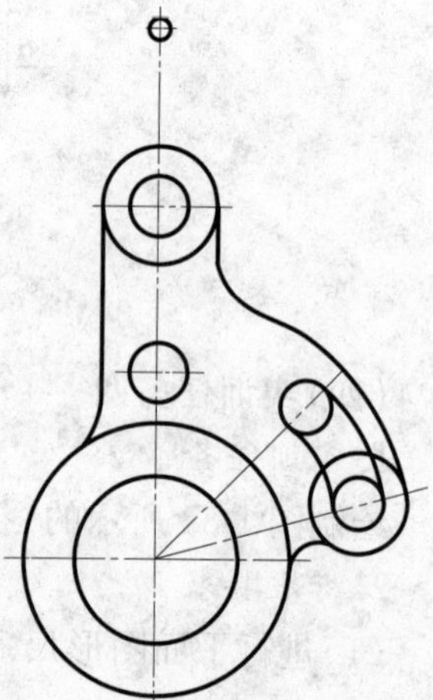

图 1-85　“圆角”命令绘制

三、课外拓展练习

(1)刚刚绘制了一个半径为 12 的圆,现在要立即再绘制半径为 12 的圆,最快捷的方法是(　)。

A. 直接回车调出画圆命令,系统要求给定半径时输入 12

B. 调出画圆命令,系统要求给定半径时输入 12

C. 直接回车调出画圆命令,系统要求给定半径时直接回车

D. 调出画圆命令,系统要求给定半径时直接回车

(2)两圆相距 100,半径分别为 30 和 50,两圆的公切圆半径为 120,则这样的圆有几个(　)。

A. 2　　B. 4　　C. 8　　D. 6

(3)一个圆有五个夹点,拖动圆周上一个夹点可以(　)。

A. 更改圆的半径　　B. 移动圆心位置

C. 更改圆的颜色　　D. 更改圆的图层

(4)在“圆”命令的选项中,“2P”选项指的是(　)。

A. 圆上的任意两个点　　B. 直径的两个端点

C. 表示圆心及圆上的一点　　D. 均不对

(5)在“圆”命令的选项中,“3P”选项指的是(　)。

A. 三个象限点　　B. 直径的两个端点和圆心

C. 圆上的任意三个点　　D. 均不对

(6)在执行“圆角”命令时,一般要先设置的选项是(　)。

A. 半径　　B. 切点　　C. 修剪模式　　D. 多个

任务四　平面图形绘制与打印

一、尺寸分析与线段分析

(一)尺寸分析

平面图形的尺寸按其作用分为定形尺寸和定位尺寸。为了确定画图时所需要的尺寸数量及画图的先后顺序,必须首先确定尺寸基准。

(1)尺寸基准。

尺寸基准是标注尺寸的起点,一个平面图形应有两个方向的尺寸基准。平面图形的尺寸基准一般以图形的对称线、较大圆的中心线或主要轮廓线作为基准线。在图 1-86 中大圆的中心线是长和高两个方向的尺寸基准。

(2)定形尺寸。

确定平面图形中各线段形状大小的尺寸称为定形尺寸,如直线段的长度、圆和圆弧的直径或半径、角度的大小等。如图 1-86 中的 *R*20、*R*15、*R*16、*R*30 等尺寸均为定形尺寸。

(3)定位尺寸。

确定平面图形中各线段之间相对位置的尺寸称为定位尺寸。如图 1-86 中的 60、6 是定位尺寸,确定 *R*20 和 *R*15 圆心位置。尺寸 3 是 *R*30 圆弧圆心与 *R*20 圆弧圆心的定位尺寸。

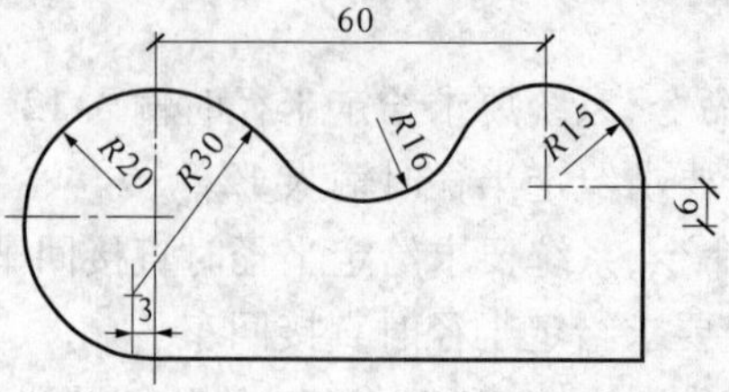

图 1-86　平面图形尺寸分析和线段分析

(二)线段分析

平面图形的线段按所给尺寸的多少和类型可分为已知线段、中间线段和连接线段。

(1)已知线段。

定形尺寸和定位尺寸均给出的线段称为已知线段。已知线段可根据基准线位置和图中所注尺寸直接画出。如图 1-86 中的 *R*20、*R*15 等线段。

(2)中间线段。

除图形所标注的尺寸外,还需要根据一个连接关系才能画出的线段称为中间线段。如图 1-86 中圆弧 *R*30 属中间线段。由于该圆心只有一个为 3 的定位尺寸,还必须依靠该圆弧与 *R*20 圆弧相切的关系,通过几何作图的方法确定圆心的位置。

(3)连接线段。

没有定位尺寸,需要根据两个连接关系才能画出的线段,称之为连接线段。如图 1-86 中的 *R*16 等线段。*R*16 是利用与 *R*30 和 *R*15 相切,再利用几何作图的方法找到圆心。

二、AutoCAD 绘制平面图形的步骤

(1)平面图形分析。

分析平面图形的尺寸和线段,确定平面图形中各线段的绘图顺序。

(2)创建图层。

创建几个基本线型的新图层,将粗实线、细实线、虚线、点画线、文字、标注和标题栏等置于各自的图层上。

(3)绘制图形。

按照已知线段、中间线段、连接线段的顺序绘制图形。

(4)标注尺寸。

新建标注样式,标注全图尺寸。

(5)设置图框和标题栏。

初次绘图,按照图纸标准尺寸绘制图框和标题栏,并填写标题栏内容。将绘制好的标题栏保存或设置为图形样板文件,供以后使用。

(6)保存、打印。

根据需要将文件保存为.dwg 文件或.dwf 文件或打印成图纸。

三、平面图形打印设置

（一）图纸的幅面和格式

1. 图纸幅面、图框

图纸的幅面规格共有五种，从大到小的幅面代号为 A0、A1、A2、A3、A4。各种图幅的幅面尺寸见表 1-5。

表 1-5　图纸幅面代号和尺寸　　（单位：mm）

幅面代号	A0	A1	A2	A3	A4
$B \times L$	841 × 1189	594 × 841	420 × 594	297 × 420	210 × 297
a	25				
c	10			5	
e	20		10		

A0 图幅的面积为 1 m^2，A1 图幅由 A0 图幅对裁而得，其他图幅依此类推。

长边作为水平边使用的图幅称为横式图幅，短边作为水平边使用的图幅称为立式图幅。A0 ~ A3 图幅宜横式使用，必要时立式使用，A4 只立式使用。

在图纸上，图框线必须用粗实线画出。其格式分为不留装订边和留有装订边两种。分别如图 1-87 和图 1-88 所示。但同一产品的图样只能采用同一种格式，图样必须画在图框之内。

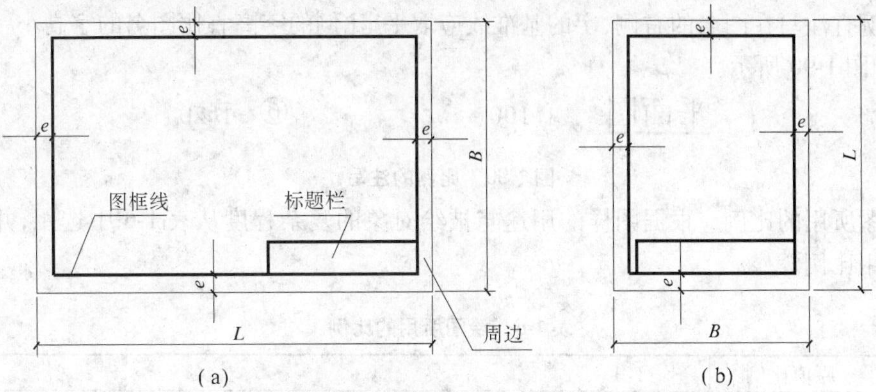

（a）　　（b）

图 1-87　不留装订边的图框格式

2. 标题栏

每张图纸都应在图框右下角设置标题栏，位置如图 1-88 所示。标题栏应根据工程需要确定其格式及内容。学生制图作业建议采用图 1-89 所示的简化标题栏。

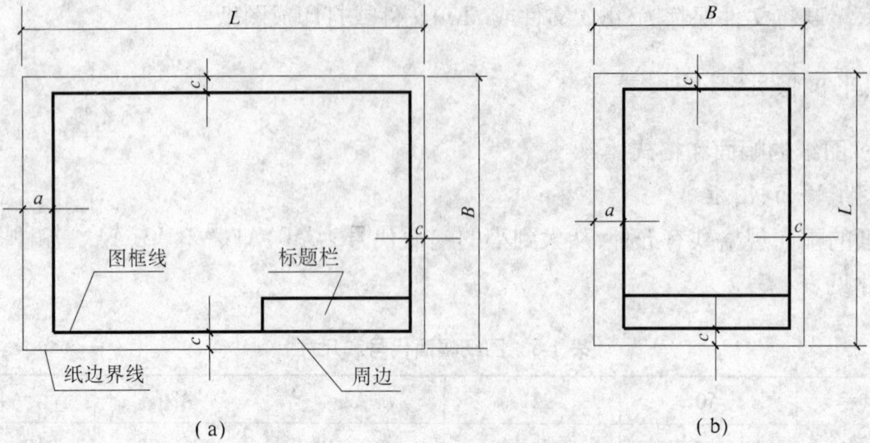

图 1-88　留装订边的图框格式

图 1-89　学生作业用标题栏

(二)图样的比例

图样的比例是图样中结构要素的线性尺寸与实际结构相应要素的线性尺寸之比。

比例宜注写在图名的右侧,字的基准线应取平,比例的字高宜比图名的字高小一号或二号,如图 1-90 所示。

平面图　1:100　　　　⑥　1:20

图 1-90　比例的注写

绘图所用的比例应根据图样的用途与被绘对象的复杂程度从表 1-6 中选用,并优先采用常用比例。

表 1-6　绘图所用的比例

常用比例	原值比例	1:1				
	放大比例	5:1 $5\times10^n:1$	2:1 $2\times10^n:1$	$1\times10^n:1$		
	缩小比例	1:2 $1:2\times10^n$	1:5 $1:5\times10^n$	1:10 $1:1\times10^n$	1:150	
可用比例		1:3 $1:3\times10^n$	1:4 $1:4\times10^n$	1:6 $1:6\times10^n$	1:15 $1:15\times10^n$	1:25 $1:25\times10^n$

特殊情况下也可自选比例,这时除应注出绘图比例外,还必须在适当位置绘制出相应的比例尺。

(三)打印设置

在绘图工作完成后,将图形在图纸上打印出来是 CAD 绘图中最重要的环节。AutoCAD 提供了两个放置对象的空间,即模型空间和图纸空间。在打印图形时,既可以从模型空间打印图形,也可以创建布局从图纸空间打印图形。绘图窗口下端“模型”和“布局”选项卡用来切换模型空间和图纸空间。

模型空间是一个无限的绘图区域。从模型空间打印图形的设置与我们常用的文本打印相似,即先进行打印页面设置,然后预览打印,所以易于掌握。具体打印设置方法通过实训任务实例介绍。

图纸空间是一个打印页面的模拟图纸预览,即设置的图纸打印布局。一个图形文件可以有多个布局,每个布局代表一张图纸。在一个布局中也可以有多个图形,每个图形有不同的打印设置。

在工作中,一般应用布局在图纸空间打印图纸,这样可以方便地利用 AutoCAD 图纸集管理图纸,并能够成批量打印图纸。

具体打印设置在以后的实训中结合实例介绍。

四、实训与指导

(一)实训任务

绘制图 1-91(大图见附图 1)所示的“立交平面图”,并用 A3 图纸打印。

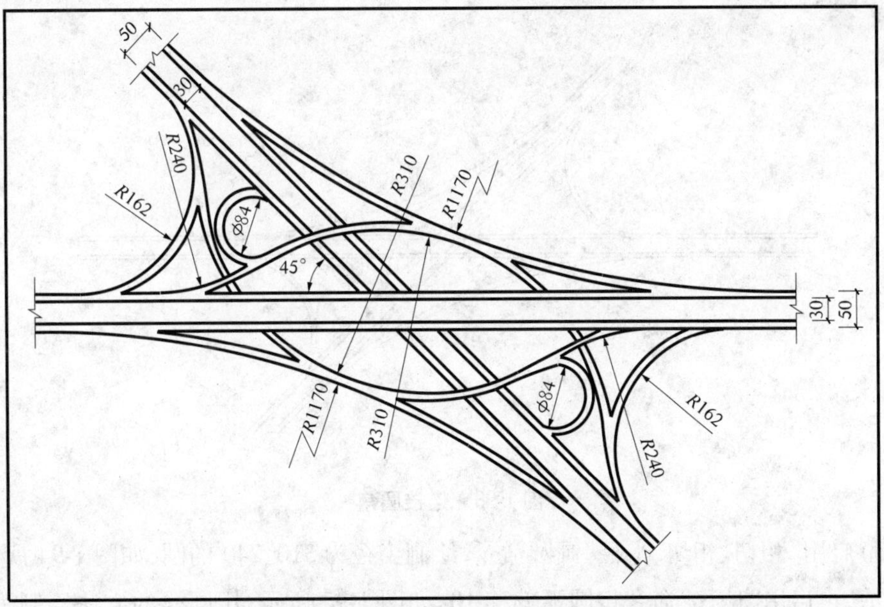

图 1-91　实训任务

（二）标准要求

（1）进行平面图形尺寸分析和绘图步骤分析，绘图步骤和方法正确。

（2）正确设置尺寸标注样式，尺寸标注正确、清晰。

（3）正确确定打印比例，打印设置正确，打印图纸符合国家标准。

（三）实训指导

（1）启用“构造线”命令，绘制一条水平线；然后启用“偏移”命令，将水平构造线偏移10、30、10；再启用“旋转”命令，将水平线复制旋转与水平成45°角，如图1-92所示。

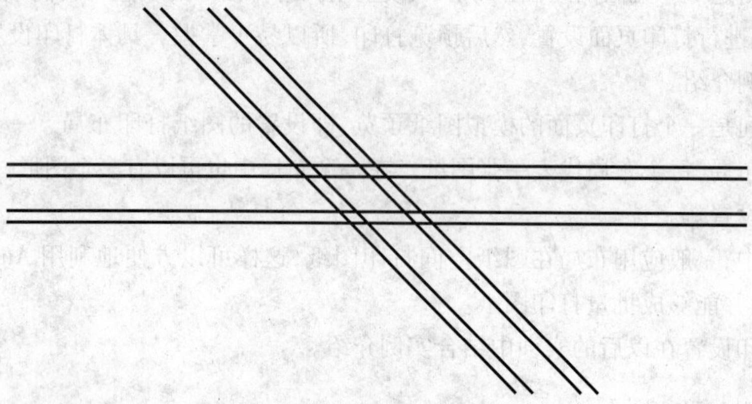

图1-92　绘制直线段部分

（2）启用“圆角”命令，绘制 $R1170$、$R162$ 圆弧；再启用“偏移”命令，将四段圆弧偏移10，如图1-93所示。

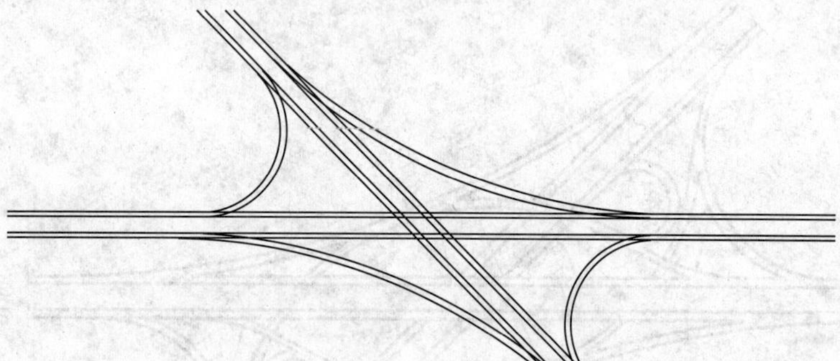

图1-93　连接圆角

（3）启用“相切、相切、半径”画圆命令，绘制半径为310、240的圆，如图1-94所示；将两圆修剪，再启用“偏移”命令将圆弧偏移10，如图1-95所示；用同样的方法绘制另一边的圆弧，如图1-96所示。

图 1-94　绘制相切圆

图 1-95　修剪、偏移

图 1-96　绘制另一条转向道

(4)启用“相切、相切、半径”画圆命令,绘制 $R42$ 圆弧,再启用“偏移”命令将圆向外偏移 10,如图 1-97 所示。

图 1-97　绘制内转向道相切圆

(5)启用“修剪”命令,对圆弧部分进行修剪,如图 1-98 所示。

图 1-98　修剪内转向道相切圆

(6)修剪下部被遮挡的图线,如图 1-99 所示。

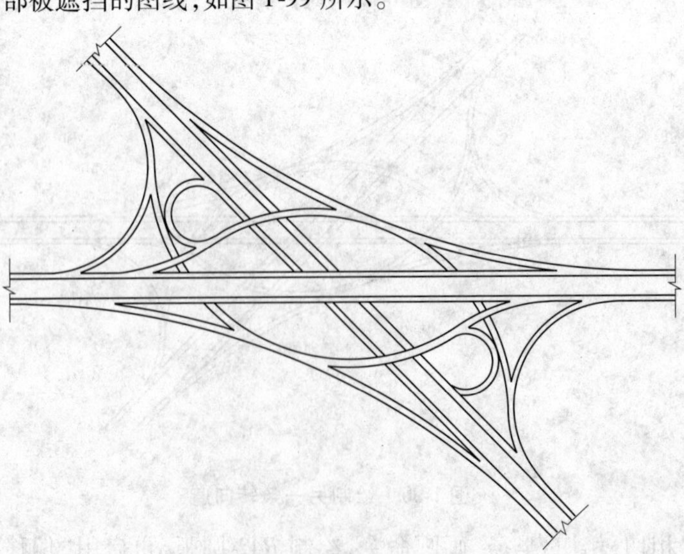

图 1-99　整理图形

(7)新建标注样式和直径、角度标注子样式,标注尺寸,如图 1-100 所示。

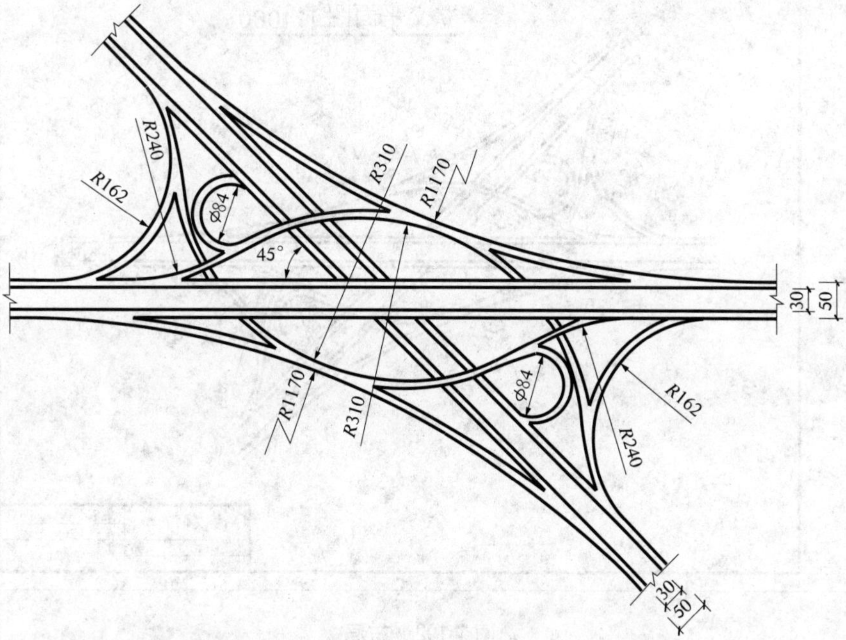

图 1-100　标注尺寸

(8)绘制 A3 尺寸图框和标题栏,并填写文字内容,如图 1-101 所示;启用“比例”命令将图框和标题栏放大 4 倍;再启用“移动”命令布图,如图 1-102 所示。

图 1-101　绘制图框、标题栏

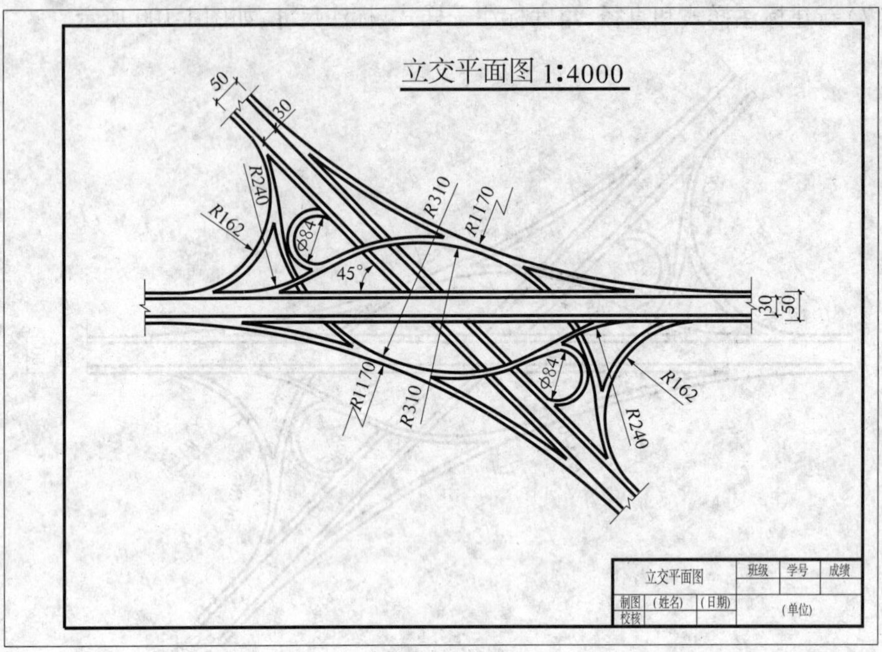

图 1-102　布局

(9)启用“打印”命令,弹出“打印 - 模型”对话框,如图 1-103 所示,在对话框中进行打印设置。本例选择“DWF6. ePolt. pc3”打印机、“ISO A3 (420. 00 × 297. 00 毫米)”图纸尺寸、勾选“布满图纸”和“居中打印”; 打印方向选择“横向”;“打印范围”选择“窗口”时,这时对话框关闭,用鼠标选择外图框线的两个边角,重新弹出“打印 - 模型”对话框。设置好的打印设置对话框如图 1-103 所示。

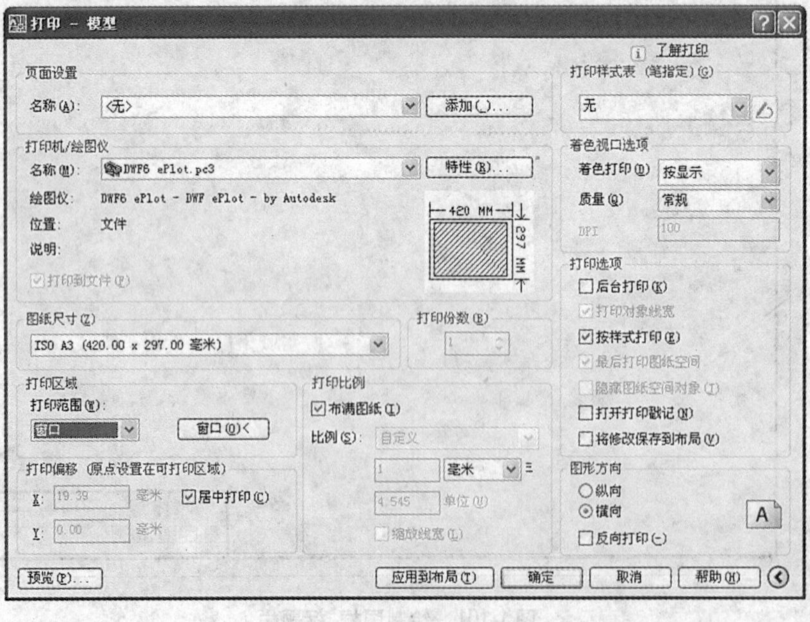

图 1-103　“打印 - 模型”对话框

(10)单击“打印 - 模型”对话框中的“预览”按钮,则预览打印效果,如图 1-104 所示。若启用“打印”命令,则执行设定的打印,若关闭预览窗口,则返回“打印 - 模型”对话框。

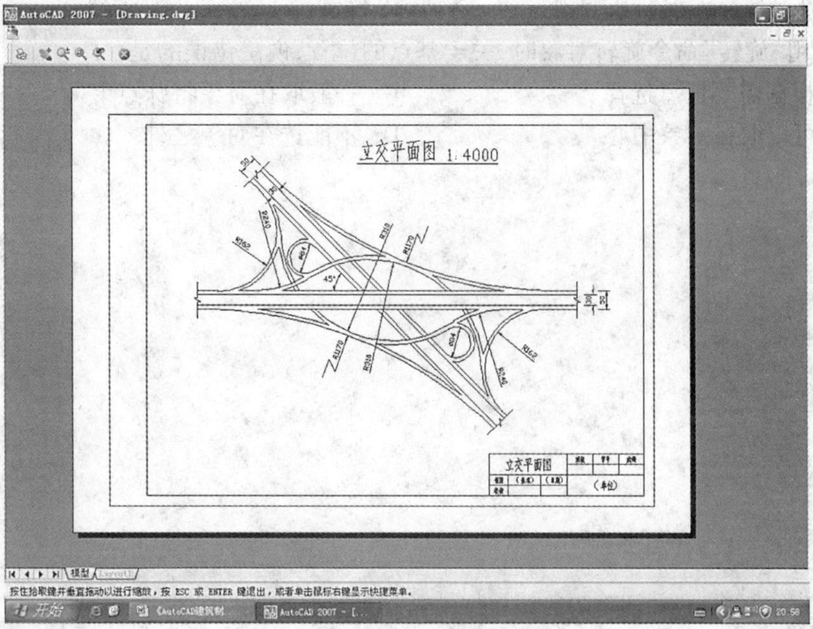

图 1-104　打印预览

五、课外拓展练习

(1)制图标准中规定 A3 图幅的尺寸是(　)。

A. 594×420　　B. 210×297　　C. 841×594　　D. 420×297

(2)制图标准中规定 A0 图幅大小是 A3 图幅大小的(　)。

A. 2 倍　　B. 4 倍　　C. 8 倍　　D. 1/2 倍

(3)图框线用下面哪种线型绘制(　)。

A. 粗实线　　B. 细实线　　C. 点画线　　D. 虚线

(4)标题栏的外框线和内分格线分别用什么线型绘制(　)。

A. 粗实线和细实线　　B. 细实线和粗实线

C. 细实线和细实线　　D. 虚线和点画线

(5)分别用下列比例打印同一个物体,打印出图形最大的比例是(　)。

A. 1∶100　　B. 1∶10　　C. 1∶50　　D. 1∶200

(6)用“移动”命令把一个对象向 *X* 轴正向移动 10 个单位,向 *Y* 轴正向移动 6 个单位,输入错误的是(　)。

A. 基点:任意;第二点:#10,6　　B. 基点:0,0;第二点:10,6

C. 基点:0 <0;第二点:@10,6　　D. 基点:任意;第二点:@10,6

(7)用“缩放”命令缩放对象时,不可以(　)。

A. 只在 X 轴方向缩放

B. 将参照长度缩放为指定的新长度

C. 将基点选择在对像之外

D. 缩放小数倍

(8)下列对象执行“偏移”命令后,大小和形状保持不变的是(　)。

A. 圆　B. 圆弧　C. 椭圆　D. 直线

(9)用“旋转”命令旋转对象时,关于基点的位置,说法错误的是(　)。

A. 根据需要任意选择

B. 一般取在对象特殊点上

C. 可以取在对象中心

D. 不能选在对象之外

项目二　正投影原理与三视图绘制

教学任务	教学目标	
	知识目标	技能目标
任务五　正投影图与三视图绘制	1. 理解正投影绘图原理,掌握正投影特性和正投影图绘图方法 2. 掌握三视图的形成方法和投影规律	能够根据简单模型或轴测图,正确绘制三视图
任务六　基本体三视图绘制	1. 掌握常见棱柱和棱锥三视图的绘图方法和图形特征 2. 掌握圆柱、圆锥、圆球三视图的绘图方法和图形特征	1. 能够绘制和识读常见棱柱的三视图 2. 能够绘制和识读常见棱锥的三视图 3. 能够绘制和识读圆柱、圆锥、圆球的三视图
任务七　组合体三视图绘制	1. 掌握组合体三视图绘制的形体分析法 2. 掌握组合体三视图绘制的线面分析法 3. 掌握组合体三视图的尺寸标注要求	1. 能够根据模型和轴测图绘制组合体三视图 2. 能够正确标注组合体三视图的尺寸

任务五　正投影图与三视图绘制

一、正投影概念

（一）投影法概念

古人在探索用图形来表达物体的过程中，发现物体在太阳光或灯光的照射下，在墙面或地面上产生影子，于是人们总结影子与物体之间的关系，将物体的影子形状用图线画出来，这种绘图的方法沿袭到今天，被称为投影法制图，简称投影法。

投影法制图因为光源、光线等条件的不同，分为中心投影、斜投影、正投影等多种，应用于美术绘画、摄影、透视绘图、轴测绘图、工程制图等工作领域。

（二）正投影概念

为了生产和建造的需要，工程图必须准确表达物体的形状和大小。一般投影条件下，投影会有变形，不符合生产建造对图形的要求，但发现物体的影子在正投影的条件下能够准确地表达物体的形状和大小。所以经过人们的科学抽象，形成了正投影条件下的绘图方法，称为正投影法。

当互相平行光线垂直照射投影面得到的物体投影，称为正投影，如图 2-1 所示。按正投影法画出的图称正投影图。

物体的正投影图能够准确地反映物体一个方向的实际形状和大小，而且作图简单，所以正投影法被广泛应用于工程制图。

物体的正投影图不同于影子，影子只反映物体的外形轮廓，如图 2-2（a）所示，正投影图是假定投影线能穿透物体或者物体透明，因而能反映物体的所有内外轮廓线，如图 2-2（b）所示。

一般情况下，物体正投影图的可见轮廓线用粗实线画，不可见轮廓线用细虚线画。

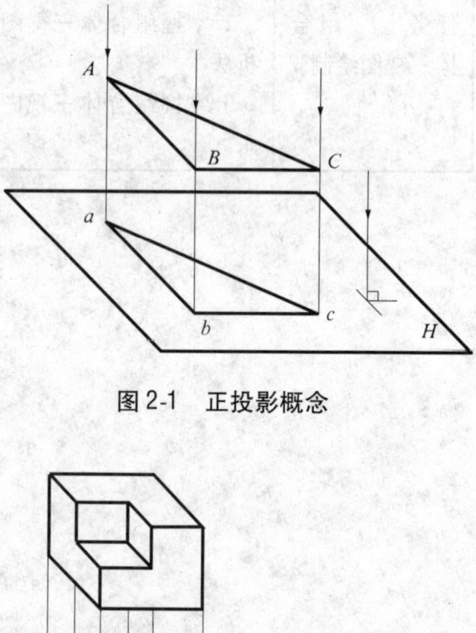

图 2-1　正投影概念

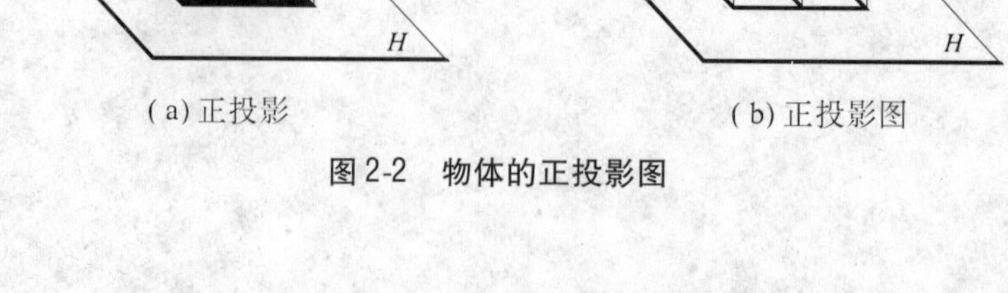

（a）正投影　　（b）正投影图

图 2-2　物体的正投影图

二、正投影基本特性

(一)实形性

当直线或平面平行于投影面时,在投影面上的投影反映直线的实长或平面图形的实际形状,如图 2-3 所示,这种投影特性称为实形性。

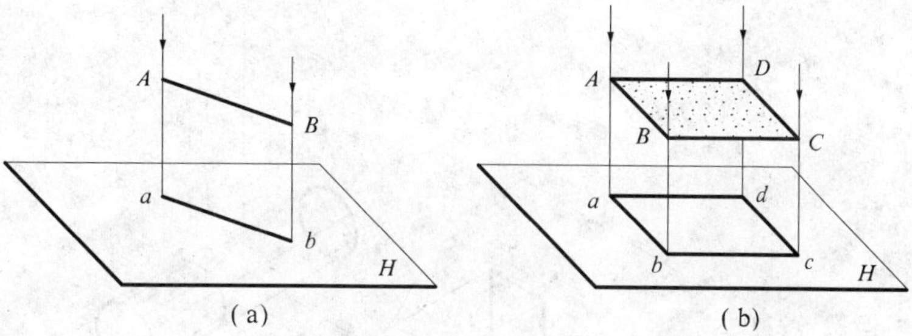

图 2-3　实形性

(二)积聚性

当直线或平面垂直于投影面时,在投影面上的投影积聚成一个点或一条直线,如图 2-4所示,这种投影特性称为积聚性。

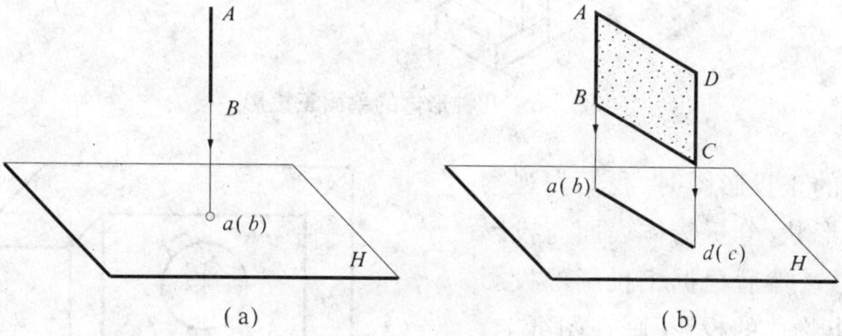

图 2-4　积聚性

(三)类似性

当直线或平面倾斜于投影面时,直线的投影长度缩短,平面的投影尺寸发生变化,形状类似于平面的实形,如图 2-5 所示,这种投影特性称为类似性。

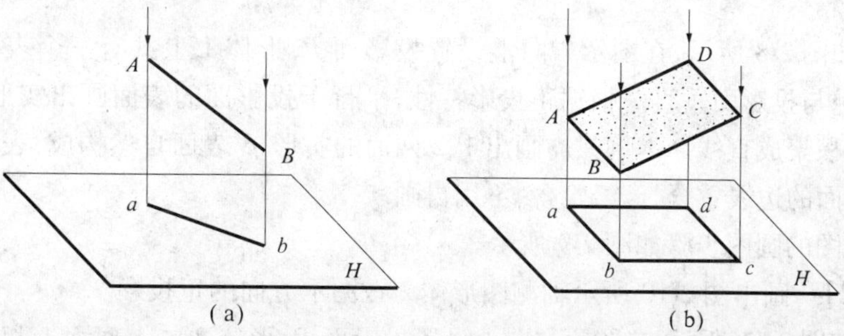

图 2-5　类似性

三、正投影图的画法

设置一个投影面,用正投影法从物体的一个方向垂直于投影面进行投射,画出物体的图形称为正投影图,图 2-6 为几种形体的正投影图。物体可以画出多个不同方向的正投影图。

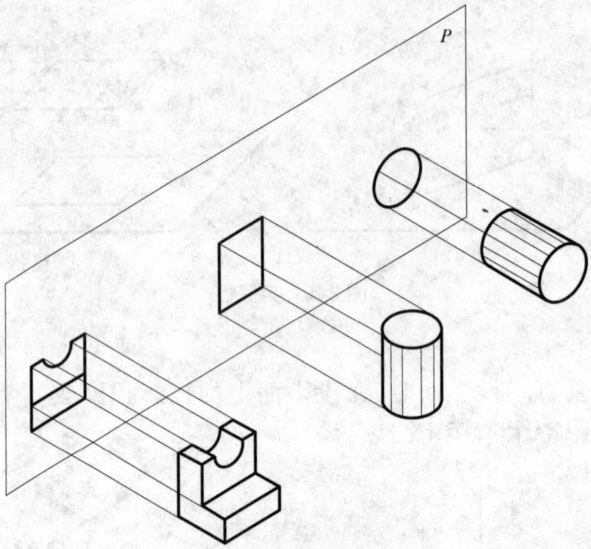

图 2-6　几种形体的单面正投影

画物体的正投影图时,我们先观察物体的组成形状,分析物体表面与投影面的相对位置,然后根据正投影的投影特性,想象出物体的投影,画在图纸上。正投影图是通过观察和分析画出的,正投影图又称为视图。

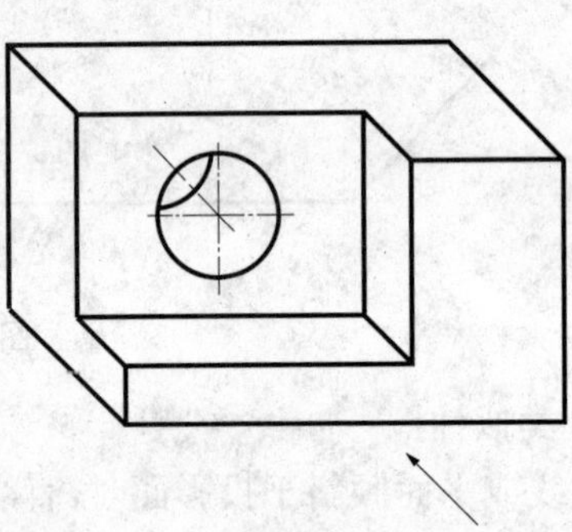

图 2-7　轴测图形体 1

【例 2-1】　画出如图 2-7 所示轴测图形体 1 在图示方向上的单面正投影图。

分析:如图 2-8 所示,在图示方向上设置投影面 P,形体 1 上共有三个表面与投影面平行,其余都与投影面垂直。根据正投影特性,平行于投影面的表面画出实形,垂直于投影面的表面积聚成直线。本例只需画出 1、2 两面的实形,3 表面自然构成,表面的积聚投影与 1、2、3 面的边线重合,已经隐含,不用再画。

正投影图的画图步骤如图 2-9 所示。

【例 2-2】　画出图 2-10 所示轴测图形体 2 在图示方向的正投影。

分析:如图 2-11 所示,在图示方向上设置投影面 P,形体 2 的上底面 1 和下底面 2 与投影面垂直,而侧面 3、4、5、6 也与投影面垂直,根据正投影特性, 垂直于投影面的表面积

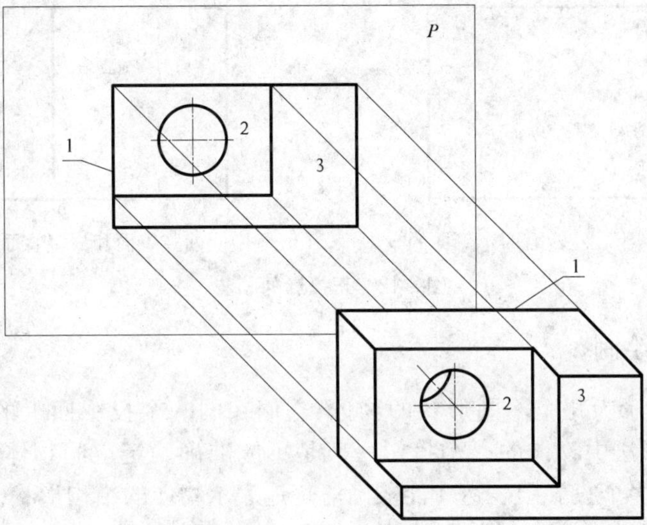

图 2-8　正投影图分析

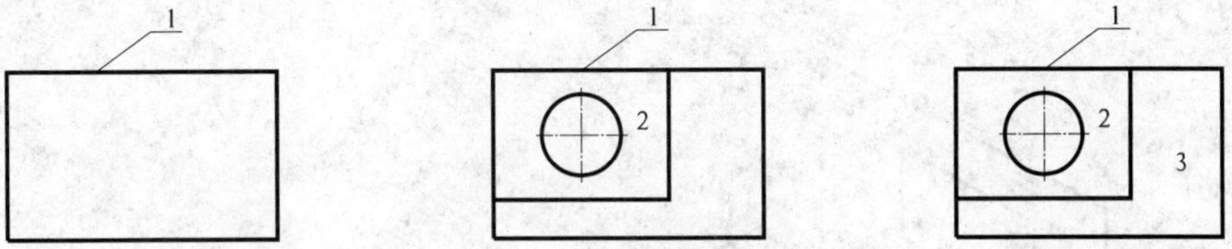

(a) 先画1平面的实形　　(b) 再画2平面的实形　　(c) 3平面的投影自动形成

图 2-9　单面正投影图的画法

聚成直线,所以 1、2 两底面的投影如图 2-11(a)所示,3、4、5、6 侧面的投影如图 2-11(b)所示。这样形体上平行于投影面的平面的投影已形成,不用再画。单面正投影图的画图步骤如图 2-12 所示。

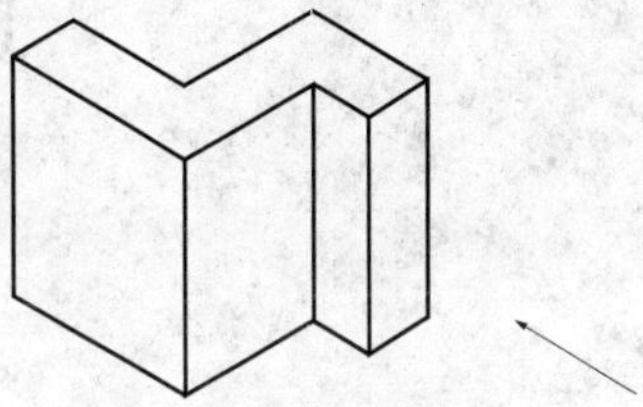

图 2-10　轴测图形体 2

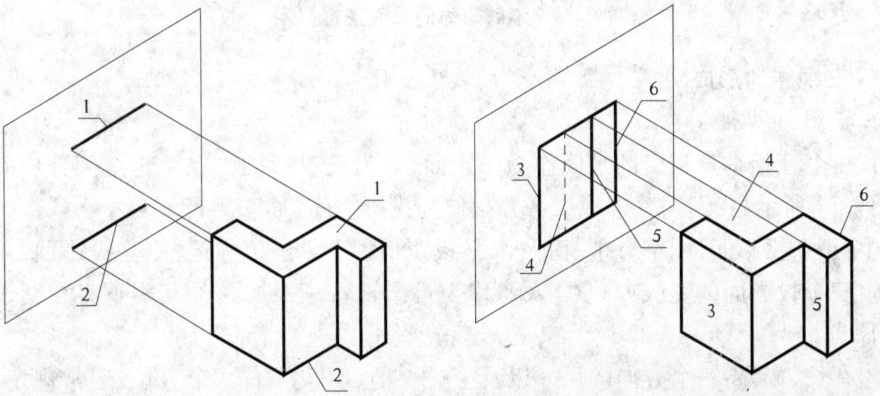

(a) 底面的投影　　(b) 侧面的投影

图 2-11　正投影图分析

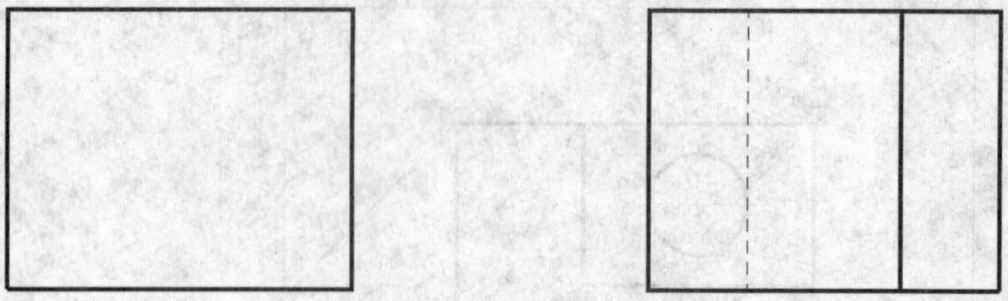

(a) 画上、下、左、右四个侧面的投影　　(b) 画中间前竖直面和后竖直面的投影

图 2-12　正投影的画法

四、三视图绘制

如图 2-13 所示为几个不同形状的物体，它们在同一个投影面上的投影却是相同的，因此在正投影法中物体的一个投影一般是不能准确确定空间物体的结构形状的，必须有两个或者多个投影图表达才能准确清楚地表示物体的结构形状。由于物体一般有左右、前后和上下三个方向的形状，我们一般用三面投影图来表示物体，称为物体的三视图。

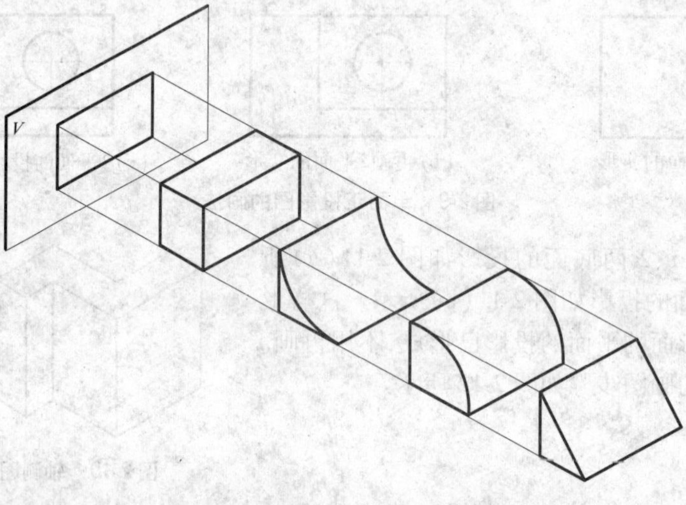

图 2-13　不同形体的单面正投影图

(一) 三视图的形成

1. 三投影面体系的建立

设置三个互相垂直相交的平面作为投影面，称为三投影面体系。把空间分成 8 个分角，如图 2-14 所示，我们国家选取第一分角作为投影空间，如图 2-15 所示。

其中：正立投影面，用字母 *V* 标记；水平投影面，用字母 *H* 标记；侧立投影面，用字母 *W* 标记。三个投影面的交线 *OX*、*OY*、*OZ* 称为投影轴。三根投影轴互相垂直相交于一点 *O*，称为原点。

物体有长、宽、高三个方向的尺寸以及上、下、前、后、左、右六个方位，通常规定：以原点 *O* 为基准，沿 *X* 轴方向量取物体的长度，确定左、右方位；沿 *Y* 轴方向量取物体的宽度，确定前、后方位；沿 *Z* 轴方向量取物体的高度，确定上、下方位。

2. 分面投影形成三视图

如图 2-16 所示，将物体置于三投影面体系中，将其主要表面分别平行于投影面，然后分别将物体向三个投影面进行投影得到物体的三视图。

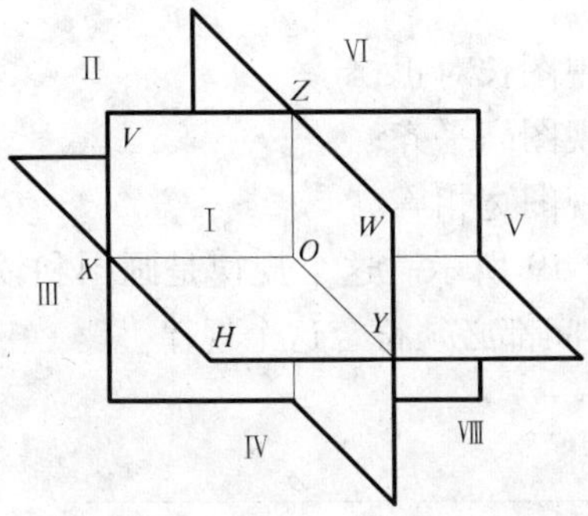

图 2-14 三投影面体系(8 个分角)

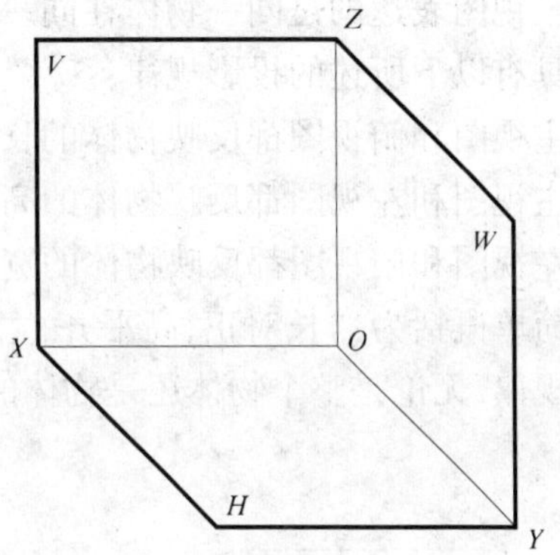

图 2-15 第一分角

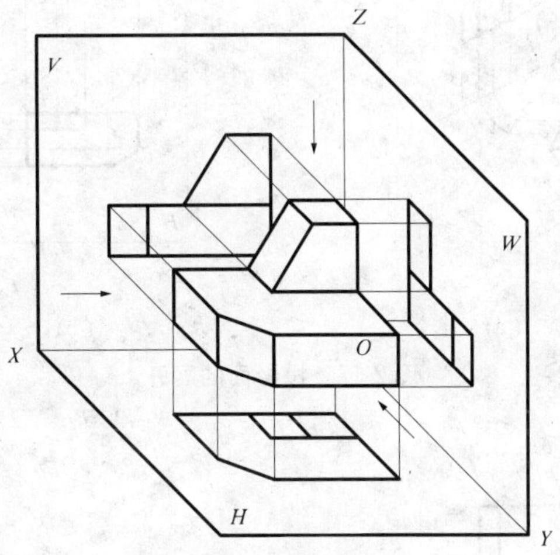

图 2-16 分面进行投影

从物体的前面向后投影，在 *V* 面上得到的视图称为主视图；

从物体的上面向下投影，在 *H* 面上得到的视图称为俯视图；

从物体的左面向右投影，在 *W* 面上得到的视图称为左视图。

3. 三投影面的展开

从图 2-16 可以看出，物体的三视图分别处在三个互相垂直的投影面上，将 *V* 面保持不动，使 *H* 面绕 *OX* 轴向下旋转 90°，将 *W* 面绕 *OZ* 轴向右旋转 90°，使之与 *V* 面摊平成一个平面，如图 2-17(a)所示。展开后三视图的位置如图 2-17(b)所示，俯视图在主视图的正下方，左视图在主视图的正右方。

工程图纸上的三视图是不画投影面的边框线和轴线的，按上述位置排列时，也不需标注图名。

在绘制三视图时，为了三视图位置准确，常常画出投影轴线和投影线，如图 2-18 所示。

（二）三视图的投影规律

三视图表达的是同一物体在同一位置分别向三投影面所作的投影。所以，三视图间必然具有以下所述的投影规律：

主视图和俯视图都反映物体的长度，因此主俯视图长对正；

主视图和左视图都反映物体的高度，因此主左视图高平齐；

左视图和俯视图都反映物体的宽度，因此俯左视图宽相等。

简单概括为："长对正，高平齐，宽相等"，如图 2-19 所示。这个规律是画图和读图的基本规律，无论是整个物体还是物体的局部，三视图间都必须符合这个规律。

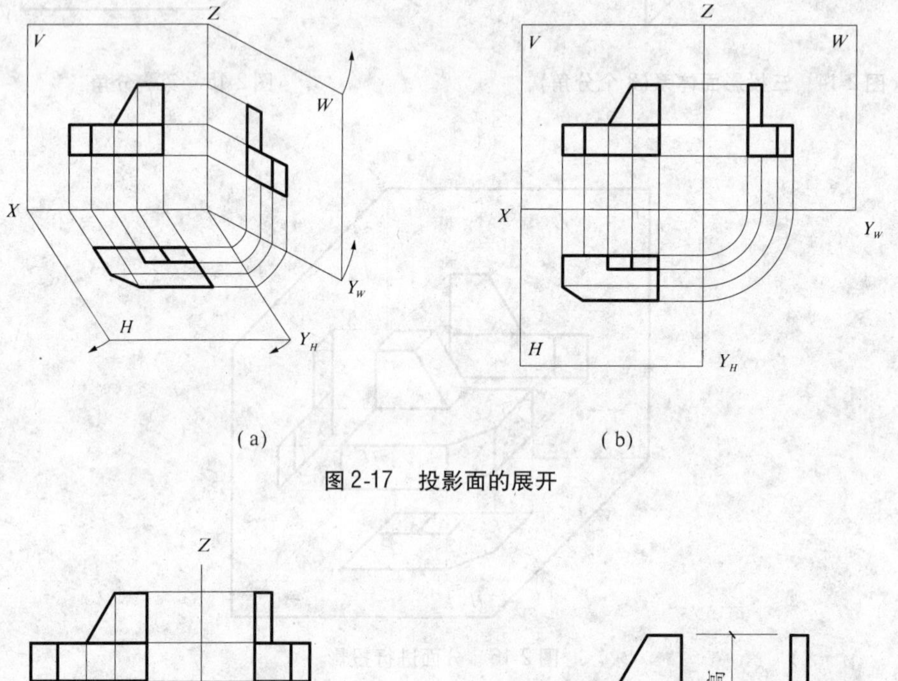

（a）（b）

图 2-17　投影面的展开

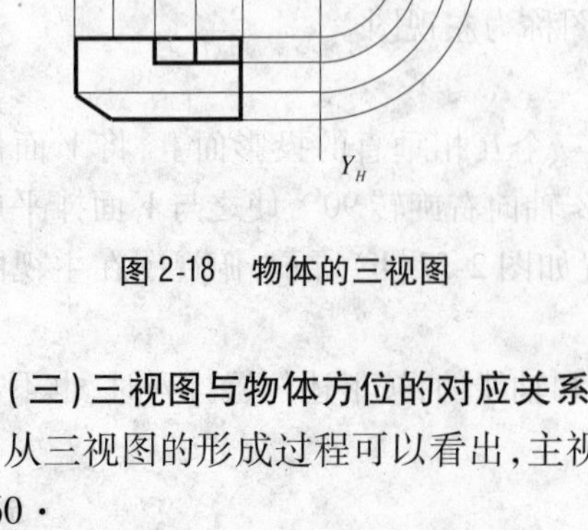

图 2-18　物体的三视图

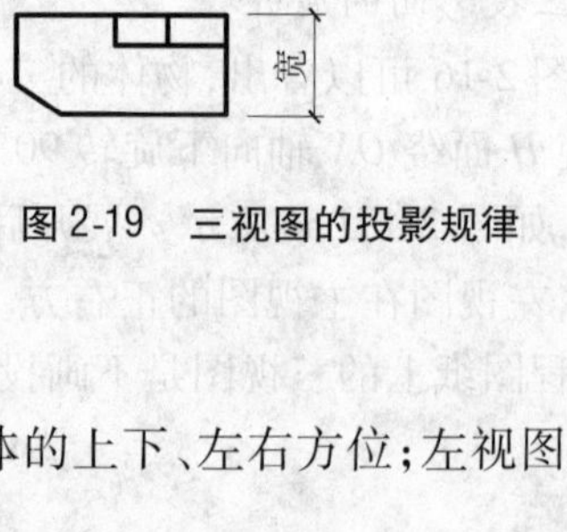

图 2-19　三视图的投影规律

（三）三视图与物体方位的对应关系

从三视图的形成过程可以看出，主视图反映了物体的上下、左右方位；左视图反映了物体前后、上下方位;俯视图反映了物体前后、左右方位。如图 2-20 所示。

(四)三视图的画法步骤

以图 2-21 所示物体为例,三视图的画法步骤如下:

(1)确定物体摆放位置和主视方向,思考物体三个方向投影图的画法,或者画出草图三视图,如图 2-21(a)所示。

(2)用细实线绘制投影轴和 45°倾斜线,如图 2-21(b)所示。

(3)用细实线先绘制物体完整形状的三视图,如图 2-21(c)所示。

(4)用细实线绘制左前下切角处的三视图,如图 2-21(d)所示。

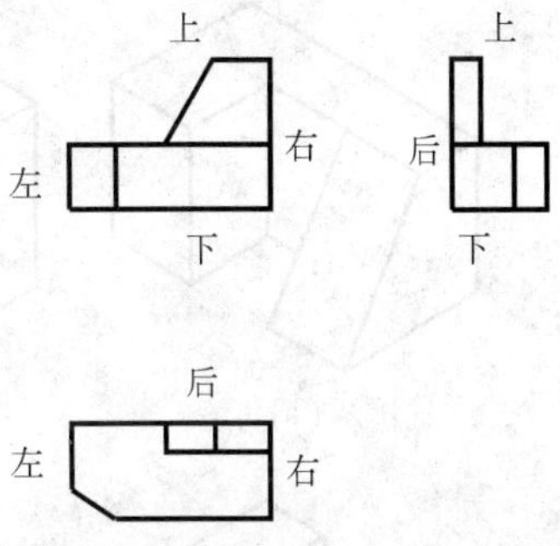

图 2-20　三视图的位置对应关系

(5)用细实线绘制右上处切槽处的三视图,如图 2-21(e)所示。

(6)擦除投影轴线和投影线,擦除切角和切槽处多余的线,用粗实线描深三视图,如图 2-21(f)所示。

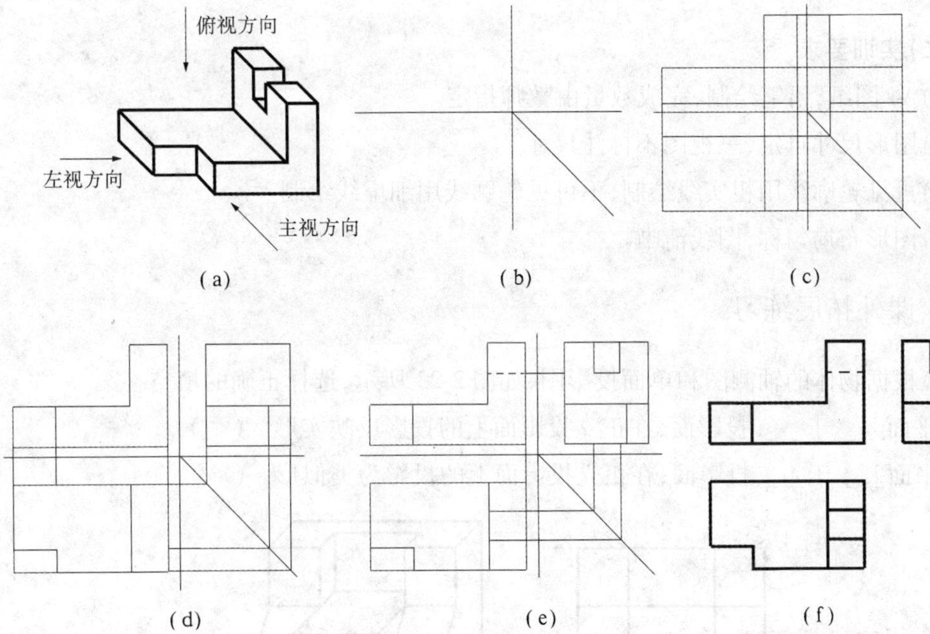

图 2-21　三视图的画法步骤

五、实训任务与要求

(一)实训任务

图 2-22 为 8 个物体的轴测图,试根据轴测图绘制其三视图。

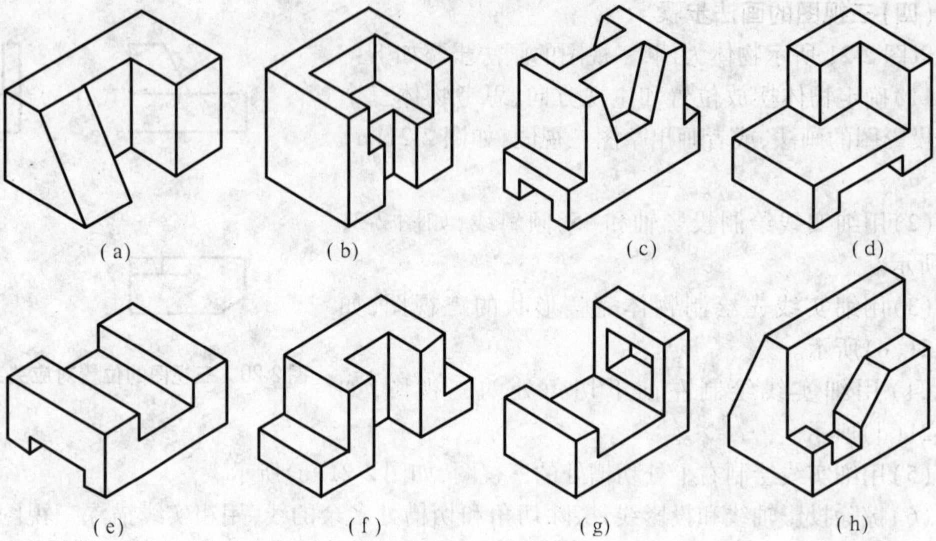

图 2-22　根据轴测图绘制三视图

(二)实训要求

(1)A4 图纸,铅笔绘制,完成数量由教师指定。

(2)图形尺寸自定,三视图不标注尺寸。

(3)可见轮廓线用粗实线绘制,不可见轮廓线用细虚线绘制。

(4)图形布局匀称,图线清晰。

六、课外拓展练习

(1)根据物体的轴测图和单面投影图,如图 2-23 所示,选择正确的填空答案

Q 平面____于____投影面,在正立投影面上的投影反映实形。(　)

P 平面____于____投影面,在正立投影面上的投影为类似形。(　)

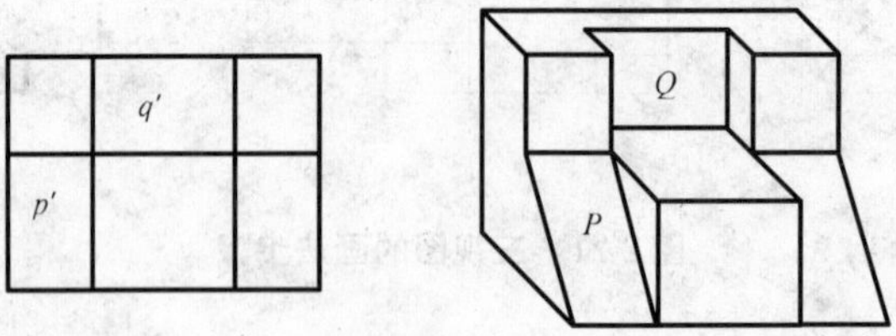

图 2-23

A. 倾斜、正立　B. 平行、正立　C. 垂直、正立　D. 倾斜、侧立

(2)已知物体的主、俯视图(见图 2-24),哪个左视图是错误的?(　)

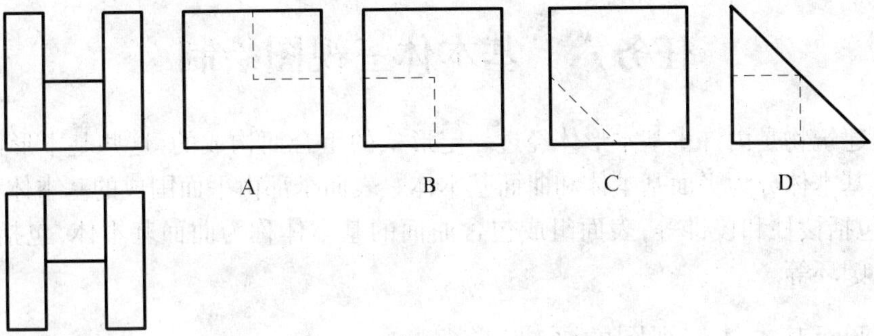

图 2-24

(3)已知物体的主、俯视图(见图 2-25),哪个左视图是错误的?(　)

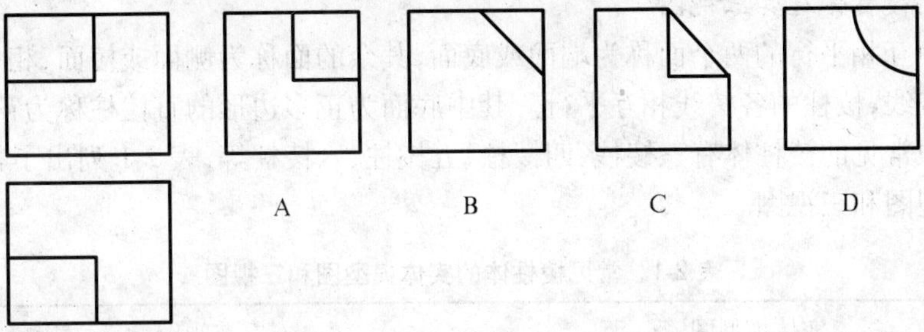

图 2-25

(4)根据主、俯视图(见图 2-26),选择正确的左视图。(　)

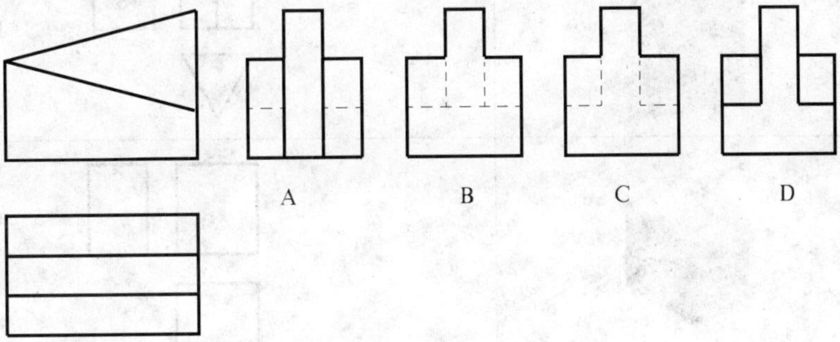

图 2-26

(5)根据主、俯视图(见图 2-27),选择正确的左视图。(　)

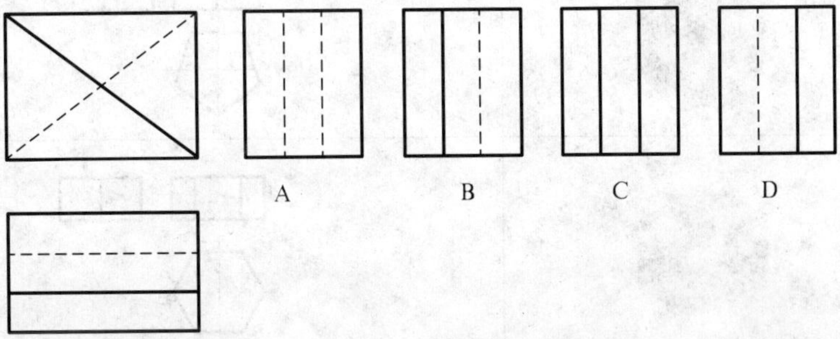

图 2-27

任务六　基本体三视图绘制

工程建筑物是由许多基本形体经过一定形式的组合而构成的，这些基本形体简称为基本体。基本体分为平面基本体和曲面基本体。表面全部由平面围成的基本体称为平面基本体，包括棱柱和棱锥等；表面组成包含曲面的基本体称为曲面基本体，包括圆柱、圆锥、圆球、圆环等。

一、平面基本体三视图的画法

(一)棱柱体的三视图

1. 常见棱柱体及其三视图

棱柱中互相平行的两个面称为端面或底面，其余的面称为侧面或棱面，相邻两棱面的交线称为棱线，棱柱的各棱线相互平行。其中底面为正多边形的直棱柱称为正棱柱。

工程中常见的棱柱体有三棱柱、四棱柱、五棱柱、六棱柱等，表 2-1 列出了常见棱柱体的实体模型图和三视图。

表 2-1　常见棱柱体的实体模型图和三视图

名称	实体模型图	三视图
三棱柱		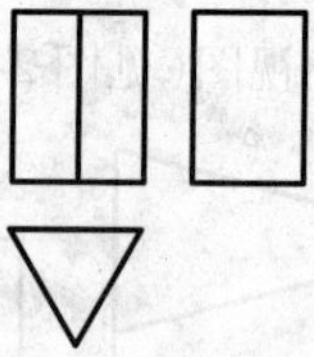
四棱柱		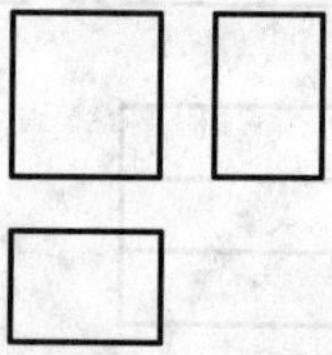
五棱柱	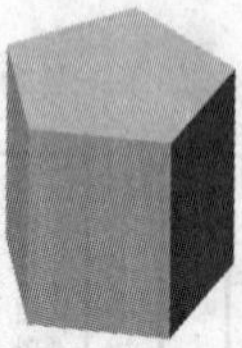	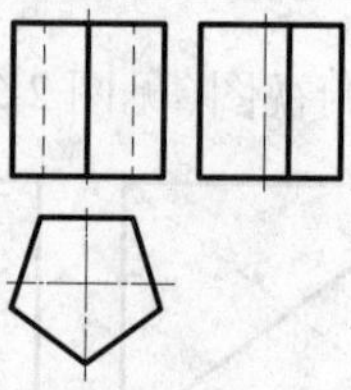
六棱柱		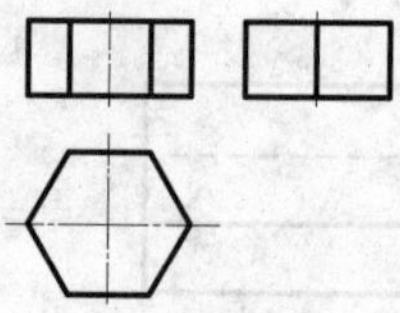

2. 棱柱体三视图的画法步骤

以正三棱柱为例，说明棱柱体的画法步骤如下：

(1)确定物体摆放位置和主视方向。

将正三棱柱放置为底面水平，其中一棱线在最前，后侧面是正平面，三视图投影方向如图 2-28 所示。

(2)画底面的投影图。

画出反应上下底面实形的俯视图，如图 2-29(a)所示。

(3)画其他两面投影。

根据“长对正”的投影关系画出主视图，如图 2-29(b)所示；根据“高平齐”、“宽相等”的关系画出左视图，如图 2-29(c)所示。

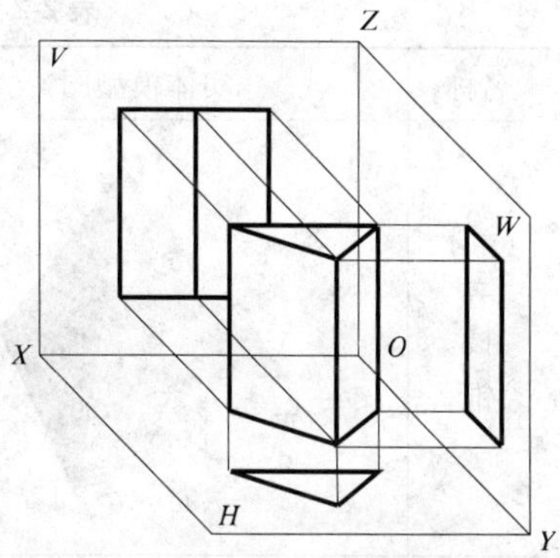

图 2-28　正三棱柱三视图的分析

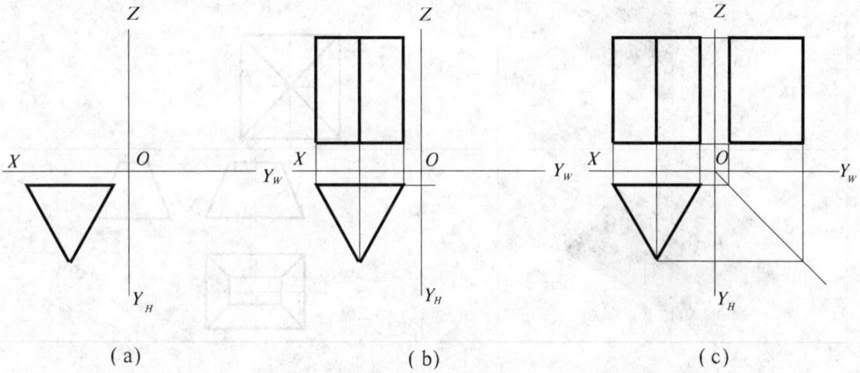

图 2-29　正三棱柱三视图的画法步骤

(二)棱锥体的三视图

1. 常见棱锥体及其三视图

棱锥体由底面、棱面、棱线和锥顶组成，底面是多边形，侧棱面均为三角形。

工程中常见的棱锥体有三棱锥、四棱锥、四棱台等。表 2-2 列出了常见棱锥体的实体模型图和三视图。

2. 棱锥体三视图的画法步骤

正三棱锥的画法步骤如下：

(1)确定物体摆放位置和主视方向。

正三棱锥的底面放置为水平面，其中一根棱线放置为最前，后侧面是侧垂面。三视图投影方向如图 2-30 所示，棱线 SA 为侧平线，棱线 SB 和 SC 为一般位置直线。

(2)画棱锥底面的投影图。

先画出反映底面实形的俯视图，顶点在三角形的重心，再从三角形的顶点向锥点的投影连线，从而作出各棱线的俯视图，如图 2-31(a)所示。

表 2-2　常见棱锥体的实体模型图和三视图

名称	实体模型图	三视图
三棱锥		
四棱锥		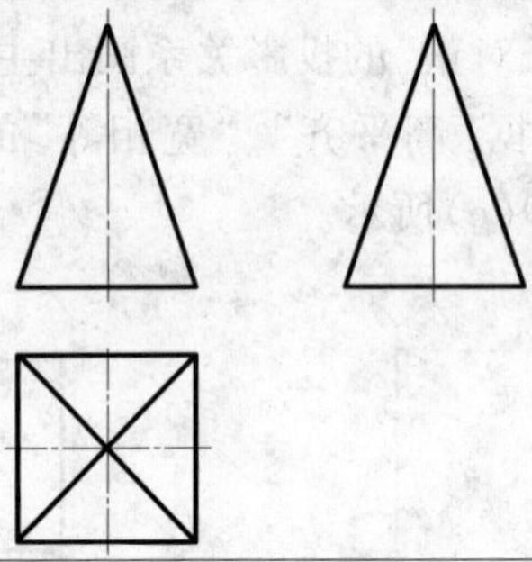
四棱台		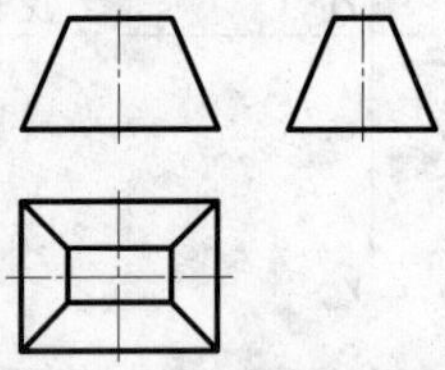

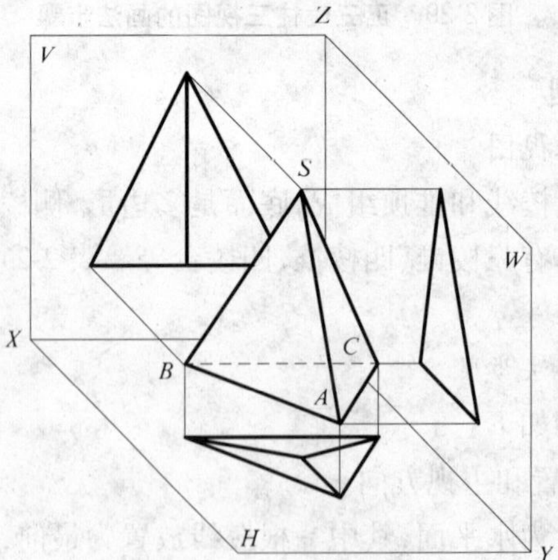

图 2-30　正三棱锥摆放位置及三面投影

(3) 画棱锥的另外两面投影。

根据“长对正”的投影关系画出主视图，如图 2-31(b) 所示；根据“高平齐”、“宽相等”的关系画出左视图，如图 2-31(c) 所示。

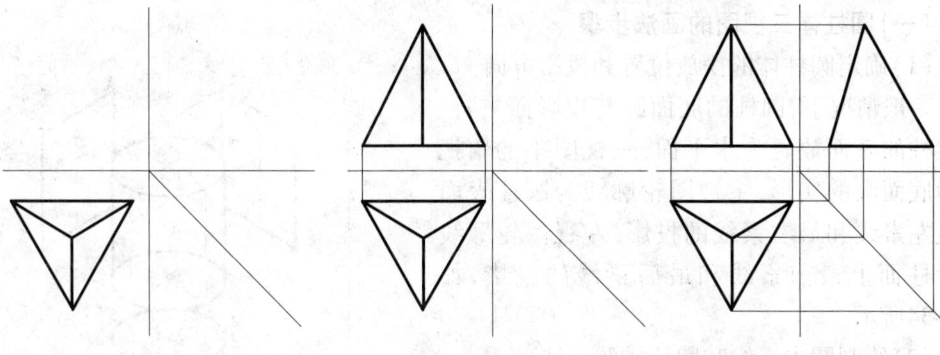

图 2-31 正三棱锥三视图的画法步骤

四棱台的画法步骤如图 2-32 所示。

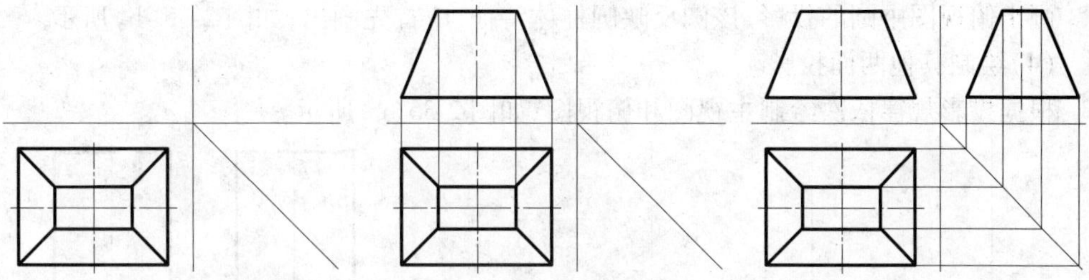

(a) 绘上下底面和棱线　　(b) 绘主视图　　(c) 绘左视图

图 2-32 四棱台三视图的画法步骤

二、曲面基本体三视图的画法

曲面基本体表面是由一条动线绕固定轴线旋转而成的,这种形体又称为回转体。动线称为母线,母线在旋转过程中的每一个具体位置称为曲面的素线。因此,可以认为回转体的曲面上存在着无数条素线。

圆柱面是一条直线围绕与其平行的固定轴线旋转而成的,如图 2-33(a)所示。

圆锥面是一条直线围绕与其相交的固定轴线旋转而成的,如图 2-33(b)所示。

圆球面是一个圆围绕其直径旋转而成的,如图 2-33(c) 所示。

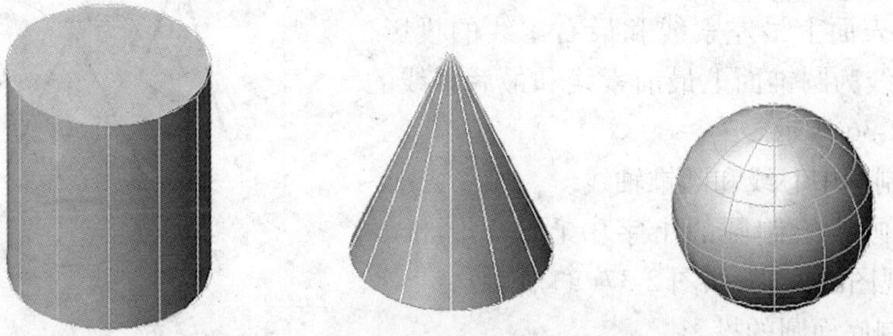

(a) 圆柱　　(b) 圆锥　　(c) 圆球

图 2-33 曲面体实体模型图

(一)圆柱体三视图的画法步骤

(1)确定圆柱体的摆放位置和投影方向。

一般情况下,圆柱的底面圆与投影面平行。将圆柱的底面放置为水平面,三视图中的俯视图为底面圆的实形,主视图轮廓线为圆柱表面上最左素线和最右素线的投影,左视图轮廓线为圆柱面上最前素线和最后素线的投影,如图 2-34所示。

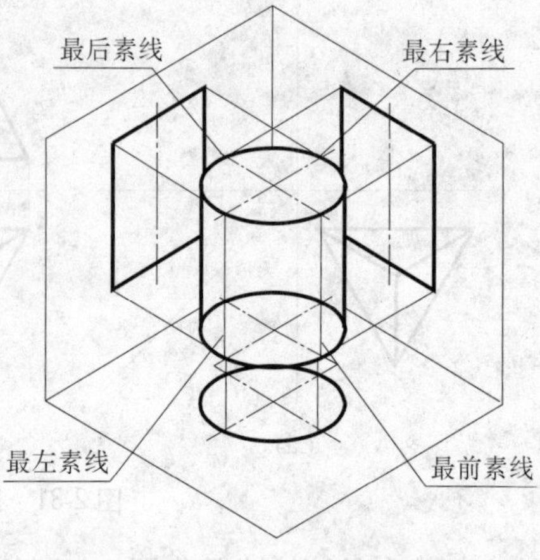

图 2-34 圆柱三视图的分析

(2)绘制圆中心线和圆柱轴线。

用细单点长画线绘制圆的十字中心线和圆柱轴线,确定三视图的位置,如图 2-35(a)所示。

(3)绘制底面圆的投影。

画出俯视图中圆的投影,该圆反映圆柱体特征,应首先画出,如图 2-35(b)所示。

(4)绘制其他两面投影。

根据投影规律依次绘制主视图和俯视图,如图 2-35(c)所示。

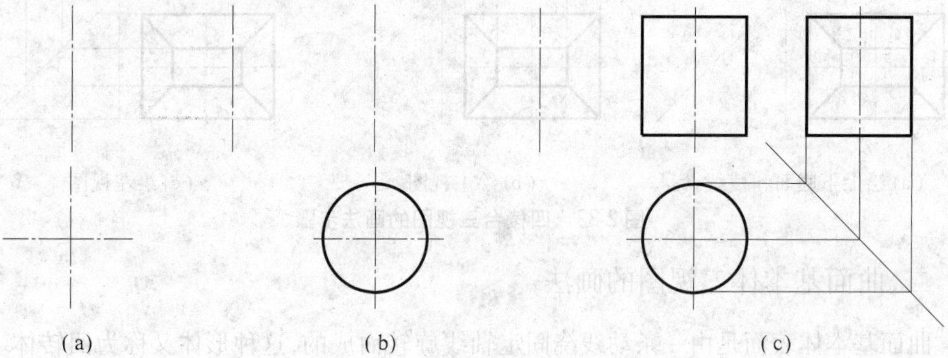

图 2-35 圆柱体三视图的画法

(二)圆锥体三视图的画法步骤

(1)确定圆锥体的摆放位置和投影方向。

将圆锥的底面圆放置为水平面,如图 2-36 所示,三视图中的俯视图为底面圆的实形,主视图轮廓线为圆锥表面上最左素线和最右素线的投影,左视图轮廓线为圆锥面上最前素线和最后素线的投影,如图 2-36 所示。

(2)绘制圆中心线和圆锥轴线。

用细点画线绘制圆的十字中心线和圆锥轴线,确定三视图的位置,如图 2-37(a)所示。

(3)绘制底面圆的投影。

画出俯视图中圆的投影,如图 2-37(b)所示。

图 2-36 圆锥体三视图的分析

(4)绘制其他两面投影。

根据投影规律依次绘制主视图和俯视图,如图 2-37(c)所示。

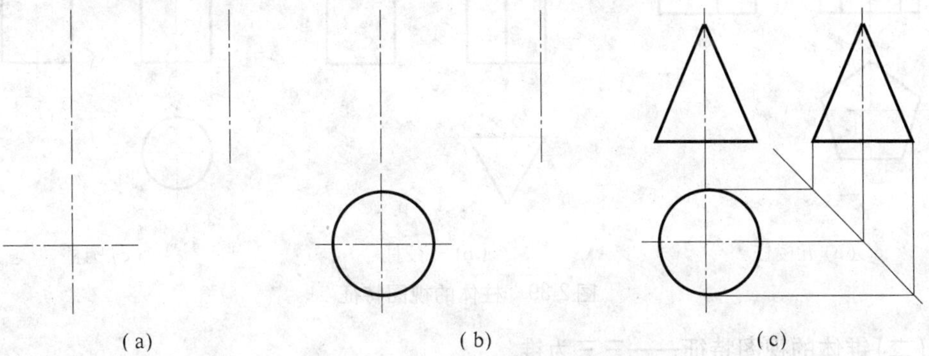

图 2-37　圆锥体三视图的画法

(三)圆球体的投影分析

圆球面可以看做是一个圆围绕其直径旋转而成的,其三面投影均为三个直径等于球径的圆,如图 2-38 所示。

俯视图上的圆,是上、下半球面分界圆的投影。

主视图上的圆,是前、后半球面分界圆的投影。

左视图上的圆,是左、右半球面分界圆的投影。

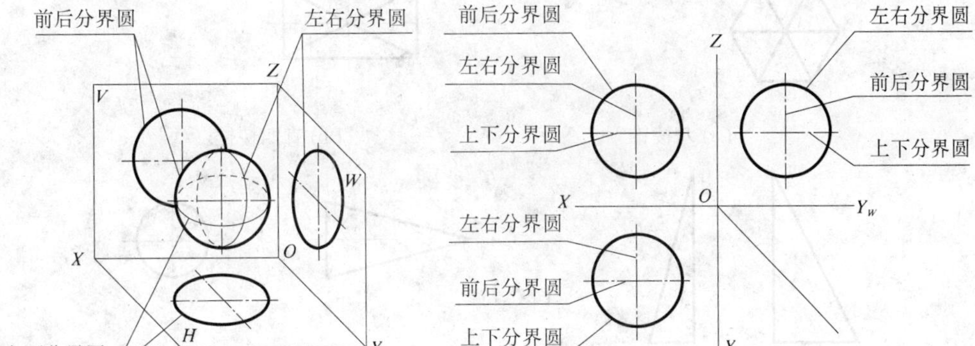

图 2-38　圆球体三视图的分析

三、常见形体的视图特征

(一)柱体的视图特征——矩矩为柱

“矩矩为柱”的含义是:在基本几何体的三视图中若有两个视图的外形轮廓为矩形,则可以肯定它所表达的物体是圆柱或棱柱,如图 2-39 所示。

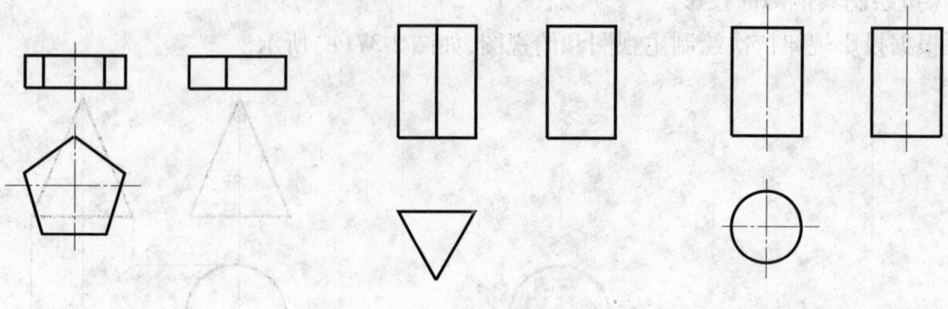

(a) 五棱柱　　(b) 三棱柱　　(c) 圆柱

图 2-39　柱体的视图特征

(二)锥体的视图特征——三三为锥

“三三为锥”的含义是:在基本几何体的三视图中若有两个视图的外形轮廓为三角形,则可以肯定它所表达的物体是圆锥或棱锥,如图 2-40 所示。

(a) 六棱锥　　(b) 直四棱锥

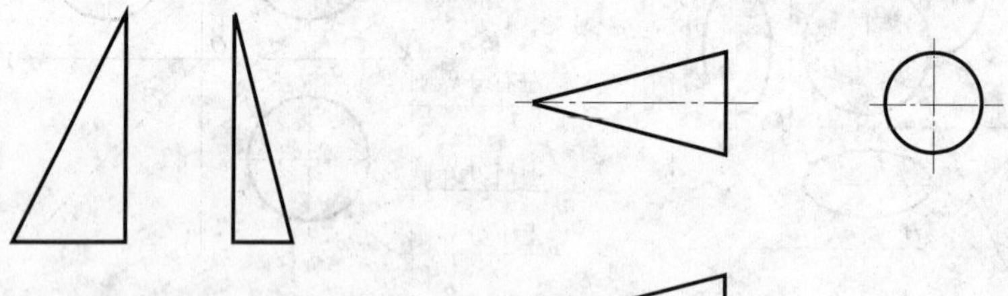

(c) 斜四棱锥　　(d) 圆锥

图 2-40　锥体的视图特征

(三)台体的视图特征——梯梯为台

“梯梯为台”的含义是:在基本几何体的三视图中若有两个视图的外形轮廓为梯形,则可以肯定它所表达的物体是圆锥台或棱锥台,如图 2-41 所示。

(四)球体的视图特征——三圆为球

“三圆为球”的含义是:球体的三视图全部为圆形,如图 2-42 所示。

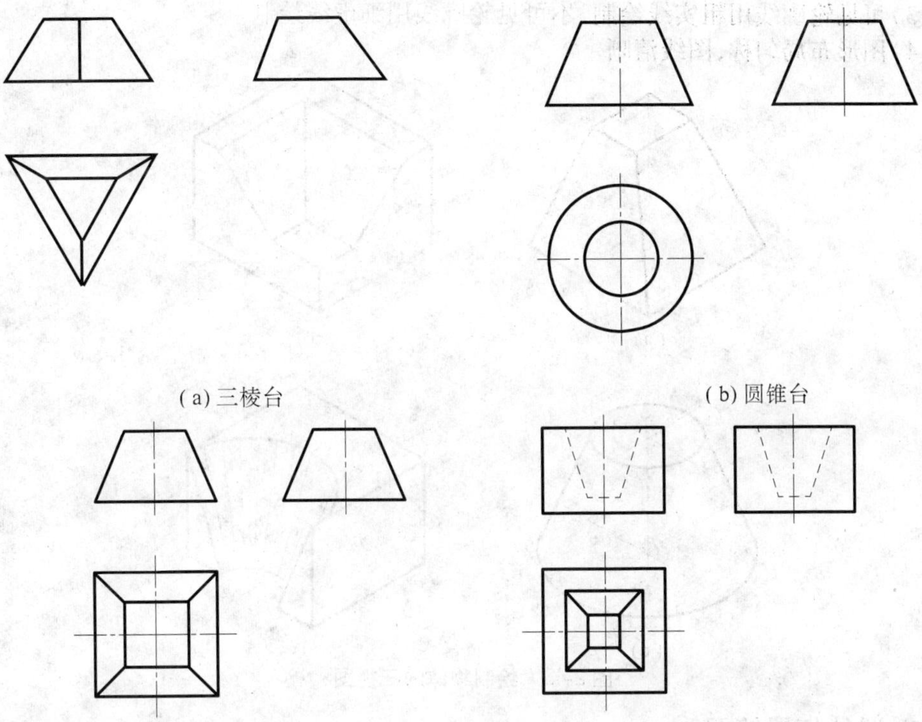

(a) 三棱台　(b) 圆锥台　(c) 四棱台　(d) 台坑

图 2-41　台体的视图特征

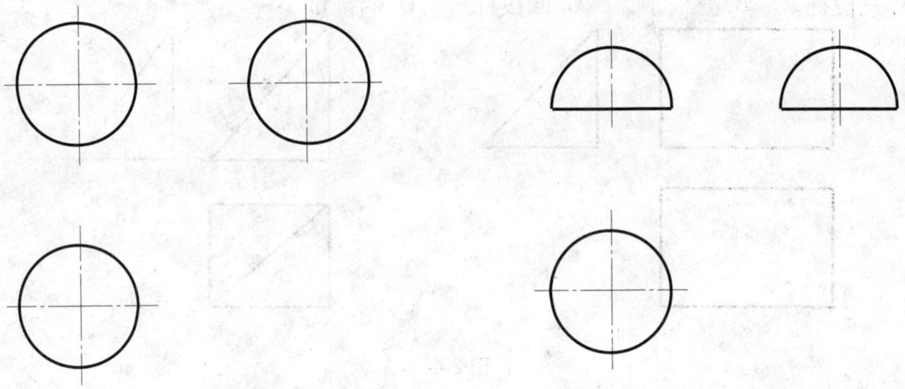

(a) 圆球　(b) 半圆球

图 2-42　圆球的视图特征

四、实训任务

(一)实训任务

图 2-43 为物体的轴测图,试根据轴测图绘制其三视图。

(二)实训要求

(1)A4 图纸,铅笔或计算机绘制。

(2)图形尺寸自定,三视图不标注尺寸。

(3) 可见轮廓线用粗实线绘制,不可见轮廓线用细虚线绘制。
(4) 图形布局匀称,图线清晰。

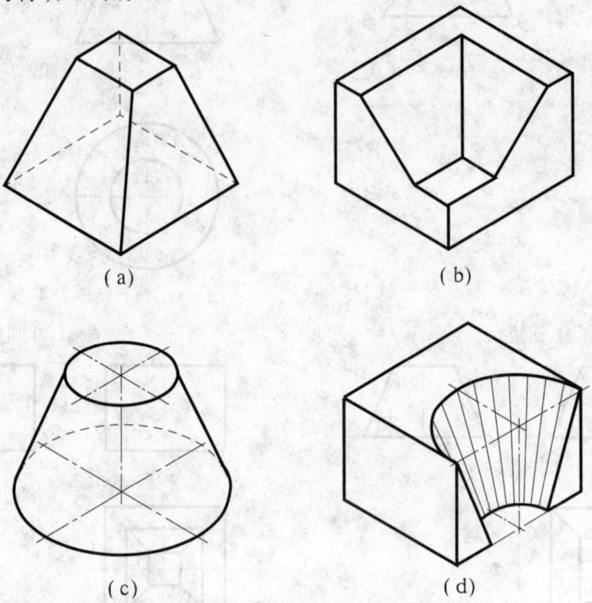

图 2-43　绘制物体的三视图

五、课外拓展练习

(1) 图 2-44 所示三视图属于哪一种基本形体。
A. 三棱柱　　B. 三棱锥　　C. 四棱柱　　D. 四棱锥

(　)　　　　　　　　(　)

图 2-44

(2) 已知物体的主、俯视图(见图 2-45),选择正确的左视图。(　)

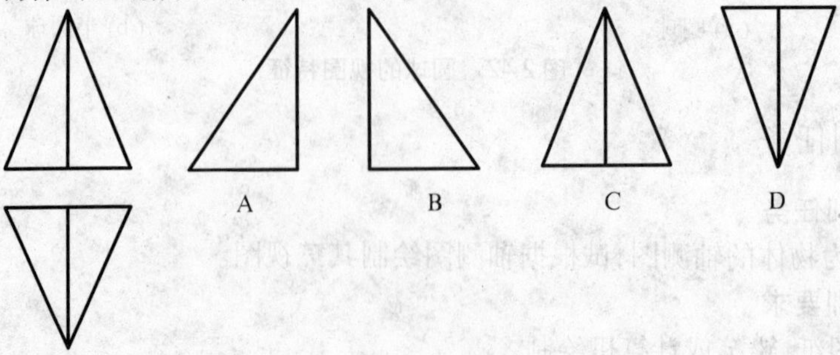

图 2-45

任务七　组合体三视图绘制

一、组合体的组合形式及其表面连接关系

由两个以上基本体组合而成的立体,称为组合体。

(一)组合体的组合形式

组合体的组合形式有三种:叠加式、切割式、综合式,综合式是叠加式和切割式这两种形式的综合。

(1)叠加式。

由两个或多个基本体叠加而成的组合体,称为叠加式组合体,如图 2-46 所示。

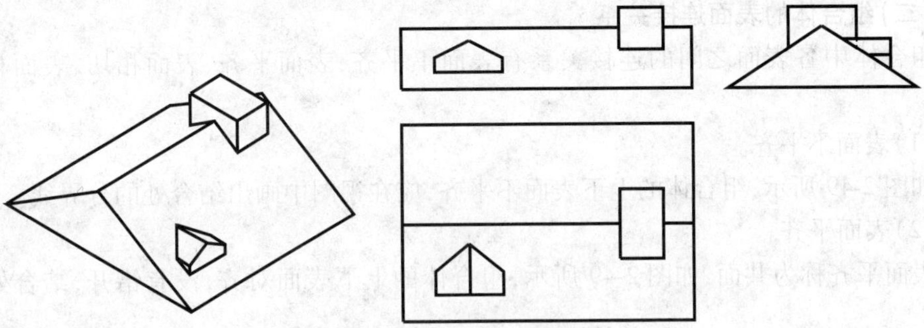

图 2-46　叠加式组合体

(2)切割式。

由一个基本体切割而成的组合体,称为切割式组合体,如图 2-47 所示。

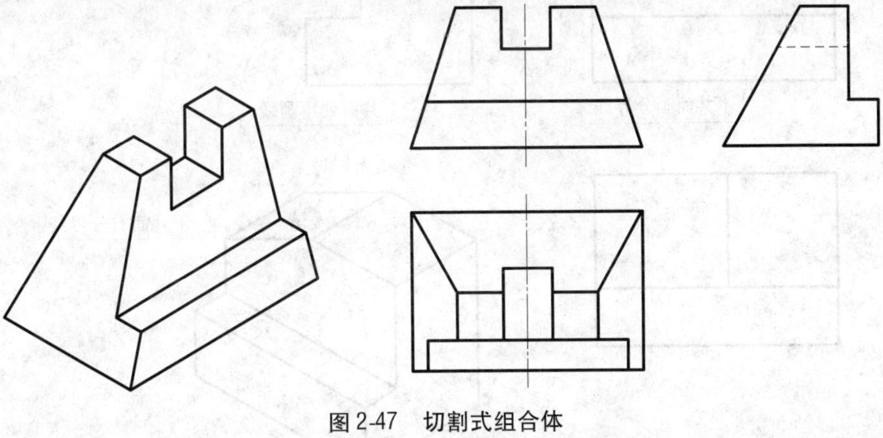

图 2-47　切割式组合体

(3)综合式。

既有叠加又有切割的组合体,称为综合式组合体,如图 2-48 所示。常见建筑形体多为综合式组合体。

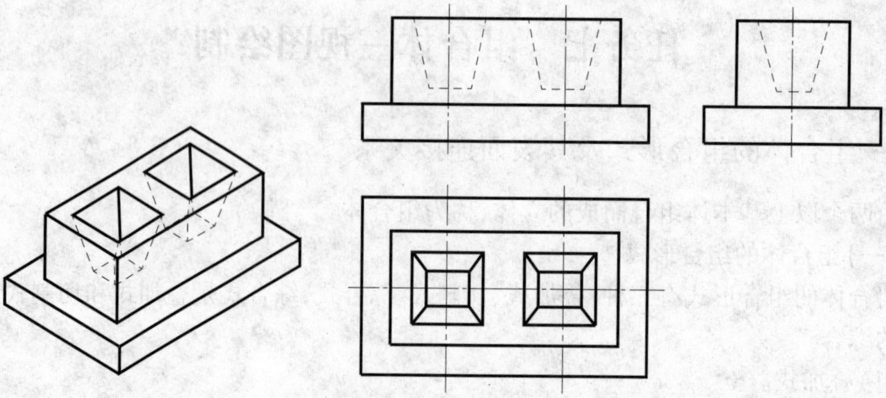

图 2-48　综合式组合体

（二）组合体的表面连接关系

组合体中各表面之间的连接关系有表面不平齐、表面平齐、表面相切、表面相交等情况。

（1）表面不平齐。

如图 2-49 所示，组合体的上下表面不平齐，应在视图中画出结合处的分界线。

（2）表面平齐。

表面平齐称为共面，如图 2-49 所示，组合体的上下表面对齐，没有错开，结合处无分界线。

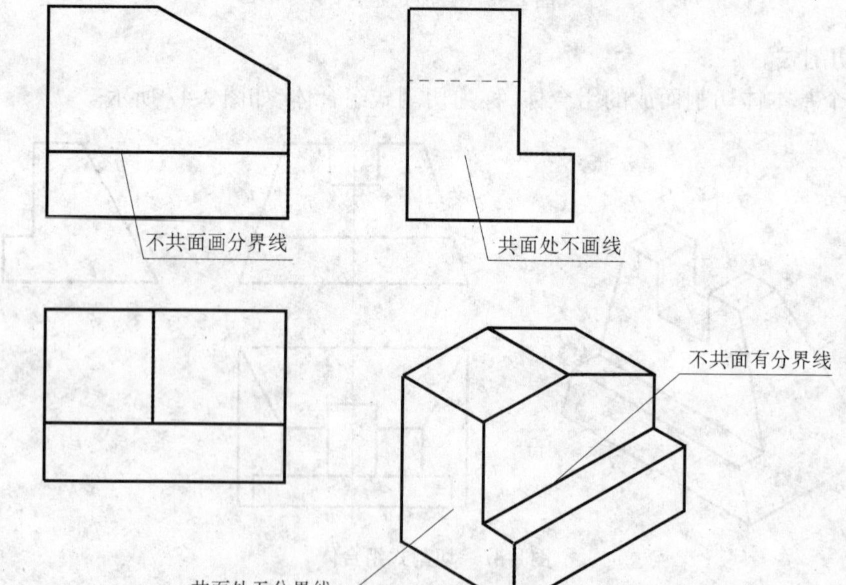

图 2-49　两平面平齐

（3）表面相切。

如图 2-50 所示，组合体两表面光滑连接，即相切，结合处是光滑过渡的，不画线。

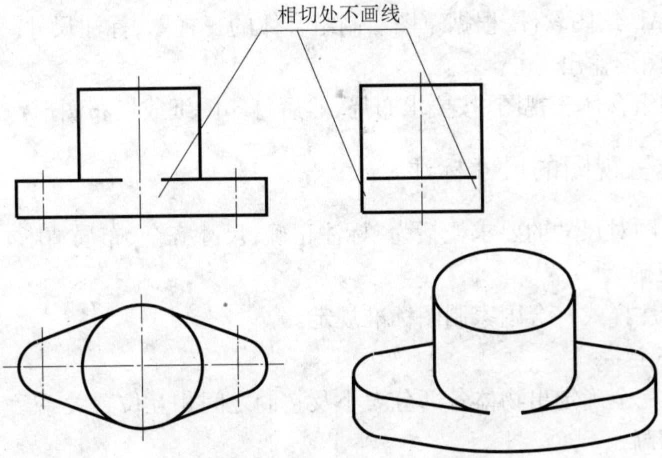

图 2-50　表面相切的组合体

(4)表面相交。

如图 2-51 所示,平面与曲面相交,相交处有分界线,应画出。

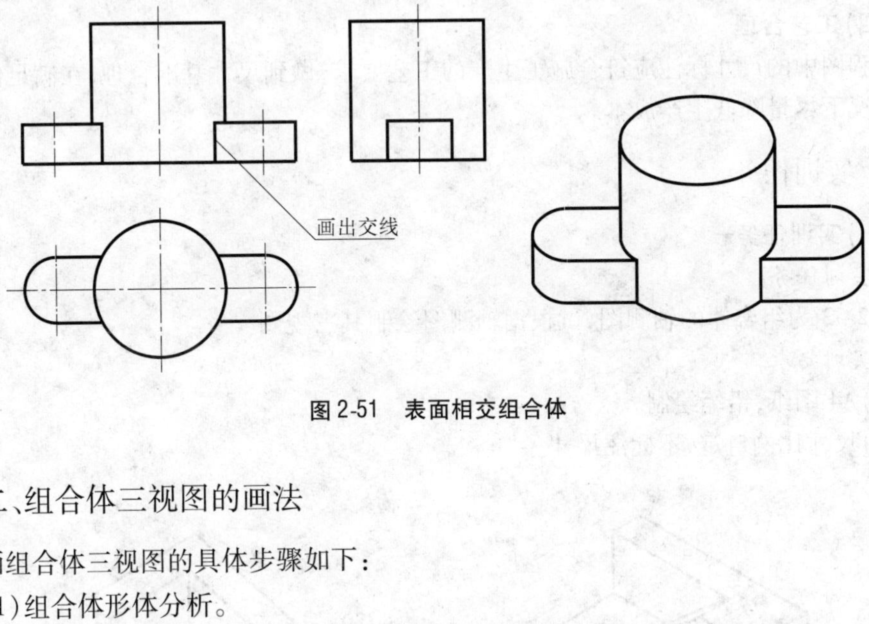

图 2-51　表面相交组合体

二、组合体三视图的画法

画组合体三视图的具体步骤如下:

(1)组合体形体分析。

分析组合体由哪些部分组成,每部分的投影特征,它们之间的相对位置以及组合体的形状特征。

(2)选择主视图。

一般选择最能反映组合体形状特征和相互位置关系的投影作为主视图,同时要考虑到组合体的安装位置,另外要注意其他两个视图上的虚线应尽量少。

(3)徒手画出草图。

形体结构分析清楚后,徒手画出组合体三视图的草图,以保证投影正确。

（4）AutoCAD 绘图。

利用 AutoCAD 绘图软件，根据草图绘制组合体的三视图，标注尺寸。

（5）布局与图形输出。

将绘制好的组合体三视图，按要求布局，然后打印图纸或发布图形。

三、组合体三视图的尺寸标注

组合体三视图对尺寸的要求概括为“标注正确、尺寸齐全、布局清晰、工艺合理”。

（一）标注正确

要求尺寸标注样式符合国家制图标准规定。

（二）尺寸齐全

所注尺寸能完全确定出物体各部分大小及它们之间相互位置关系。

（三）布局清晰

布局清晰有如下的要求：

（1）尺寸数字应清楚无误，所有的图线都不得与尺寸数字相交。

（2）尺寸标注应层次清晰，图线之间尽量避免互相交叉，虚线上尽量不标尺寸。

（3）尺寸标注应布局清晰，同一部位的特征尺寸集中标注，便于查看。

（四）工艺合理

工程图中的尺寸标注应符合施工生产的工艺要求，做到尺寸基准合理，在满足使用要求的情况下尽量降低生产成本。

四、实训任务

（一）实训任务一

1. 实训任务

图 2-52 为组合体的轴测图，试根据轴测图绘制其三视图。

2. 实训要求

（1）A4 图纸，铅笔绘制。

（2）尺寸比例自定，不标注尺寸。

(a)

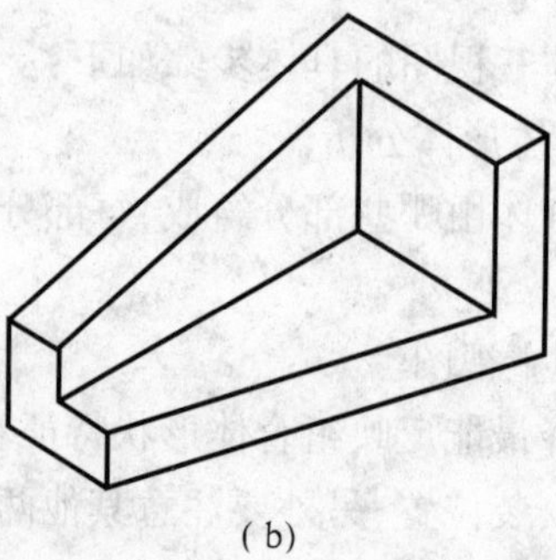

(b)

图 2-52　组合体实训任务一

(二)实训任务二

1. 实训任务

图 2-53 为组合体的轴测图,试根据轴测图绘制其三视图。

2. 实训要求

(1)AutoCAD 绘图,A4 图纸打印。

(2)按国家标准和尺寸要求标注尺寸。

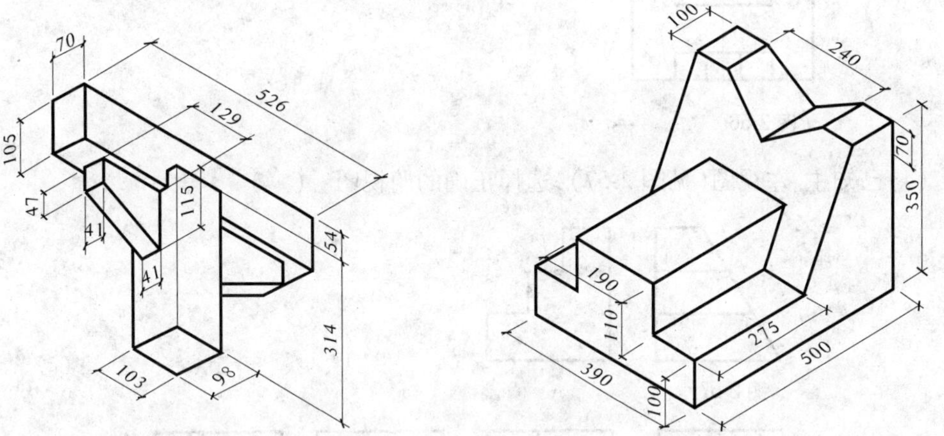

(a)　　　　　　　　(b)

图 2-53　组合体实训任务二

五、课外拓展练习

(1)根据主、俯视图(见图 2-54),选择正确的左视图。(　　)

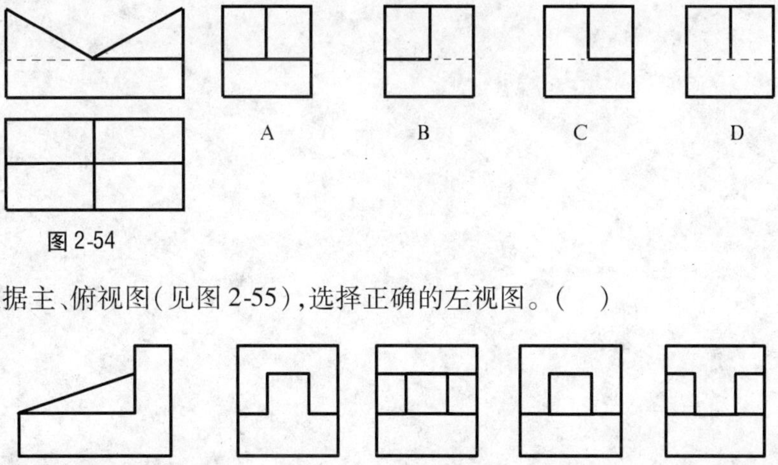

图 2-54

(2)根据主、俯视图(见图 2-55),选择正确的左视图。(　　)

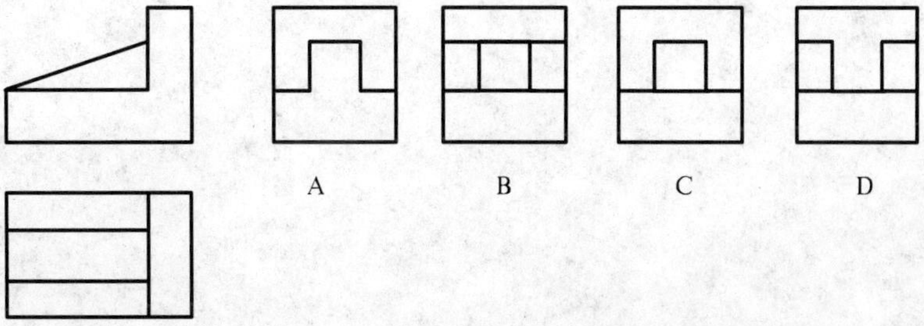

图 2-55

(3)根据主、俯视图(见图 2-56),选择正确的左视图。(　)

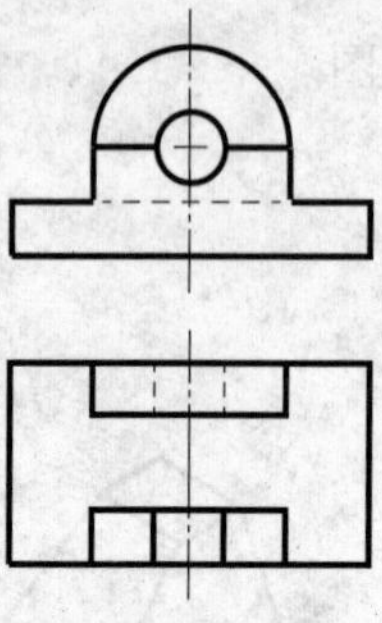

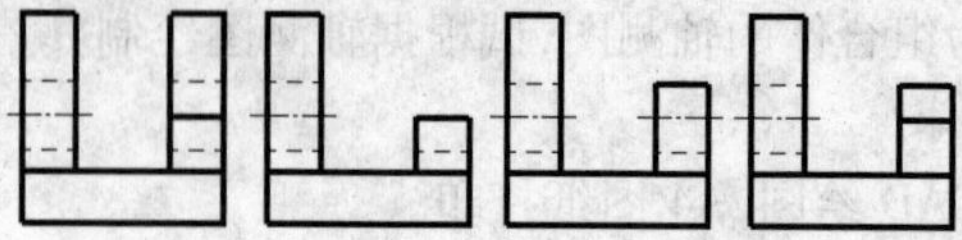

A　B　C　D

图 2-56

(4)已知主、左视图(见图 2-57),选择正确的俯视图。(　)

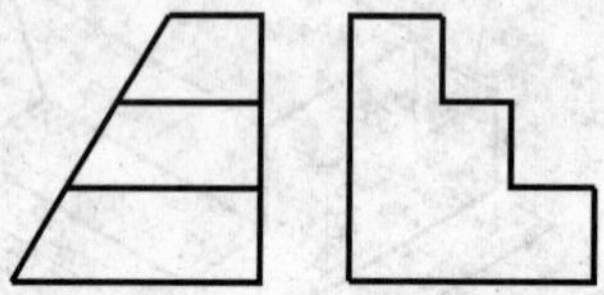

图 2-57

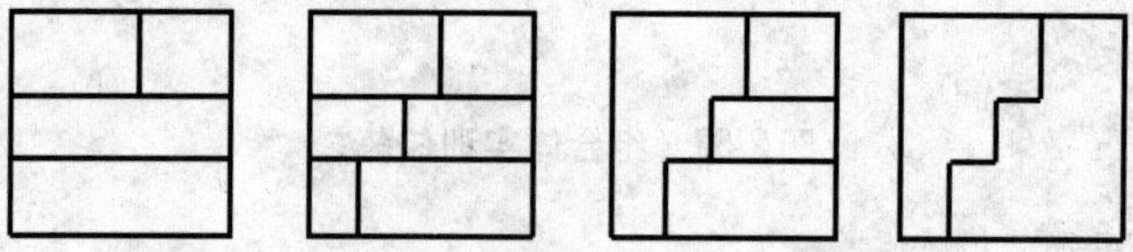

A　B　C　D

项目三　正等轴测图绘制

教学任务	教学目标	
	知识目标	技能目标
任务八　正等轴测图绘制	1. 掌握正等轴测图的投影原理 2. 掌握轴测图绘制的基本方法	1. 能够识读一般复杂程度的组合体三视图 2. 能够根据组合体三视图绘制正等轴测图
任务九　AutoCAD 绘制正等轴测图	1. 掌握 AutoCAD 绘制正等轴测图的设置方法和绘图方法 2. 掌握 AutoCAD 轴测图尺寸标注的方法	1. 能够应用 AutoCAD 绘制正等轴测图 2. 能够正确进行轴测图的尺寸标注

任务八　正等轴测图绘制

一、正等轴测图的概念

如果使三个坐标轴 OX、OY、OZ 对轴测投影面处于倾角都相等的位置，把物体向轴测投影面投影，所得到的轴测投影就是正等测轴测图，简称正等轴测图。正等轴测图的三个轴间角均为120°，轴向伸缩系数规定为 $p=q=r=1$，如图3-1所示。

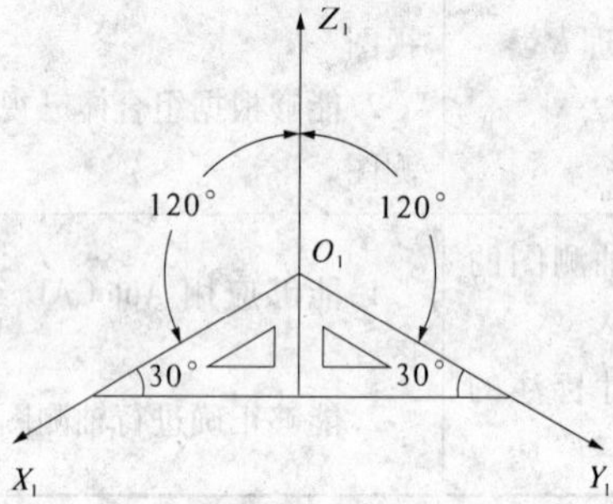

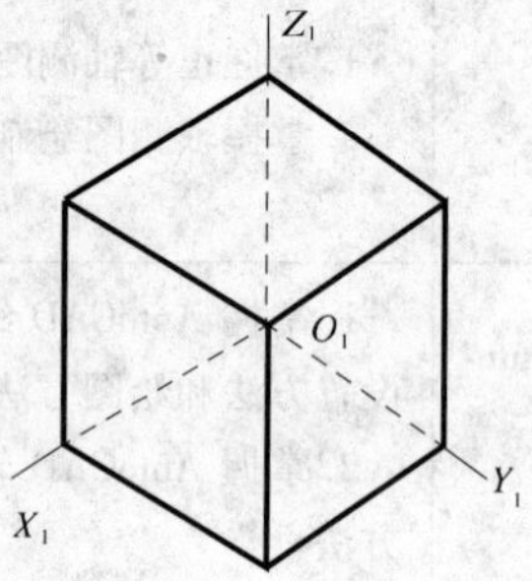

图3-1　正等测的轴间角和轴向伸缩系数

二、正等轴测图的画法

(一)特征面法

特征面法适用于绘制柱类物体的轴测图，对于棱柱体，首先绘制棱柱的一个底面，然后绘制棱线，最后连接另一个底面。

图3-2为应用特征面法绘制棱柱体正等轴测图的画法步骤。

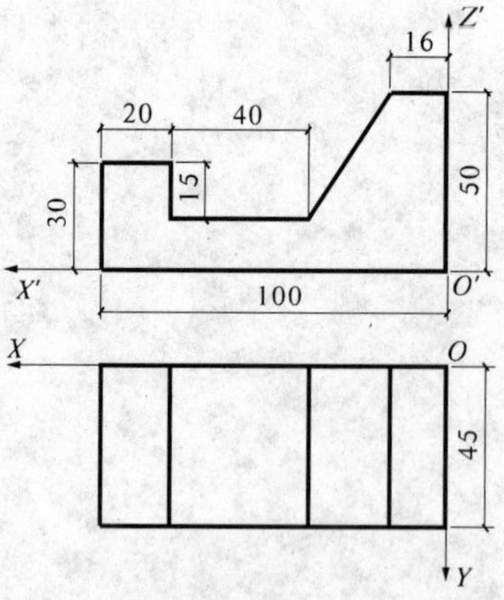

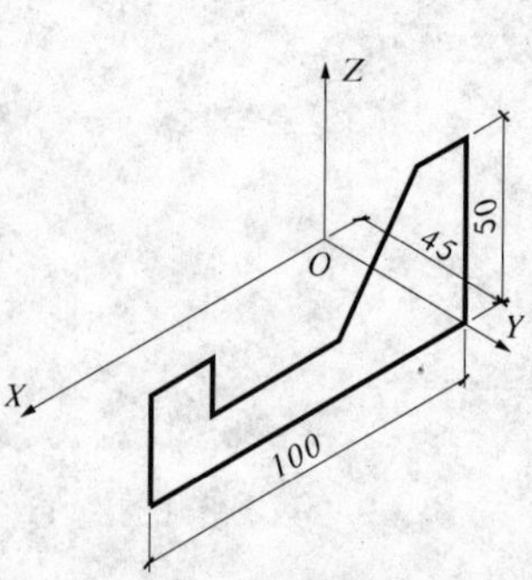

图3-2　应用特征面法绘制棱柱体正等轴测图的画法步骤

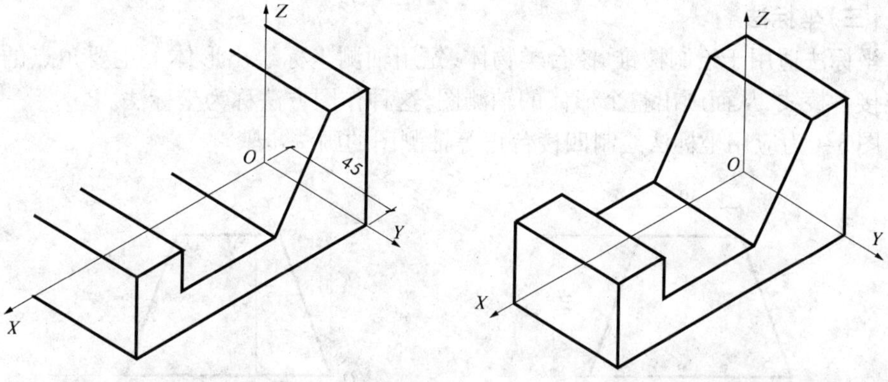

(c) 绘制棱线　　　　(d) 连接后表面

续图 3-2

(二) 切割法

切割法适用于绘制棱柱被切角、开槽等切割体，先用特征面法画出完整的形体，再按照切割位置进行切割绘图。

图 3-3 为应用切割法绘制四棱柱切割体正等轴测图的画法步骤。

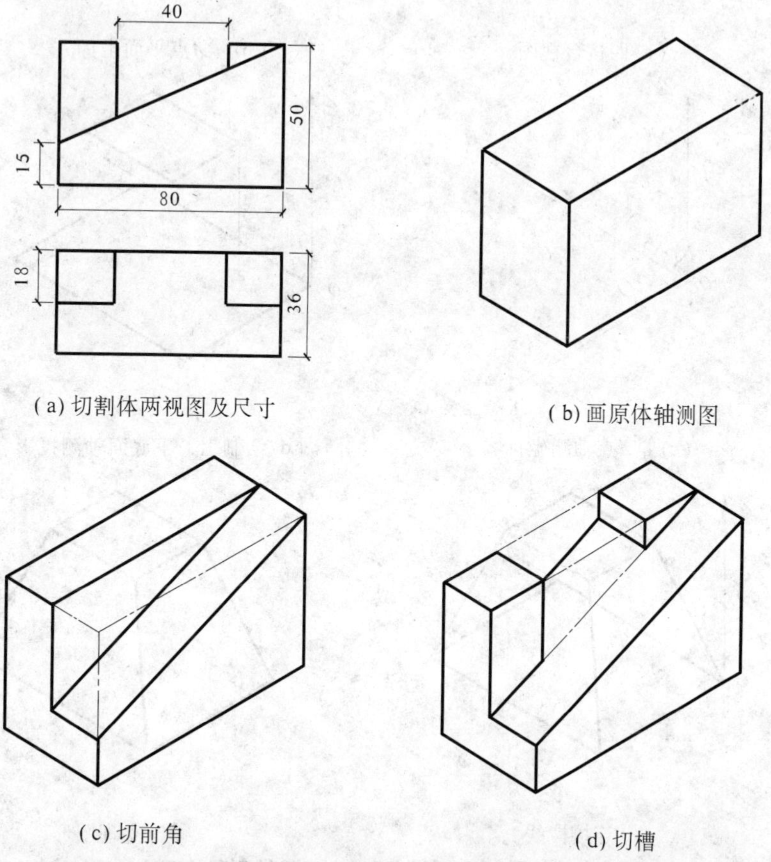

(a) 切割体两视图及尺寸　　　　(b) 画原体轴测图

(c) 切前角　　　　(d) 切槽

图 3-3　应用切割法绘制四棱柱切割体正等轴测图的画法步骤

(三)坐标法

坐标法适用于绘制棱锥、棱台类物体,先用轴测坐标绘出形体上主要角点的投影,然后连接各棱线,从而画出整个形体的轴测图,这种作图方法称为坐标法。

图 3-4 为应用坐标法绘制四棱台正等轴测图的画法步骤。

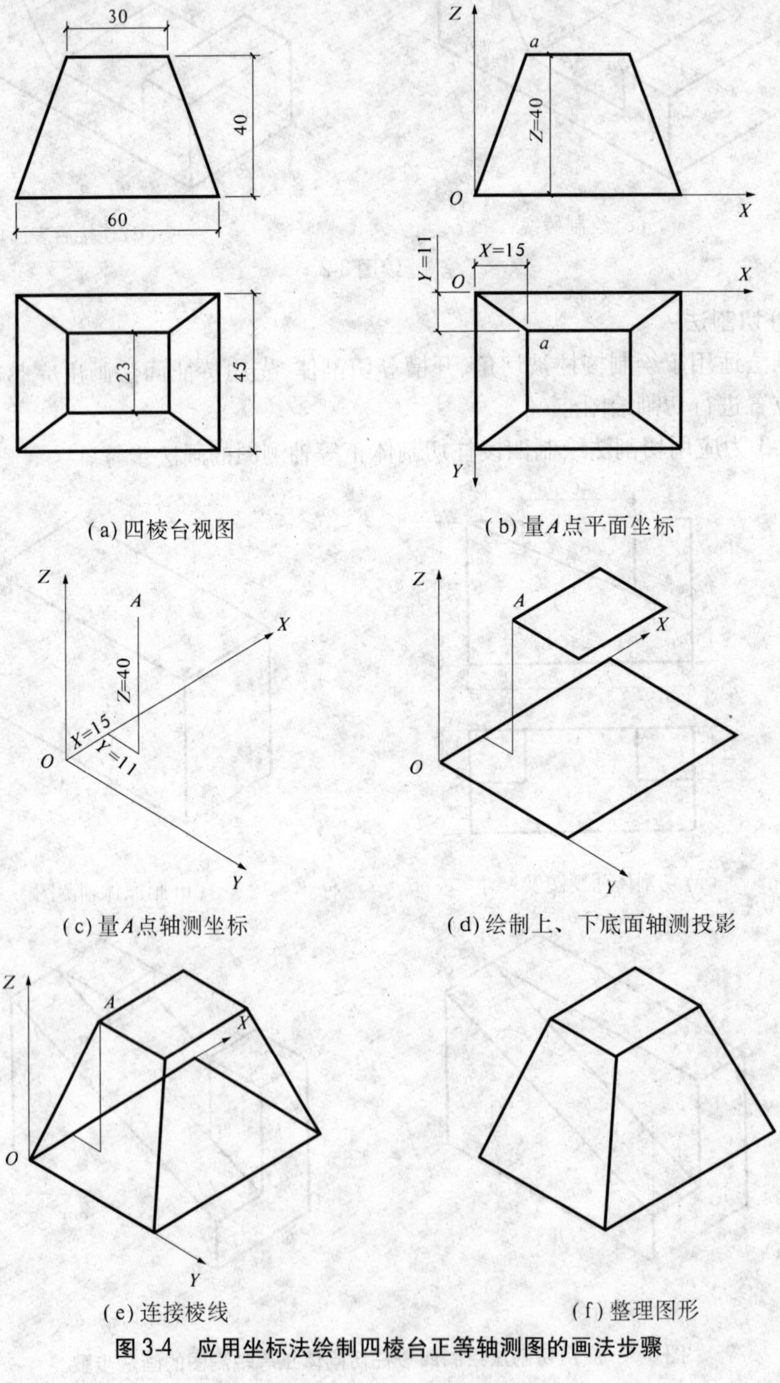

(a) 四棱台视图 (b) 量A点平面坐标

(c) 量A点轴测坐标 (d) 绘制上、下底面轴测投影

(e) 连接棱线 (f) 整理图形

图 3-4 应用坐标法绘制四棱台正等轴测图的画法步骤

（四）叠加法

叠加法适用于绘制叠加类组合体，将组合体分解为若干个基本体，依次将各个基本体进行准确定位后叠加在一起，形成整个形体的轴测图。

图 3-5 为应用叠加法绘制正等轴测图的画法步骤。

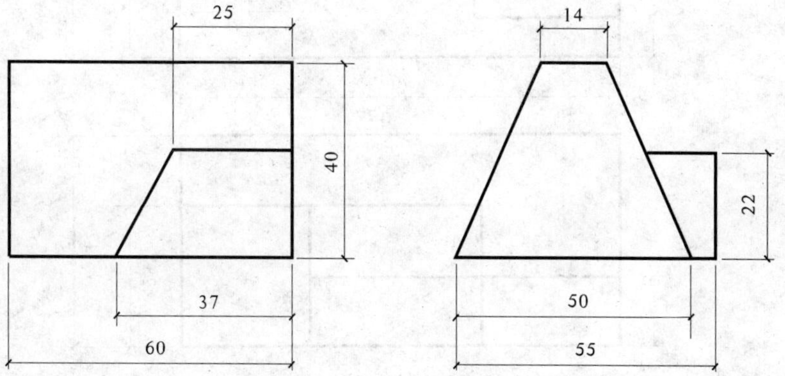

（a）叠加体视图及尺寸

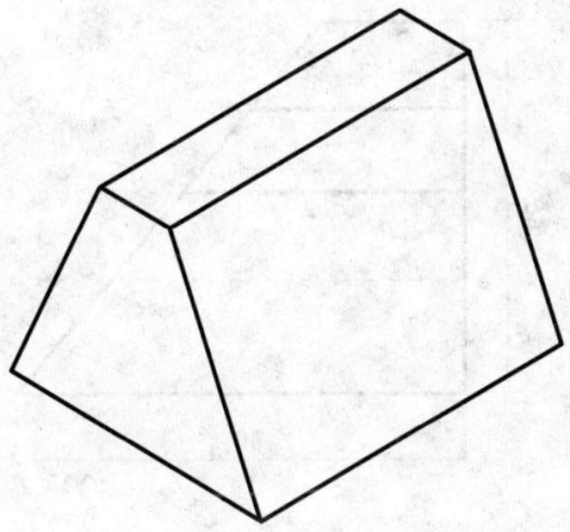

（b）画后棱柱体轴测图

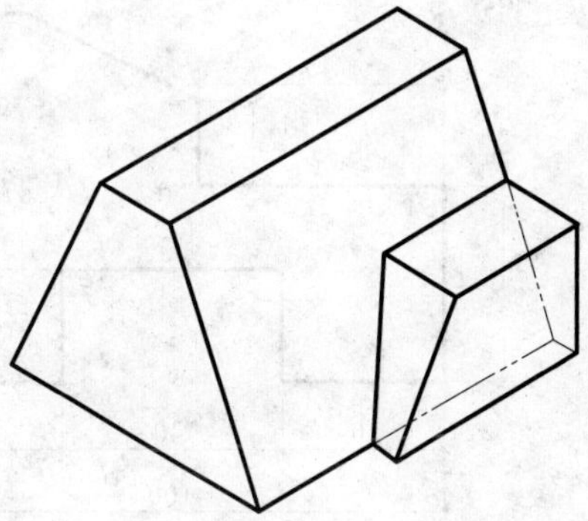

（c）画前棱柱体（擦除双点画线部分）

图 3-5　应用叠加法绘制正等轴测图的画法步骤

三、实训任务与指导

（一）实训任务

图 3-6 所示和图 3-7 所示为两组合体视图，画出各自正等轴测图。

（二）实训要求

（1）A4 图纸，手工绘制两轴测图。

（2）轴测图不标尺寸。

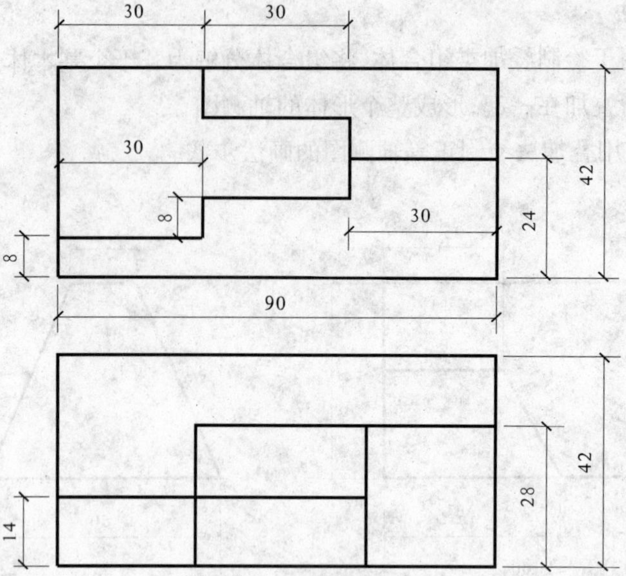

图 3-6　组合体视图 1

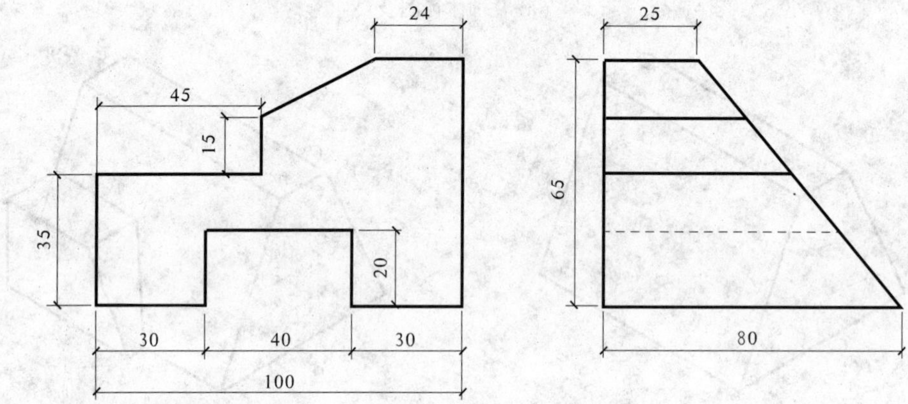

图 3-7　组合体视图 2

四、课外拓展练习

(1)已知主、俯视图(见图 3-8),选择正确的左视图。(　)

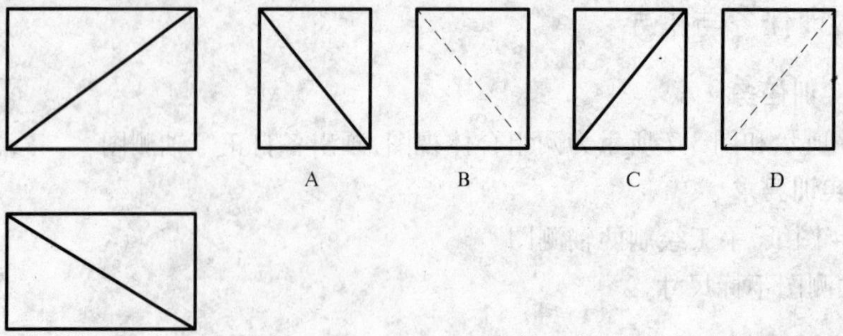

图 3-8

(2)已知主、俯视图(见图 3-9),选择正确的左视图。(　)

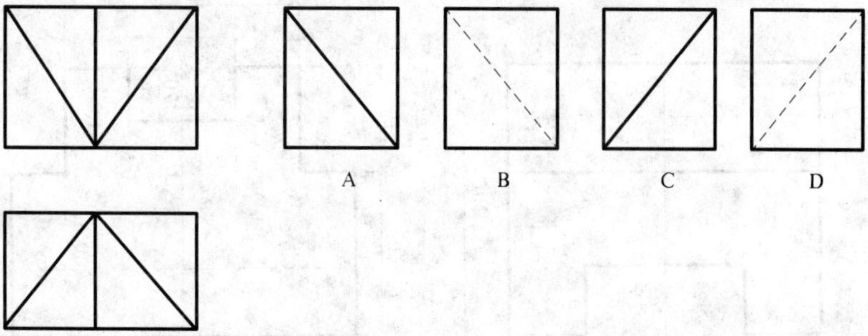

图 3-9

(3)已知主、俯视图(见图 3-10),选择正确的左视图。(　)

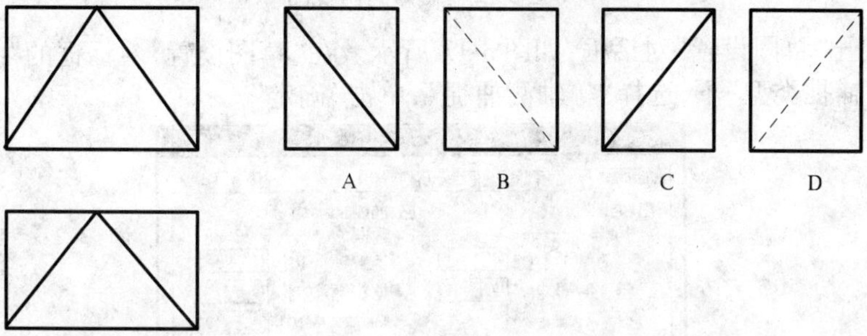

图 3-10

(4)已知主、俯视图(见图 3-11),选择正确的左视图。(　)

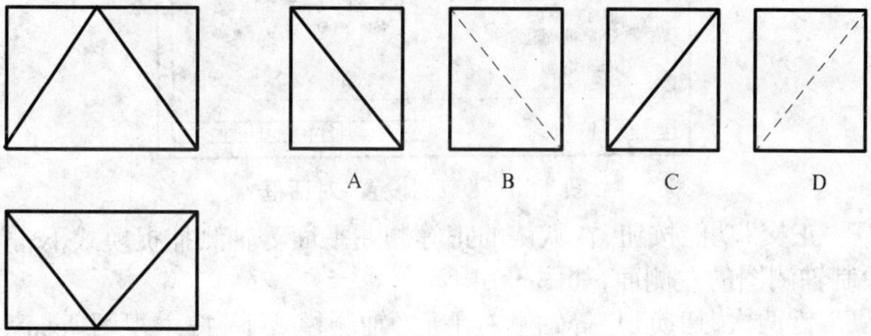

图 3-11

任务九　AutoCAD 绘制正等轴测图

一、AutoCAD 绘制正等轴测图的方法

AutoCAD 有绘制正等轴测图的功能,应用该功能可以方便绘制正等轴测圆,下面举例说明AutoCAD绘制轴测图的方法和步骤。

【例 3-1】　图 3-12 所示为组合体的主、左视图,用 AutoCAD 软件绘制其正等轴测图,并标注尺寸。

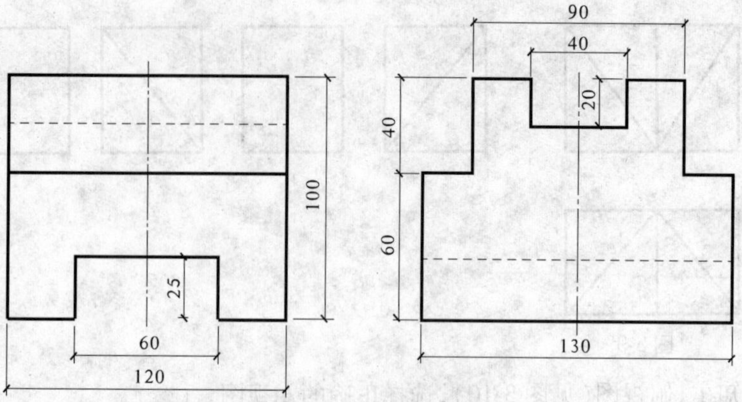

图 3-12　物体的两视图

(1)打开"草图设置"对话框,如图 3-13 所示。在"草图设置"对话框的"捕捉和栅格"选项卡的"捕捉类型"下,选择"等轴测捕捉",单击"确定"。

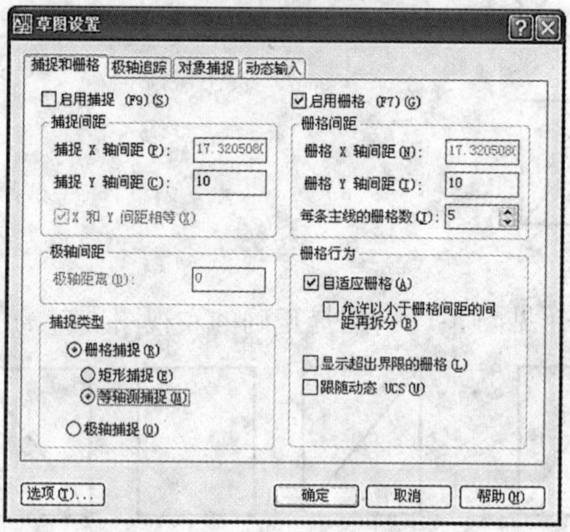

图 3-13　"草图设置"对话框

(2)打开"正交"功能按钮,在默认的正等测左平面等轴测捕捉模式下,按左视图所标注的尺寸绘制轴测图的左侧面,如图 3-14 所示。

(3)按 F5 键两次,切换到"等轴测右平面"轴测模式下,按主视图所标注的尺寸绘制轴测图的前面,如图 3-15 所示。

(4)按 F5 键两次,切换到"等轴测上平面"轴测模式下,绘制轴测图的上面,如图 3-16 所示。

(5)新建两个标注样式,其文字倾斜角度分别设置为"30°"和"－30°"。

(6)应用文字倾斜角度为"30°"的尺寸标注样式,启用"对齐"标注命令,对轴测图的宽度尺寸进行标注。再启用文字倾斜角度为"－30°"的尺寸标注样式,启用"对齐"标注命令,对轴测图的长度和高度尺寸进行标注,如图 3-17 所示。(注意:在标注时,需随时按 F5 键调整等轴测平面方向)

(7)启用尺寸"倾斜"命令,选择所标注的宽度尺寸和高度尺寸,输入倾斜角度"30°",按回车键后尺寸界线发生倾斜。再次启用尺寸"倾斜"命令,选择所标注的长度尺寸,输入倾斜角度"－30°",按回车键后尺寸界线发生倾斜,如图 3-18 所示。

图 3-14　绘制轴测图的左侧面

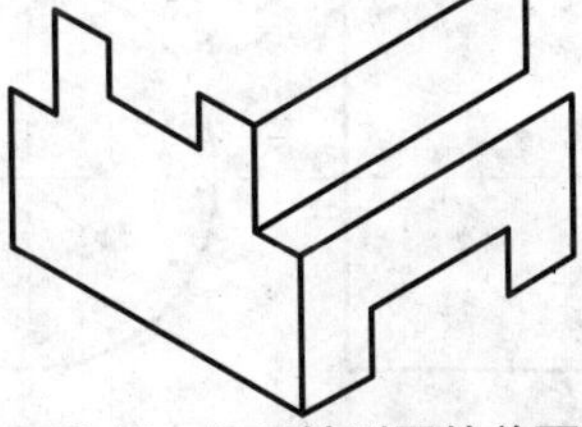
图 3-15　绘制轴测图的前面

图 3-16　绘制轴测图的上面

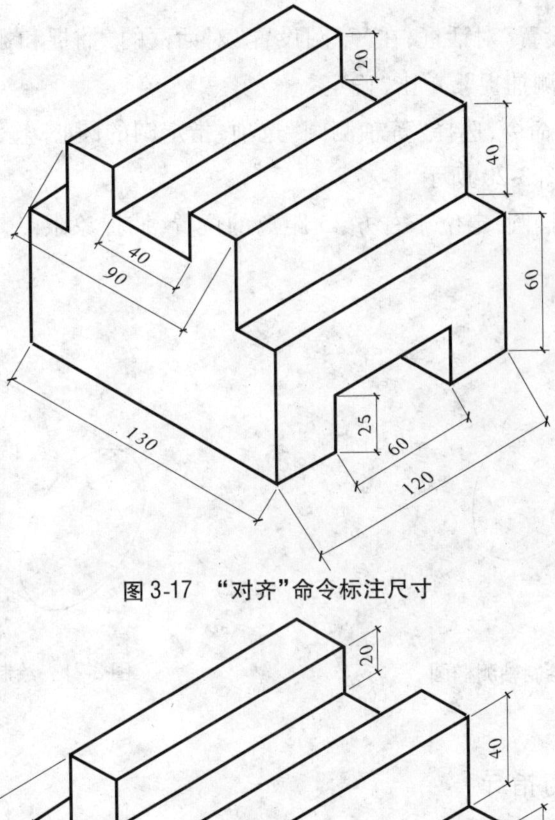

图 3-17　“对齐”命令标注尺寸

图 3-18　“倾斜”命令修改尺寸标注

【例 3-2】 已知图 3-19 所示圆柱的主、左视图,绘出其正等轴测图。

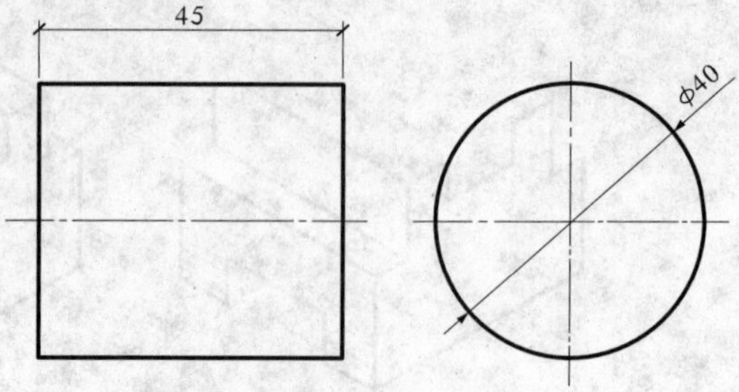

图 3-19 圆柱的二视图

(1)打开“草图设置”对话框,在“草图设置”对话框的“捕捉和栅格”选项卡的“捕捉类型”下,选择“等轴测捕捉”,单击“确定”。

(2)启用“椭圆”命令,选择“等轴测圆”选项,指定圆的圆心,输入圆的半径 20,按回车键后绘出椭圆,如图 3-20 所示。

(3)复制画出的椭圆,定位于右方 45 距离的位置,捕捉象限点,画出椭圆的公切线。如图 3-21 所示。

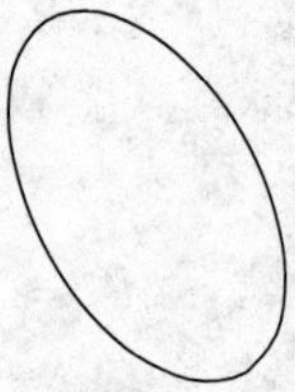

图 3-20 绘制轴测椭圆

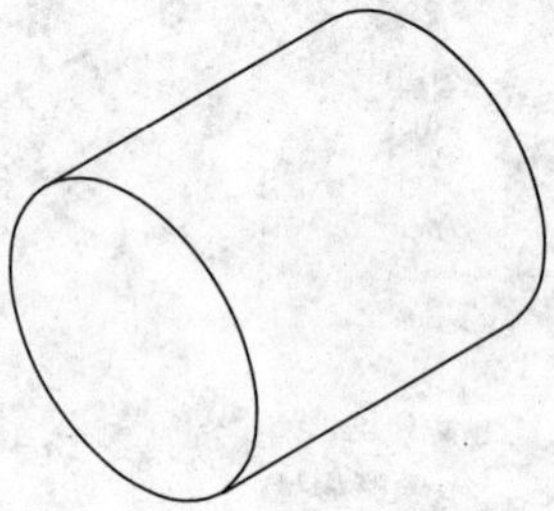

图 3-21 绘制轴测圆柱

二、实训任务与指导

(一)实训任务

已知图 3-22 所示组合体三视图,画出其正等轴测图。

(二)实训要求

(1)AutoCAD 绘制正等轴测图,A4 图纸打印。

(2)轴测图标注尺寸。

(三)实训指导

(1)在“草图设置”对话框中,设置“等轴测捕捉”。

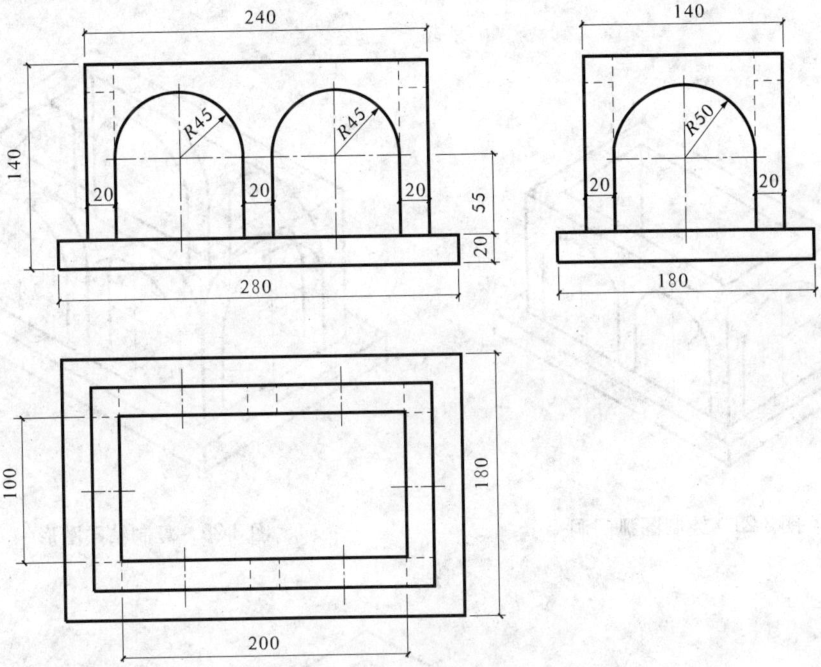

图 3-22　组合体视图 3

（2）绘制上部箱体和下部底板轴测图，如图 3-23 所示。

（3）画出前面和左面圆弧中心的定位线，启用“椭圆”命令，选择“等轴测圆”选项，绘出前面和左面椭圆，如图 3-24 所示。

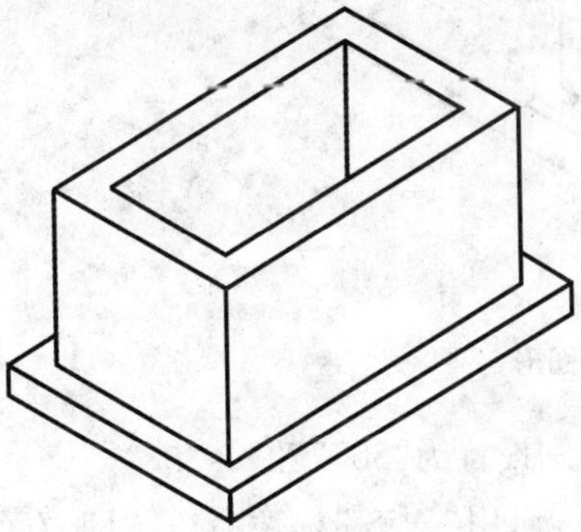

图 3-23　绘制轴测图的整体轮廓

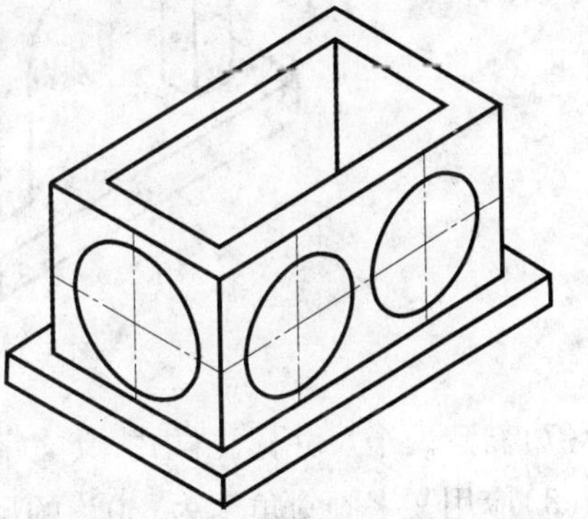

图 3-24　绘制椭圆

（4）绘出圆弧门洞的下部直线段，修剪多余的椭圆弧，如图 3-25 所示。

（5）复制圆弧门洞，通过输入距离，准确粘贴到其他位置，如图 3-26 所示。

（6）修剪多余的图线，整理图形，如图 3-27 所示。

图 3-25　绘制圆弧门洞

图 3-26　复制粘贴图形

图 3-27　修剪和整理图形

(7)新建两个尺寸标注样式,其文字倾斜角度分别设置为“30°”和“-30°”。

(8)应用文字倾斜角度为“30°”的尺寸标注样式,启用“对齐”标注命令,对所有的尺寸进行标注,如图 3-28 所示。

(9)启用标注“倾斜”命令,选择所标注的尺寸,输入与尺寸轴测方向相同的倾斜角度,使尺寸界线发生倾斜,如图 3-29 所示。

(10)选择尺寸标注数字方向不对的尺寸,将其标注样式更新到“-30”样式,则尺寸数字方向变化到正确方向,如图 3-30 所示。

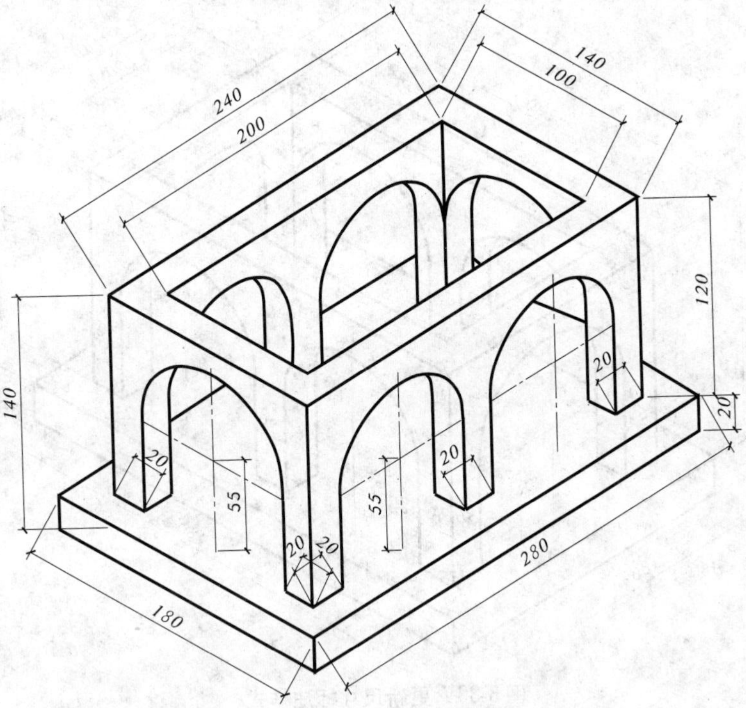

图 3-28　用“对齐”命令标注尺寸

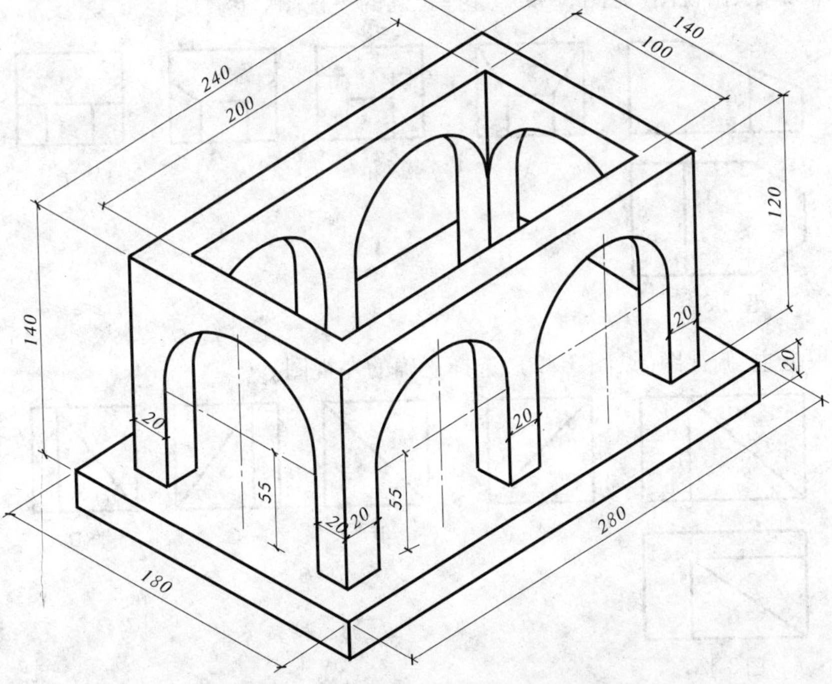

图 3-29　用“倾斜”命令修改尺寸标注

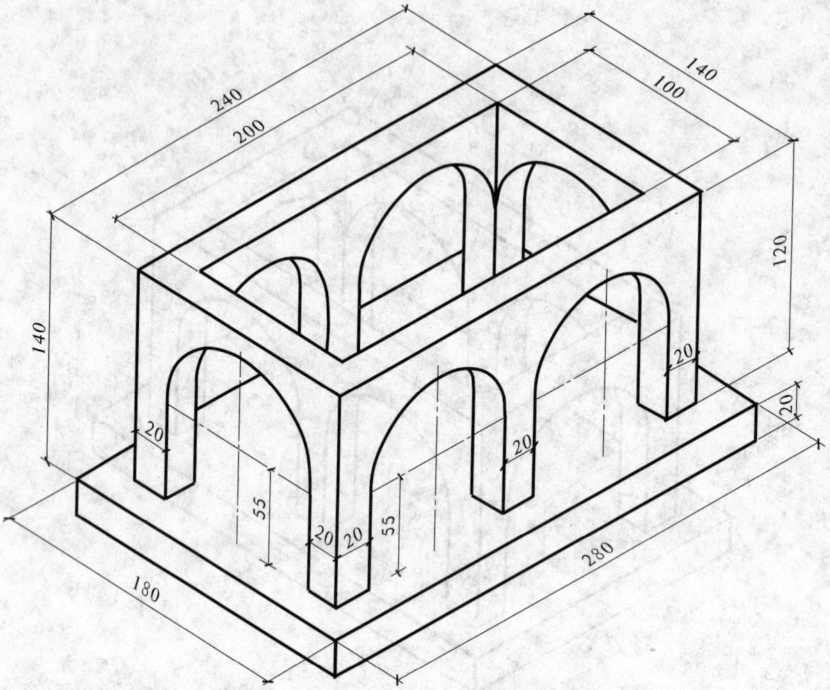

图 3-30 更新尺寸标注样式

三、课外拓展练习

(1)根据主、俯视图(见图 3-31),选择正确的左视图。( )

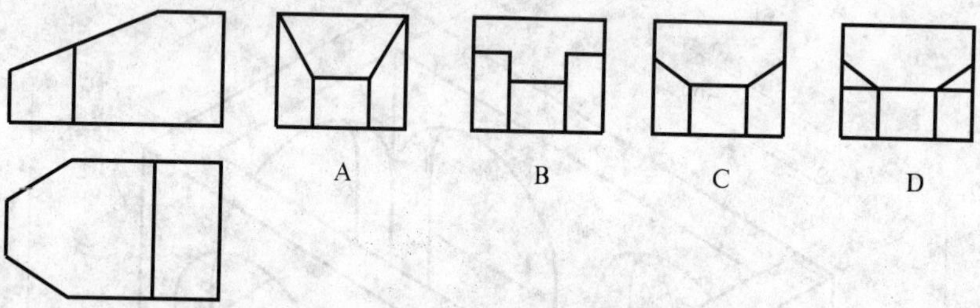

图 3-31

(2)根据主、俯视图(见图 3-32),选择正确的左视图。( )

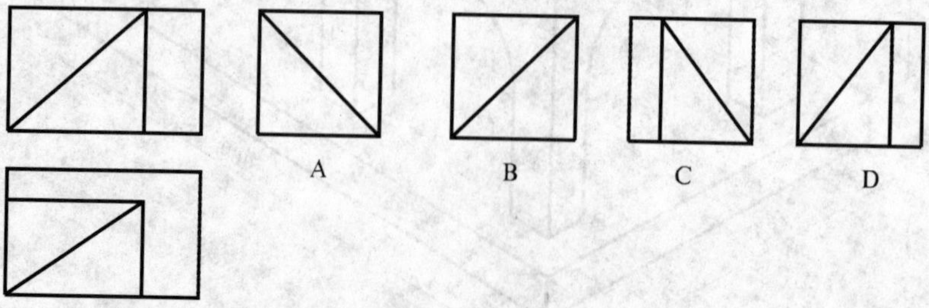

图 3-32

(3)根据主、左视图(见图 3-33),判断哪个俯视图是正确的。( )

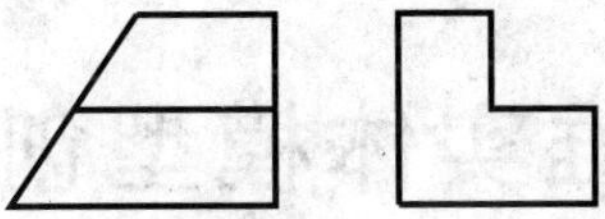

图 3-33

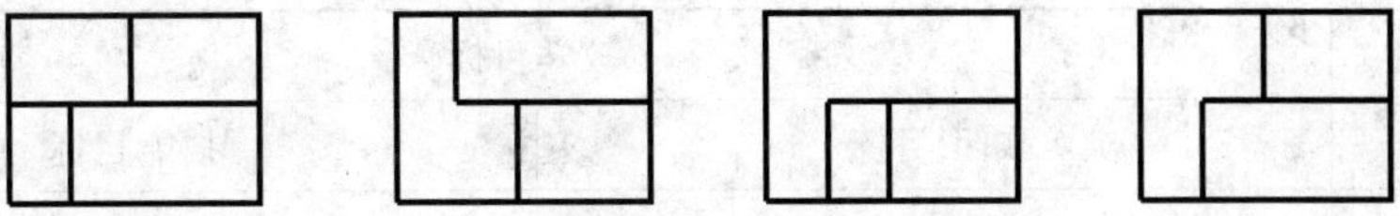

A　　B　　C　　D

(4)已知主、俯视图(见图 3-34),选择正确的左视图。(　)

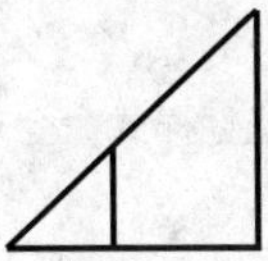

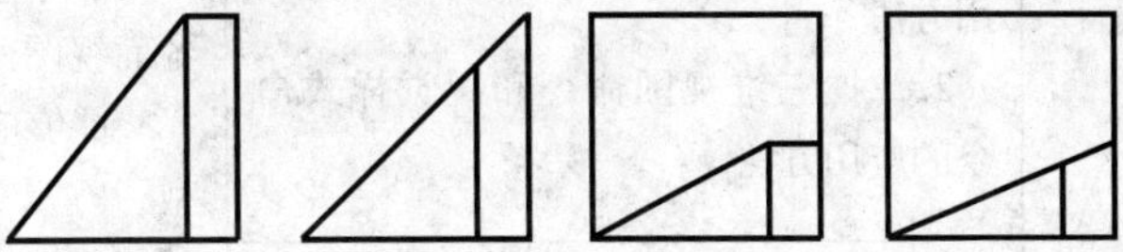

A　　B　　C　　D

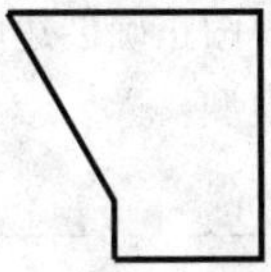

图 3-34

项目四　AutoCAD 三维实体模型创建

教学任务	教学目标	
	知识目标	技能目标
任务十　简单体三维实体模型创建	1. 掌握三维实体模型的基本实体创建、拉伸、旋转、扫掠、放样等命令的应用方法 2. 掌握三维视图命令和视觉样式命令的应用方法	1. 能够应用三维建模命令创建简单体三维实体模型 2. 能够应用视图命令观察三维模型的各面视图 3. 能够应用视觉样式命令观察三维模型
任务十一　切割型组合体三维实体模型创建	掌握应用布尔运算等命令创建切割型组合体的方法	能够根据三视图正确创建切割型组合体的三维实体模型
任务十二　叠加型组合体三维实体模型创建	1. 掌握用户坐标系的概念和命令应用方法 2. 掌握应用移动、旋转、对齐、镜像、阵列、剖切等编辑命令创建组合体的方法	1. 能够应用用户坐标系辅助绘图 2. 能够根据组合体的三视图创建叠加型组合体的三维实体模型

任务十　简单体三维实体模型创建

一、视图设置系列命令

(一)“视图”工具栏

在“视图”工具栏中包含有常用的五个基本视图和四个轴测视图命令,如图 4-1 所示。五个基本视图分别是主视图、俯视图、左视图、右视图、仰视图。四个轴测图分别是西南等轴测、东南等轴测、东北等轴测、西北等轴测,也就是从对象本身的西南正上方、东南正上方、东北正上方、西北正上方观察对象,如图 4-2 所示。

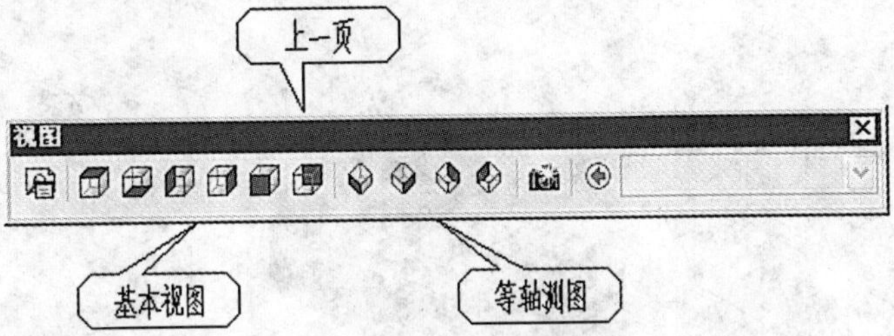

图 4-1　“视图”工具栏

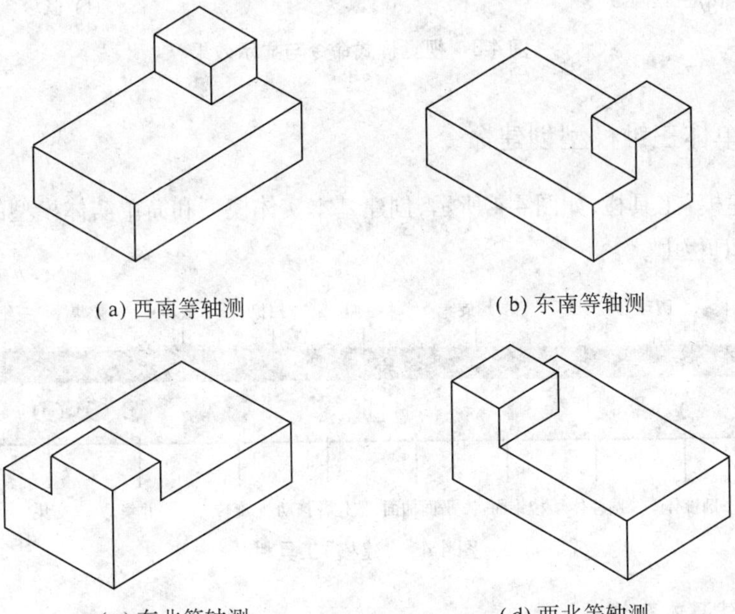

(a) 西南等轴测　　(b) 东南等轴测

(c) 东北等轴测　　(d) 西北等轴测

图 4-2　等轴测图的观察效果

(二)视觉样式系列命令

显示三维图形时,AutoCAD2007 设计了“二维线框”、“消隐”、“三维线框”、“三维隐藏”、“真实”、“概念”、“渲染”等多种显示方式,以适应不同的观察需求。控制图形显示的命令集中在“视图”菜单的“视觉样式”子菜单中,如图 4-3(a)所示。图 4-3(b)、(c)、(d)、(e)、(f)所示为执行“视觉样式”命令时图形显示的效果。

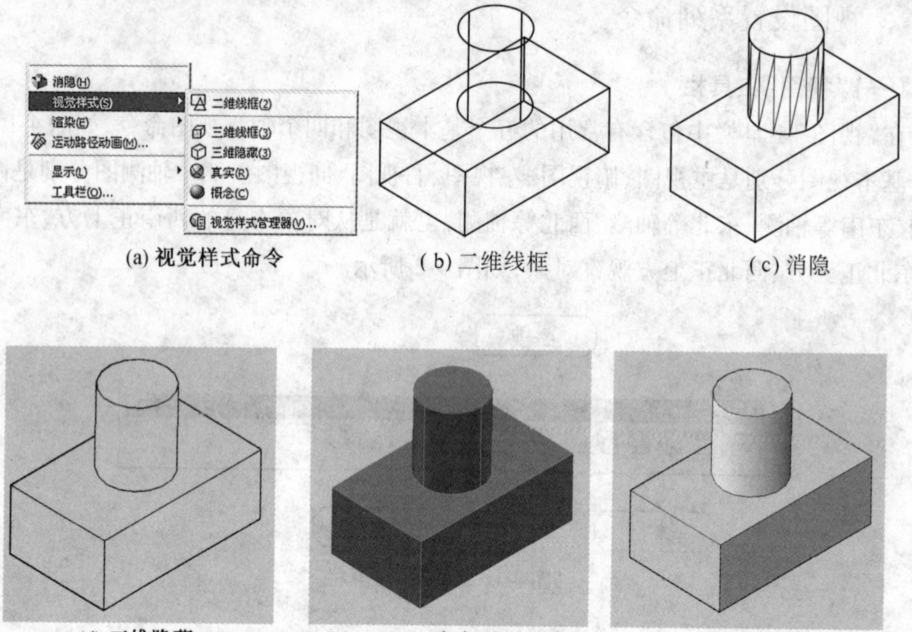

(a) 视觉样式命令　(b) 二维线框　(c) 消隐

(d) 三维隐藏　(e) 真实　(f) 概念

图 4-3　视觉样式命令与显示效果

二、简单体三维模型创建命令

打开“建模”工具栏,如图 4-4 所示,创建基本实体模型和简单实体模型的命令都包含在“建模”工具栏中。

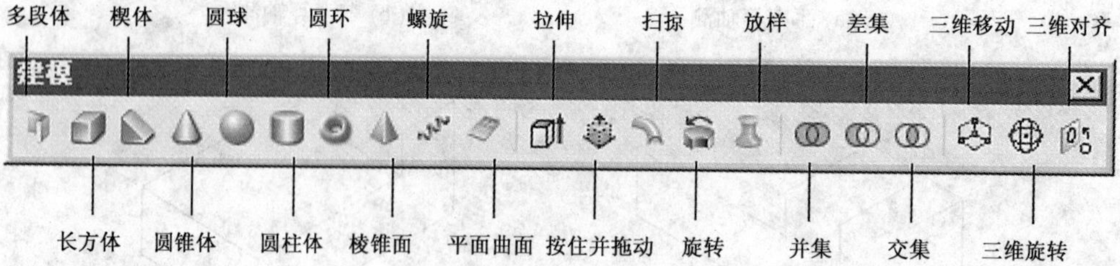

图 4-4　“建模”工具栏

(一)创建基本实体

基本实体的创建一般有两个步骤:首先指定基本实体的位置,然后指定绘制基本实体所需的相应参数。抓住这个根本,那么所有的基本实体创建问题就非常容易了。图 4-5 所示为基本实体命令创建的圆锥体。

(a) 二维线框显示　　(b) 概念显示

图 4-5　基本实体命令创建的圆锥体

(二)创建拉伸实体

将二维对象看成一个截面,沿该截面的法向线或指定路径拉伸一定距离则生成三维拉伸实体。创建拉伸实体的命令在“建模”工具栏中。“拉伸”(Extrude)命令可以拉伸的二维对象包括:面域、封闭多段线、多边形、圆、椭圆、封闭样条曲线和圆环等。创建拉伸实体时,要遵循以下步骤:

(1)首先绘制二维封闭线框,然后把线框生成边界或面域,如图 4-6(a)所示。

(2)应用“拉伸”命令生成实体,如图 4-6(b)所示。

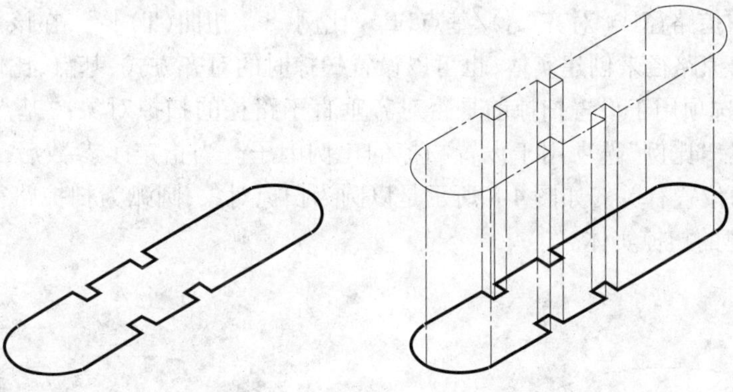

(a) 创建面域　　(b) 创建拉伸实体

图 4-6　创建拉伸实体模型

(三)创建旋转实体

创建旋转实体与创建拉伸实体的方法基本相同,将二维图形对象看成半个纵剖面,沿轴线旋转一定的角度则生成三维旋转实体。创建旋转实体的命令也在“建模”工具栏中。“旋转”(Revolve)命令可以旋转的二维对象包括:面域、封闭多段线、多边形、圆、椭圆、封闭样条曲线和圆环等。创建旋转实体时,要遵循以下步骤:

(1)首先绘制二维封闭线框和旋转轴线,然后把线框生成边界或面域,如图 4-7(a)所示。

(2)应用旋转命令生成实体,如图 4-7(b)所示。

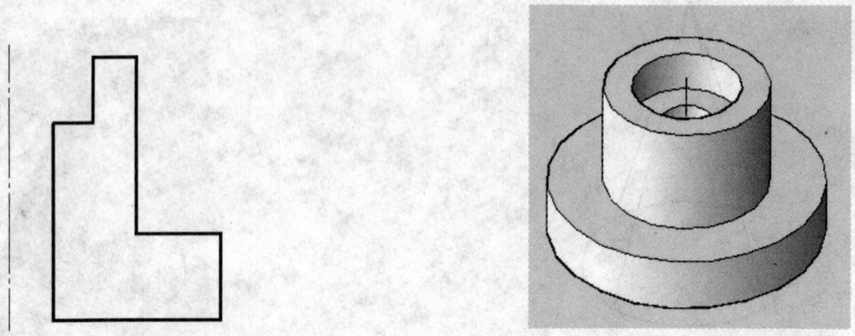

(a) 创建面域和旋转轴　　(b) 创建旋转实体

图 4-7　创建旋转实体模型

(四)创建扫掠实体

“扫掠”(Sweep)命令用于沿指定路径以指定轮廓的形状(扫掠对象)绘制实体或曲面。开放或闭合的平面曲线都可以作为扫掠对象,但是这些对象必须位于同一平面中。开放或闭合的二维曲线或三维曲线都可以作为扫掠路径。如果沿一条路径扫掠闭合的曲线,则生成实体。

扫掠与拉伸不同,沿路径扫掠轮廓时,轮廓将被移动并与路径垂直对齐,然后沿路径扫掠该轮廓。

使用“扫掠”命令绘制三维实体时,当用户指定了封闭图形作为扫掠对象后,命令行显示:“选择扫掠路径或[对齐(A)/基点(B)/比例(S)/扭曲(T)]:”,在该命令提示下,可以直接指定扫掠路径来创建实体,也可以设置扫掠时的对齐方式、基点、比例和扭曲参数。其中,“对齐”选项用于设置扫掠前是否对齐垂直于路径的扫掠对象;“基点”选项用于设置扫掠的基点;“比例”选项用于设置扫掠的比例因子。当指定了参数后,扫掠效果与单击扫掠路径的位置有关。如图 4-8 所示是以圆为扫掠对象,圆弧为扫掠路径,设置比例因子为“2”,创建的扫掠实体。

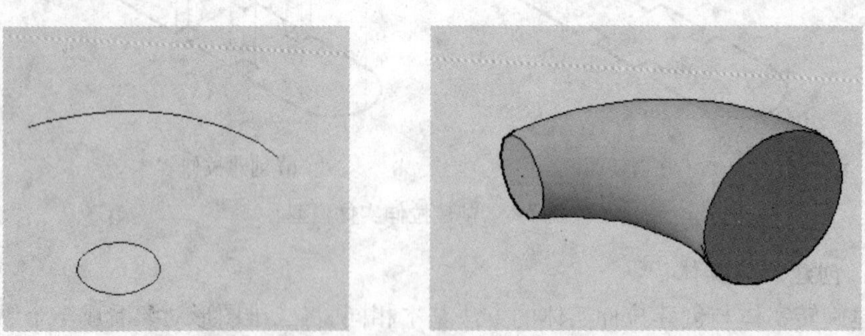

(a) 扫掠对象和路径　　(b) 扫掠实体

图 4-8　创建扫掠实体模型

(五)创建放样实体

“放样”命令可以通过对包含两条或两条以上横截面曲线的一组曲线进行放样来创建三维实体或曲面。

横截面定义了结果实体或曲面的轮廓(形状)。放样用于在横截面之间的空间内绘制实体或曲面。使用放样命令时,至少必须指定两个横截面。

在放样时,当依次指定了放样截面后,命令行显示:“输入选项[导向(G)/路径(P)/仅横断面(C)]<仅横切断面>:”,在该命令提示下,需要选择放样方式。其中,“导向”选项用于使用导向曲面控制放样,每条导向曲线必须与每一个截面异面相交,并且起始于第一个截面,结束于最后一个截面;“路径”选项用于使用一条简单的路径控制放样,该路径必须与全部或部分截面相交;“仅横截面”选项用于只使用截面进行放样,此时将打开“放样设置”对话框,从中可以设置放样横截面上的曲面控制选项。

如图 4-9 所示是以一系列圆为放样对象,圆弧为放样路径,创建的放样实体模型。

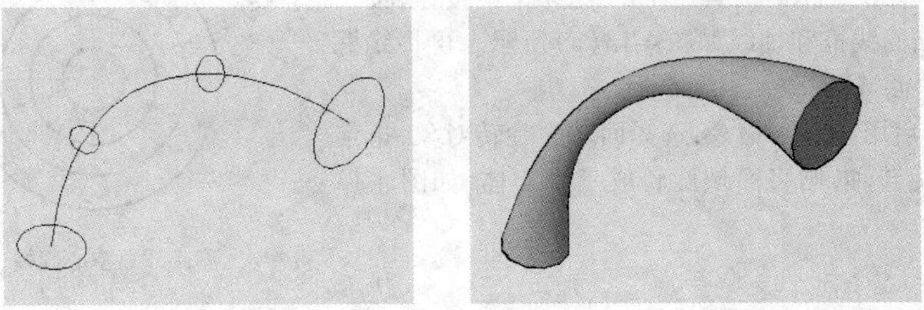

(a) 放样对象和路径　　　　(b) 放样实体

图 4-9　创建放样实体模型

三、实训任务与指导

(一)实训任务一

1. 实训任务

创建图 4-10 所示三棱锥和图 4-11 所示六棱柱的三维实体模型。

2. 实训要求

(1)应用“棱锥面”命令,创建三棱锥三维实体模型;应用“拉伸”命令,创建六棱柱三维实体模型。

(2)应用“视图”工具栏,观察三维模型的主、左、俯等各面视图。

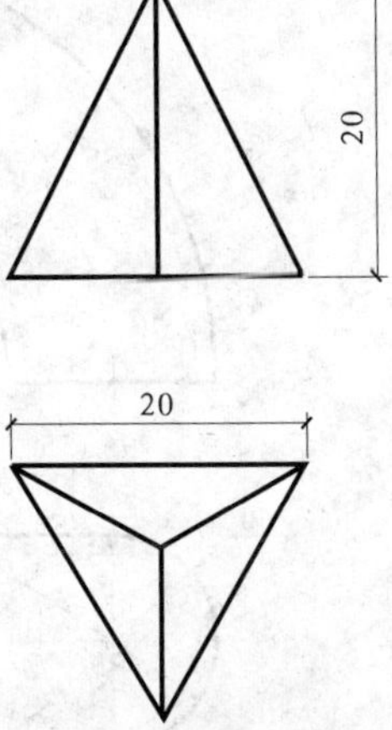

图 4-10　三棱锥

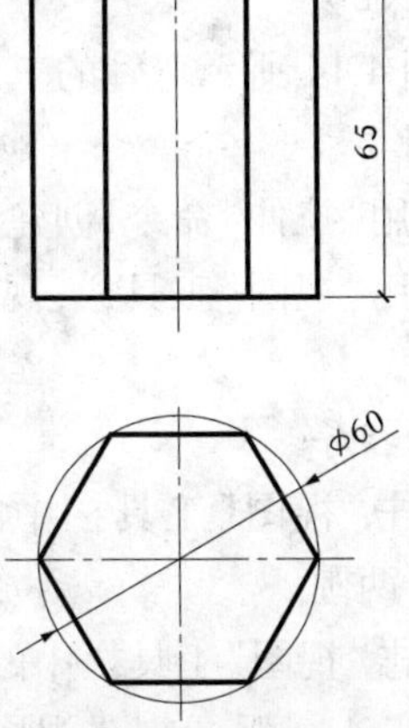

图 4-11　六棱柱

(二)实训任务二

1. 实训任务

创建图 4-12 所示空心圆柱的三维实体模型。

2. 实训要求

(1)应用“旋转”命令,创建三维实体。

(2)应用“视图”工具栏,观察三维实体的主、左、俯等各面视图。

3. 绘图指导

(1)单击“视图”工具栏中的“主视图”按钮,按尺寸绘制断面线框和轴线如图 4-13(a)所示。再将线框创建成“面域”对象。

(2)启用“旋转”命令,选择面域为旋转对象,指定轴线为旋转轴,则将面域旋转成三维实体,如图 4-13(b)所示。

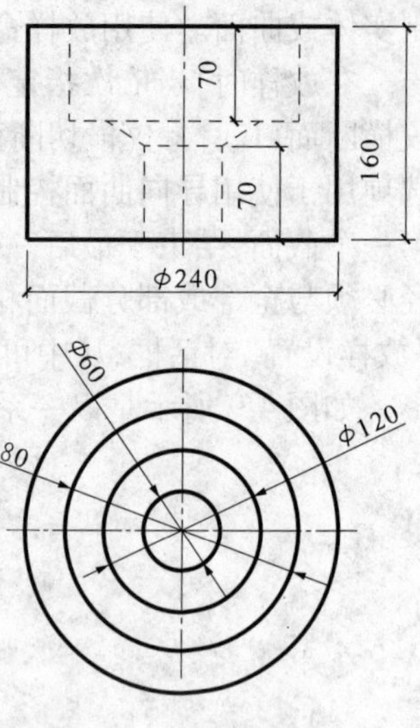

图 4-12　空心圆柱

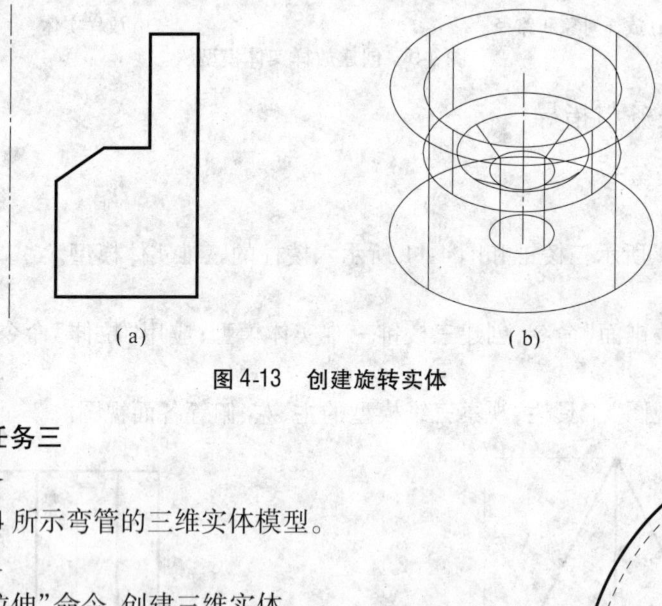

图 4-13　创建旋转实体

(三)实训任务三

1. 实训任务

创建图 4-14 所示弯管的三维实体模型。

2. 实训要求

(1)应用“拉伸”命令,创建三维实体。

(2)应用“视图”工具栏,观察三维实体的主、左、俯等各面视图。

3. 绘图指导

(1)单击“视图”工具栏中的“俯视”图标按钮,绘制 $\phi60$ 和 $\phi50$ 两圆。

(2)单击“视图”工具栏中的“主视图”按钮,按尺寸绘制 $R100$ 的 1/4 圆弧,单击“视图”工具栏中的“东南等轴测”按钮,视图显示如图 4-15(a)所示。

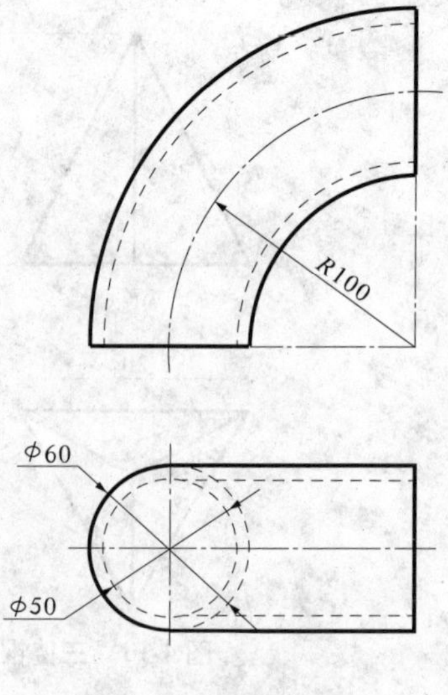

图 4-14　弯管视图

(3)启用“面域”命令,将两圆创建成面域对象。再启用“建模”工具栏中的“差集”命令,创建两圆的差集面域,如图 4-15(b)所示。

(4)启用“拉伸”命令,选择“圆”为拉伸对象,再启用“路径”选项,选择圆弧为拉伸路径,则圆沿圆弧路径被拉伸为三维实体,如图 4-15(c)所示。

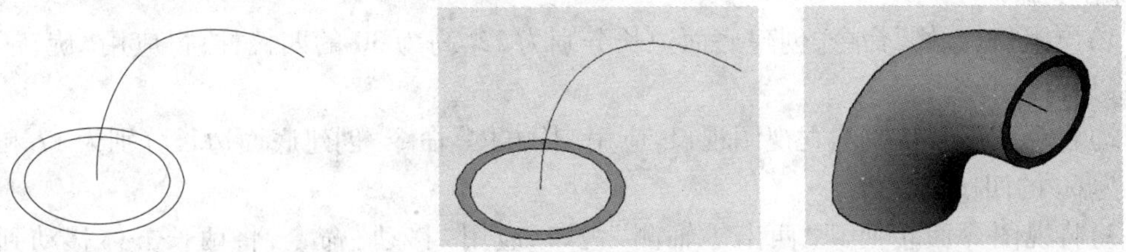

(a)绘制拉伸对象和路径　　(b)创建拉伸面域　　(c)拉伸实体显示

图 4-15　沿路径拉伸实体

任务十一　切割型组合体三维实体模型创建

一、三维建模的布尔运算

复杂的三维实体不能一次生成,就像组合体的形体分析需要叠加、挖切等组合形式一样。AutoCAD 通过对一些简单实体的布尔运算,创建复杂的三维实体。布尔运算命令有“并集“、“差集”和“交集”。布尔运算针对面域和实体进行。

图 4-16 为两相交圆柱实体执行“并集”、“差集”和“交集”命令的结果。

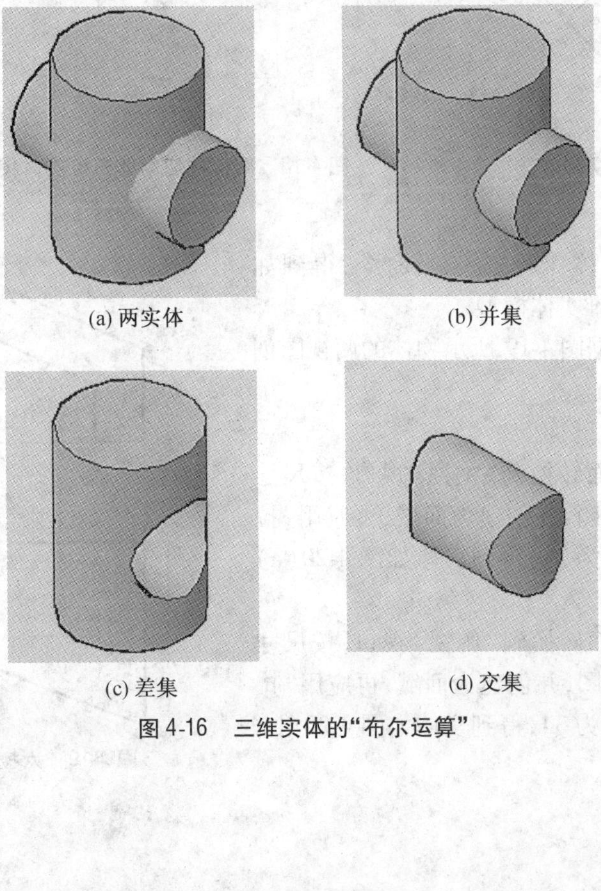

(a) 两实体　　(b) 并集

(c) 差集　　(d) 交集

图 4-16　三维实体的“布尔运算”

二、切割型组合体三维模型创建举例

【例 4-1】 根据图 4-17 所示物体的两视图创建其三维实体模型。

操作步骤：

(1)应用“长方体”命令，创建底面边长分别为 22、高为 30 的四棱柱；再应用“旋转”命令将其旋转 45°。

(2)将视图界面转换到主视图视口，应用“长方体”命令，创建底面边长分别为 17 和 14、高为 60 的四棱柱。

(3)将视图界面转换到“西南等轴测”视口，应用“移动”命令，将两长方体移动到图 4-18(a)所示位置。

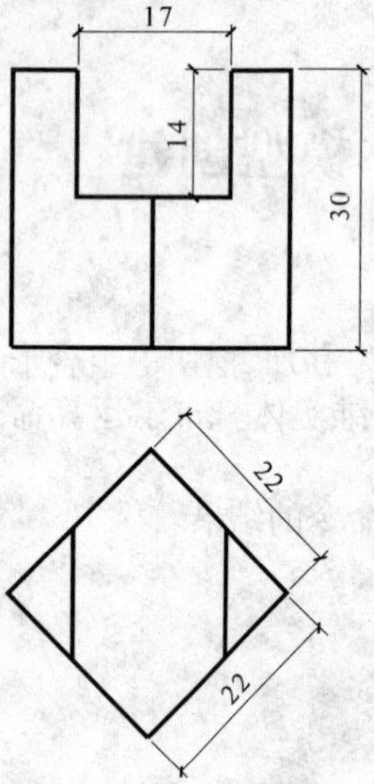

图 4-17　四棱柱切割体

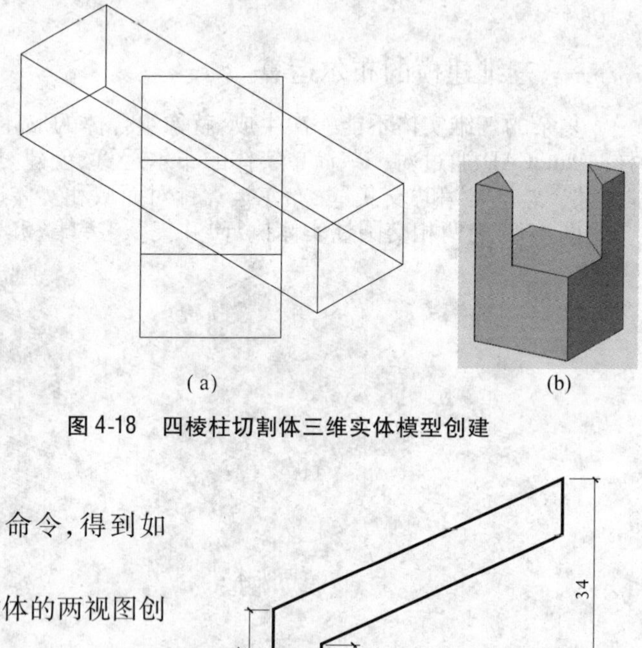

图 4-18　四棱柱切割体三维实体模型创建

(4)对两棱柱体执行“差集”命令，得到如图 4-18(b)所示三维实体模型。

【例 4-2】 根据图 4-19 所示物体的两视图创建其三维实体模型。

操作步骤：

(1)将视图界面转换到“主视”视口，按尺寸绘制挡土墙的主视图，并创建为面域，再应用“拉伸”命令，将其拉长为 28，得到实体如图 4-20(a)所示。

(2)将视图界面转换到“俯视”视口，按尺寸绘制挡土墙的俯视图，并创建为面域，再应用“拉伸”命令，将其拉高为 34，得到实体如图 4-20(b)

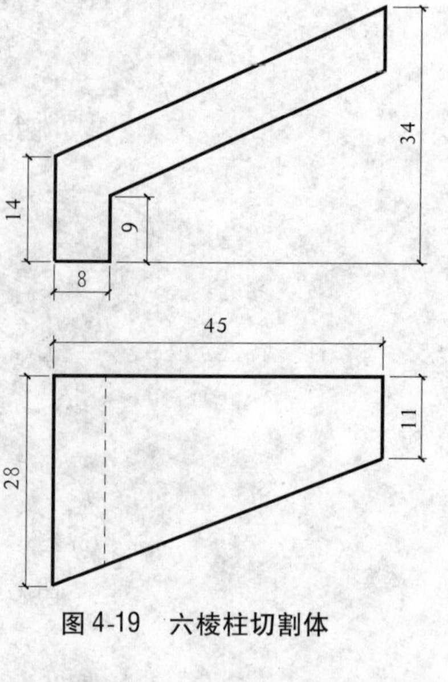

图 4-19　六棱柱切割体

所示。

(3)将视图界面转换到“西南等轴测”视口,应用“移动”命令,将两实体移动到图 4-21(a)所示位置,对其应用“交集”命令,得到图 4-21(b)所示挡土墙实体模型。

(a)　　　　(b)

图 4-20　创建四棱柱切割体主视和俯视实体

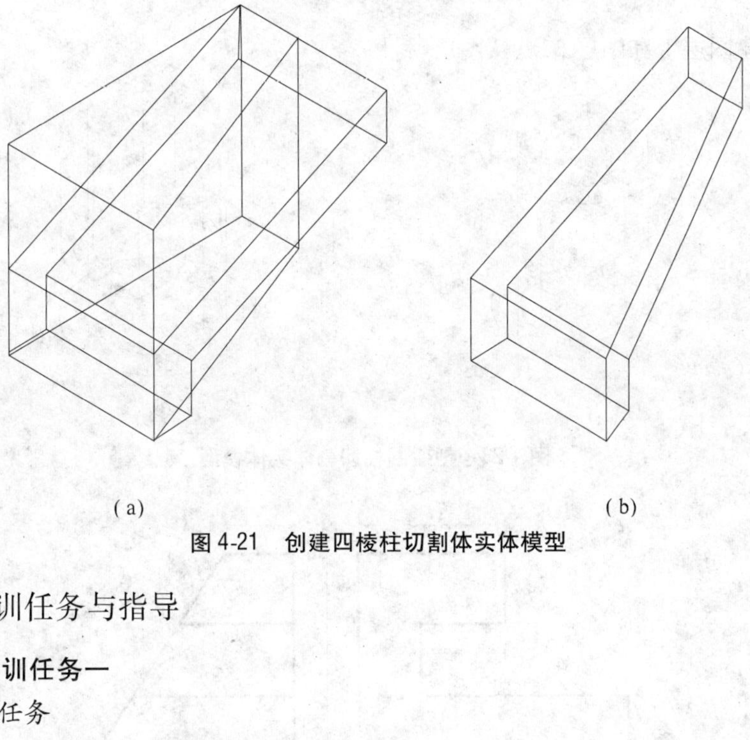

(a)　　　　(b)

图 4-21　创建四棱柱切割体实体模型

三、实训任务与指导

(一)实训任务一

1. 实训任务

创建图 4-22 所示圆柱切割体三维实体模型。

2. 实训要求

(1)应用“圆柱体”、“四方体”、“差集”等命令,创建圆柱切割体三维实体模型。

(2)应用“视图”工具栏,观察三维模型的主、俯、左等各面视图。

3. 实训指导

(1)在俯视图视口,应用“圆柱体”命令,输入底面圆心坐标为“0,0”、直径为 18、高为 18 的圆柱。用同样的方法,创建直径为 12 的同心圆柱。

(2)在主视图视口，应用“长方体”命令，输入第一个角点坐标为“5,18,9”，输入第二个角点坐标为“ -5,8, -9”，输入高为18，在圆柱体的上方创建长方体，如图4-23(a)所示。

(3)在“西南等轴测”视口，对圆柱体和棱柱体执行“差集”命令，得到如图4-23(b)所示三维实体模型。

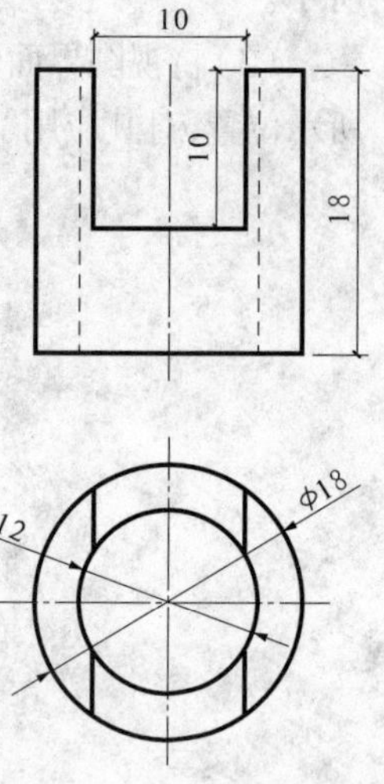

图4-22　圆柱切割体

(二)实训任务二

1. 实训任务

创建图4-24所示平面切割体三维实体模型。

2. 实训要求

(1)应用“拉伸”和“交集”命令，创建平面切割体三维实体模型。

(2)应用“视图”工具栏，观察三维模型的主、左、俯等各面视图。

3. 实训指导

(1)新建图层1和图层2，默认图层特性。

(a)　　　　　　(b)

图4-23　创建圆柱切割体实体模型

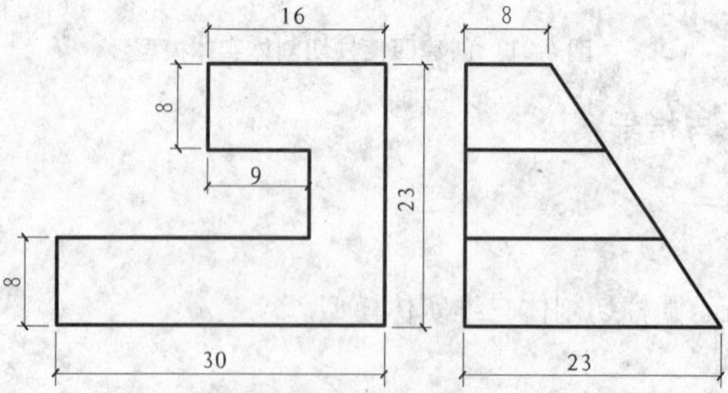

图4-24　平面切割体

(2)图层1置为当前，将视图界面转换到“主视”视口，以左下角为起点，输入起点坐标“0,0”，按尺寸绘制主视图，并创建为面域，如图4-25(a)所示；再应用“拉伸”命令，将其拉长为28，得到实体如图4-25(b)所示。

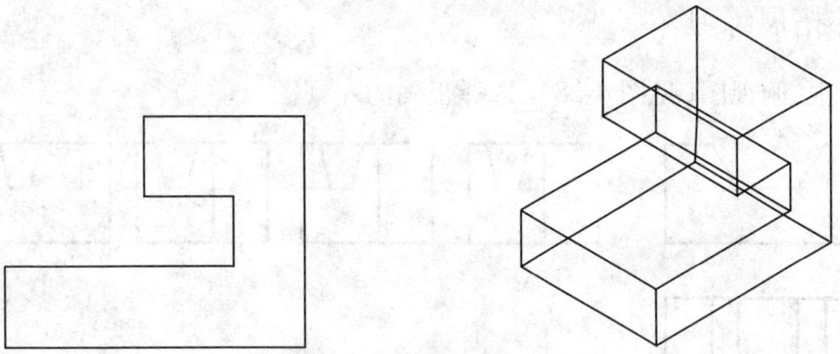

(a)　　(b)

图 4-25　主视"拉伸"为实体

(3)关闭图层1,图层2置为当前。将视图界面转换到"左视"视口,以后下角为起点,输入起点坐标为"0,0",按尺寸绘制挡土墙左视图的外轮廓线,并创建为面域,如图 4-26(a)所示;再应用"拉伸"命令,将其拉高为 34,得到实体如图 4-26(b)所示。

(a)　　(b)

图 4-26　左视"拉伸"为实体

(4)打开图层1,显示已创建的两基本实体,如图 4-27(a)所示。

(5)对两实体应用"交集"命令,得到实体模型如图 4-27(b)所示。

(a)　　(b)

图 4-27　创建"交集"实体

四、课外拓展练习

(1)根据主、俯视图(见图 4-28),选择正确的左视图。(　)

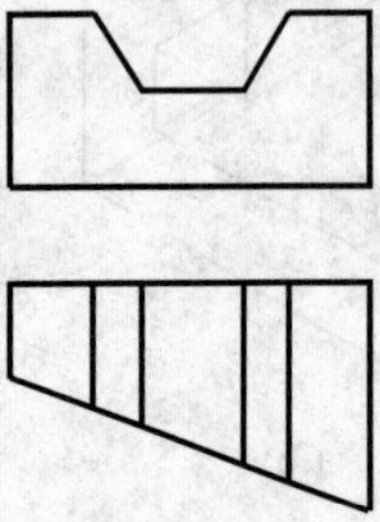

图 4-28

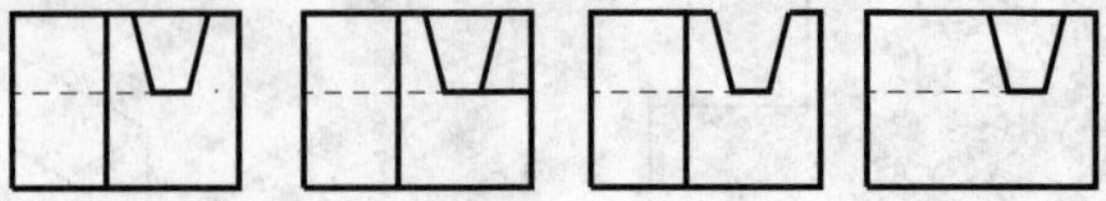

A　　B　　C　　D

(2)已知主、左视图(见图 4-29),选择正确的俯视图。(　)

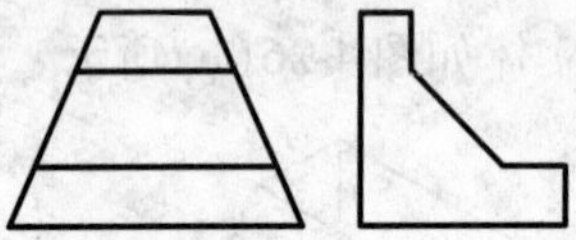

图 4-29

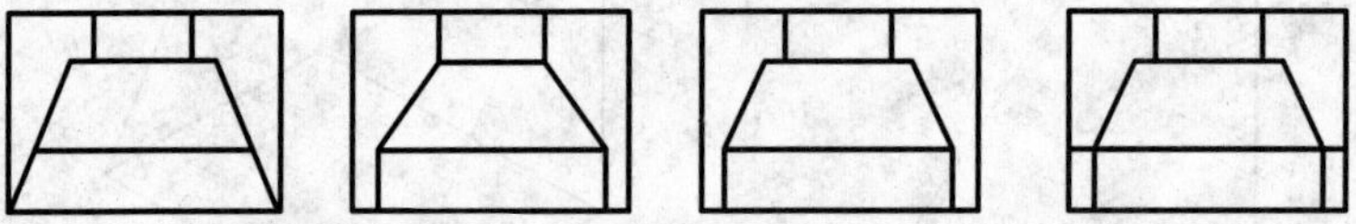

A　　B　　C　　D

(3)已知主、左视图(见图 4-30),选择正确的俯视图。(　)

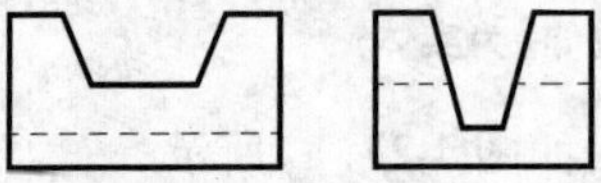

图 4-30

A　　B　　C　　D

(4)已知主、左视图(见图 4-31),选择正确的俯视图。(　)

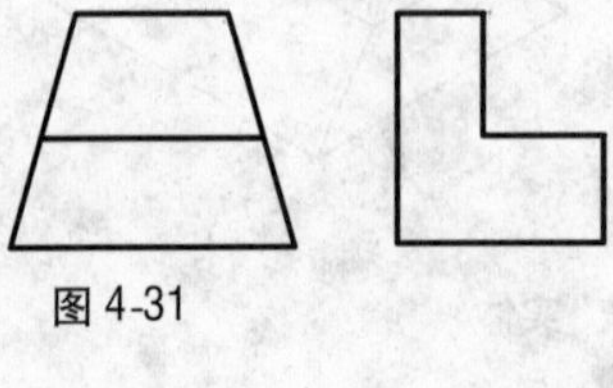

图 4-31

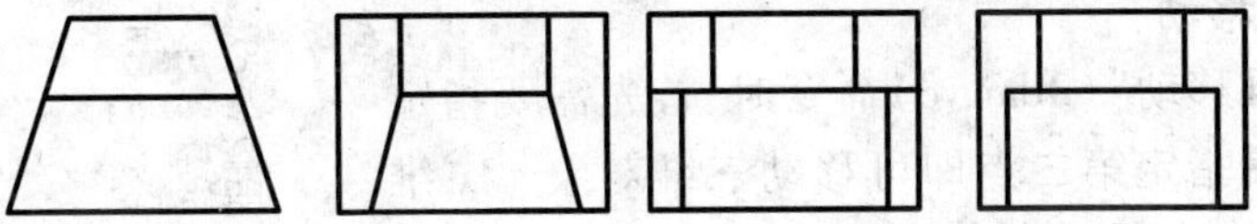

A　　B　　C　　D

(5)已知主、俯视图(见图4-32),选择正确的左视图。(　)

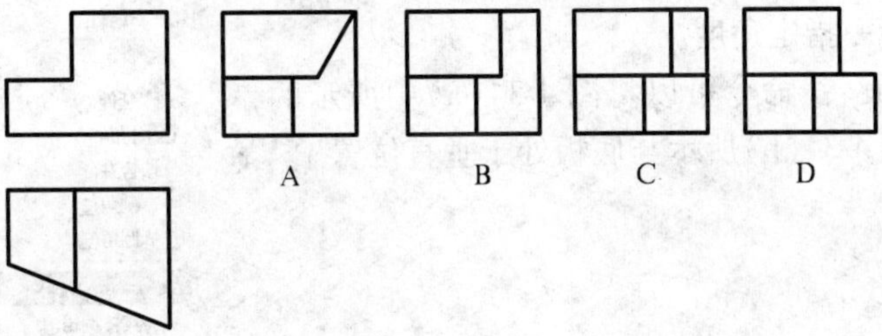

图4-32

任务十二　叠加型组合体三维实体模型创建

一、用户坐标系

(一)用户坐标系的概念

我们在二维绘图中应用的坐标系是一个固定的坐标系,称为世界坐标系(WCS)。在三维建模中,图形定位是一个难点,所以在AutoCAD中可以建立用户自已的坐标系来帮助定位,这个由用户创建的坐标系称为用户坐标系(UCS)。用户坐标系是绘制三维图形的重要工具。创建用户坐标系的对应命令为“UCS”。

(二)创建用户坐标系的操作步骤

(1)从命令行输入命令“UCS”,按回车键。

命令行提示:“指定UCS的原点或[面(F)/命名(NA)/对象(OB)/上一个(P)/视图(V)/世界(W)/X/Y/Z/Z轴(ZA)]〈世界〉:”。

(2)用鼠标或输入坐标值指定用户坐标系的新原点。

命令行提示:“指定X轴上的点或〈接受〉:”。

(3)用鼠标或输入坐标值指定X轴的方向。

命令行提示:“指定XY平面上的点或〈接受〉:”。

(4)用鼠标或输入坐标值指定XY平面上点,用以确定Y、Z轴的方向。

二、“三维操作”命令

“三维操作”命令在“修改”菜单“三维操作”子菜单中,如图4-33所示。包含移动、旋转、对齐、镜像、阵列、剖切等命令,这些命令与二维编辑命令意义相同,操作上略为复杂。下面就主要的“三维操作”命令的要点作一介绍。

(一)三维移动

执行"三维移动"(3dmove)命令时,首先需要指定一个基点,然后指定第二点即可移动三维对象。二维"移动"编辑命令也可以移动三维实体。

(二)三维旋转

执行"三维旋转"(3drotate)命令时,可以使实体绕任一坐标轴旋转一指定角度。

使用"三维旋转"命令可以将图 4-34(a)中所示的圆柱体旋转到图 4-34(b)所示与底板处于垂直位置。

图 4-33 "三维操作"菜单

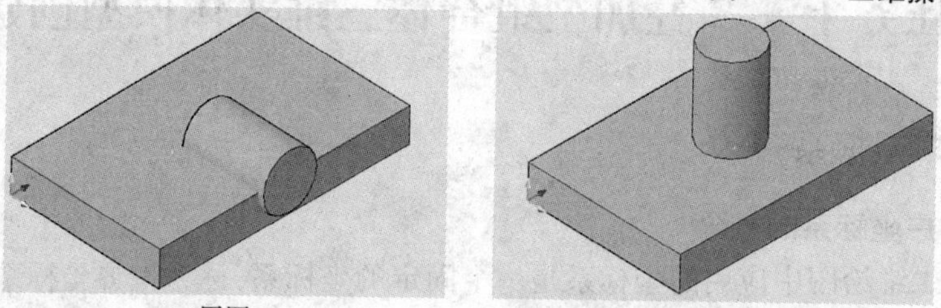

(a)原图　　(b)旋转图

图 4-34 旋转实体

(三)三维对齐

可以通过移动、旋转或倾斜对象来使该对象与另一个对象对齐。"三维对齐"(Align)命令通过指定三个原点以定义源平面,然后指定三个目标点,以定义目标平面。

使用"三维对齐"命令可以将图 4-35(a)中的圆弧板实体对齐到图 4-35(b)所示的位置。

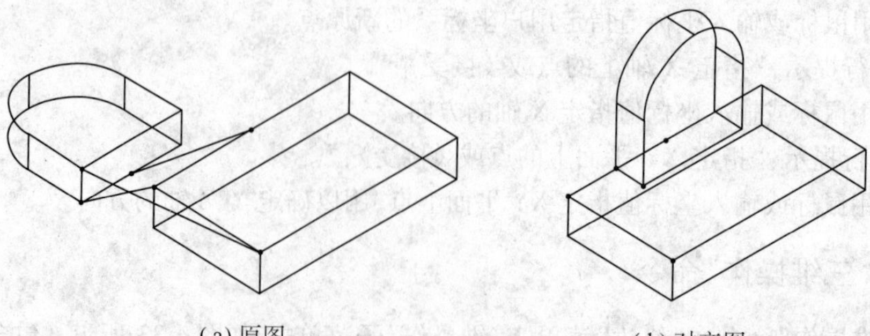

(a)原图　　(b)对齐图

图 4-35 对齐实体

（四）三维镜像

执行“三维镜像”（Mirror3d）命令可以将指定对象相对于某一平面镜像。镜像平面可以由三个点来指定，也可以通过指定点和坐标平面来指定，也可以用绘制的二维多段线对象所在的平面作为镜像平面。

应用“三维镜像”命令可以将图 4-36（a）所示的实体创建为图 4-36（b）所示的实体，中间标示的三点为对称平面上的三个点。

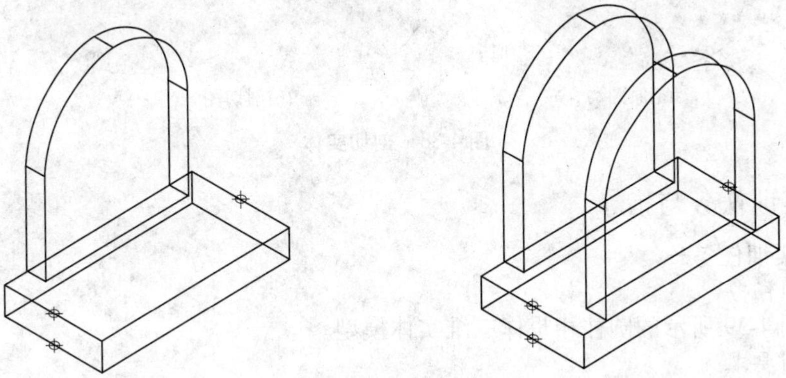

（a）原图　　（b）镜像图

图 4-36　镜像实体

（五）三维阵列

执行“三维阵列”（3darray）命令可以在三维空间中创建对象的矩形阵列或环形阵列。

对于矩形阵列，除指定列数（*X* 方向）和行数（*Y* 方向）外，还要指定层数（*Z* 方向）。行间距、列间距、层间距的正负与坐标轴的方向有关。

对于环形阵列，在操作上与二维图形的环形阵列操作基本相同，所不同的是，三维环形阵列需要指定阵列的旋转轴。

使用“三维阵列”命令可以将图 4-37（a）所示的实体阵列为图 4-37（b）所示的实体。

（六）三维剖切

执行“剖切”（slice）命令可以用指定的平面剖开三维实体。可以通过指定三个点，使用曲面、其他对象、当前视图、*Z* 轴，或者 *XY* 平面、*YZ* 平面或 *ZX* 平面来定义剪切平面。

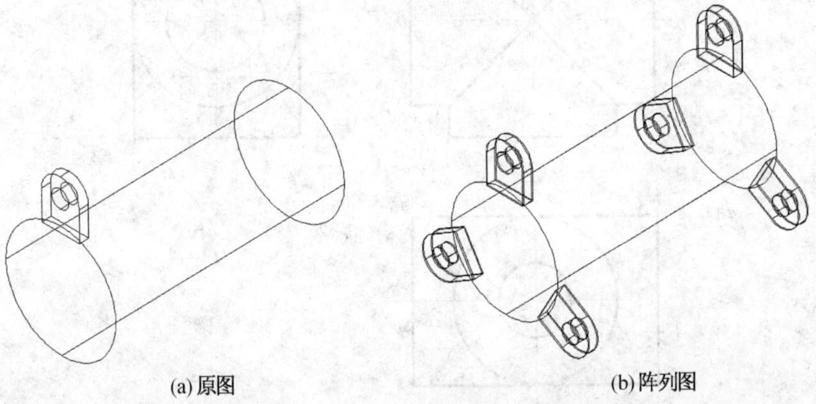

(a)原图　　(b)阵列图

图 4-37　阵列实体

使用“三维剖切”命令可以将图 4-38(a)所示的实体剖切为图 4-38(b)所示的实体。

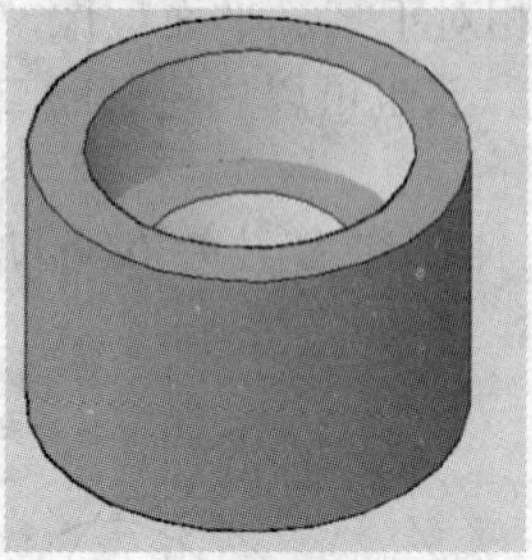
(a)原图

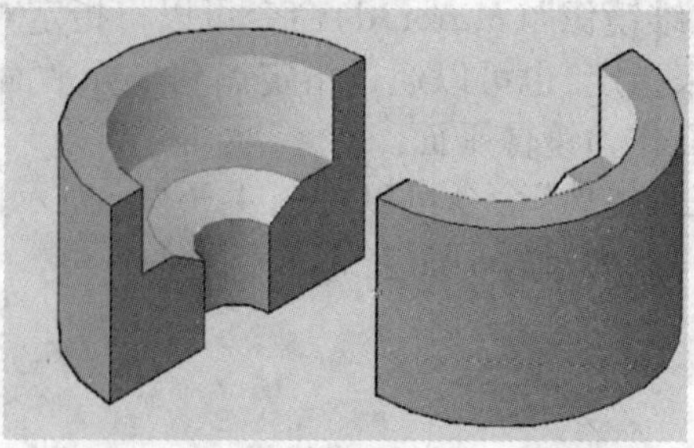
(b)剖切图

图 4-38 剖切实体

三、实训任务与指导

(一)实训任务一

1. 实训任务

创建图 4-39 所示的圆柱相贯体三维实体模型。

2. 实训要求

(1)应用“圆柱实体”、“布尔运算”命令,创建三维实体。

(2)正确进行三维实体创建操作,创建时间不超过 20 min。

3. 绘图指导

(1)显示“建模”、“视图”工具栏。

(2)将当前视图设为“俯视图”视口,启用“圆柱体”命令,指定底面的中心点坐标为“0,0”,创建直径为 32 和 14、高为 44 的两同心圆柱,如图 4-40 所示(显示为西南等轴测)。

(3)将当前视图设为“左视图”视口,启用“圆柱体”命令,指定底面的中心点坐标为“0,0,-23”,创建直径为 32 和 18、高为 46 的两同心圆柱,如图 4-41 所示(显示为西南等轴测)。

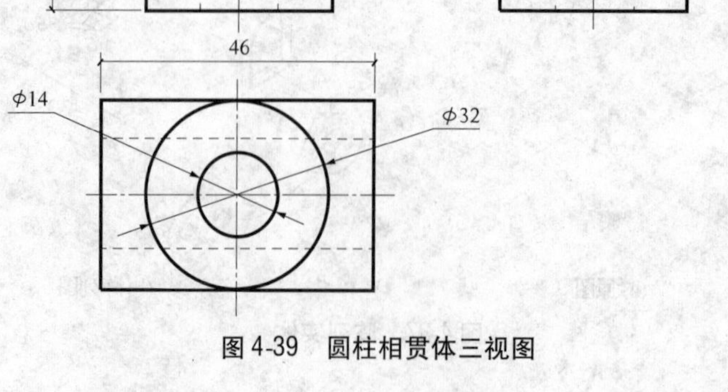

图 4-39 圆柱相贯体三视图

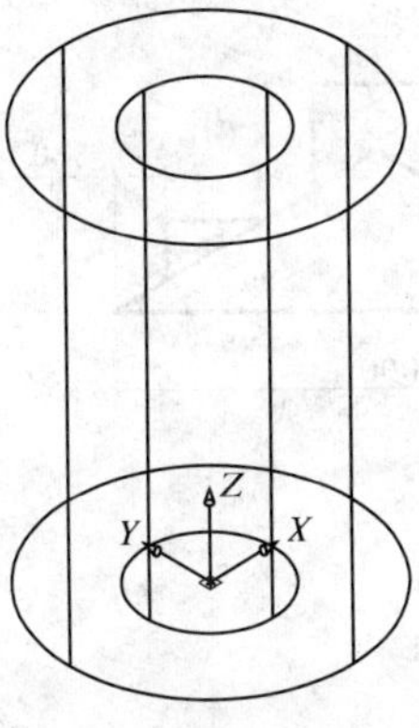

图 4-40　创建竖立圆柱实体

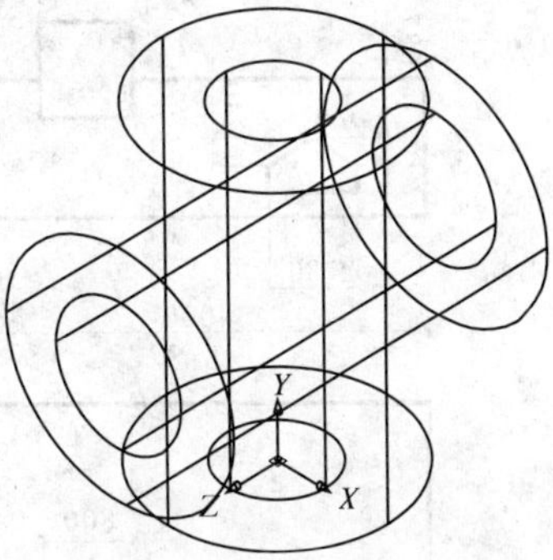

图 4-41　创建水平圆柱实体

(4)启用“并集”命令,将直径为 14 和 18 的两小圆柱体合为一体,再将直径为 32 的两圆柱体合为一体,如图 4-42 所示。

(5)启用“差集”命令,先选择 32 的并集实体,再选择直径为 14 和 18 的并集实体,差集效果如图 4-43 所示。

图 4-42　执行并集操作

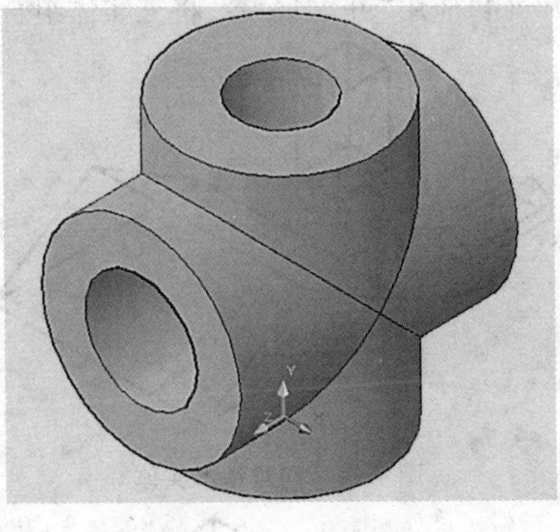

图 4-43　执行差集操作

(二)实训任务二

1. 实训任务

创建图 4-44 所示房顶相贯体的三维实体模型。

2. 实训要求

(1)应用“拉伸”、“布尔运算”命令,创建三维实体。

(2)正确进行三维实体创建操作,创建时间不超过 20 min。

3. 绘图指导

(1)在“左视图”视口,按尺寸创建三棱柱实体;在“主视图”视口,创建五棱柱实体,高为 1500;在“俯视图”视口,创建四棱柱实体,高为 1700,得到实体如图 4-45 所示。

(2)在三棱柱底部左端绘制长 600 的定位线;在三棱柱底面绘制向后 380 从左向右 1000的定位线,如图 4-46 所示。

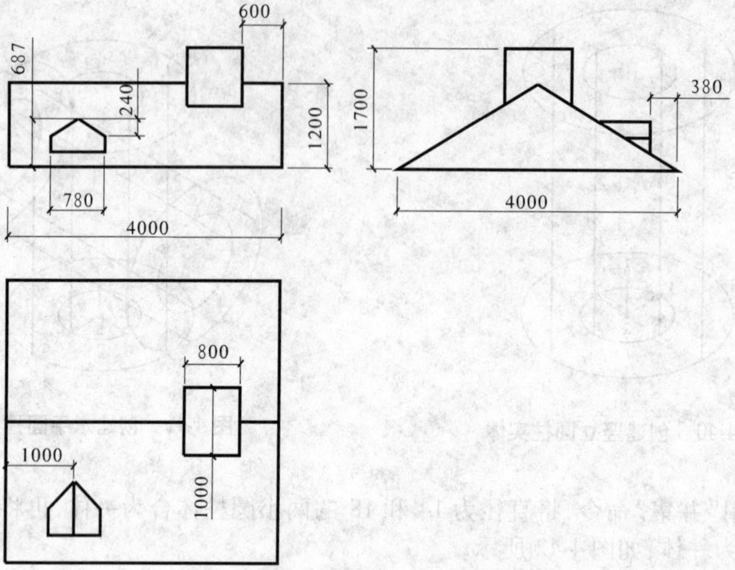

图 4-44　房顶相贯体三视图

(3)应用“移动”命令,将五棱柱和四棱柱定位,如图 4-47 所示。

(4)应用“并集”命令,将三实体组合为一体,视觉样式概念显示如图 4-48 所示。

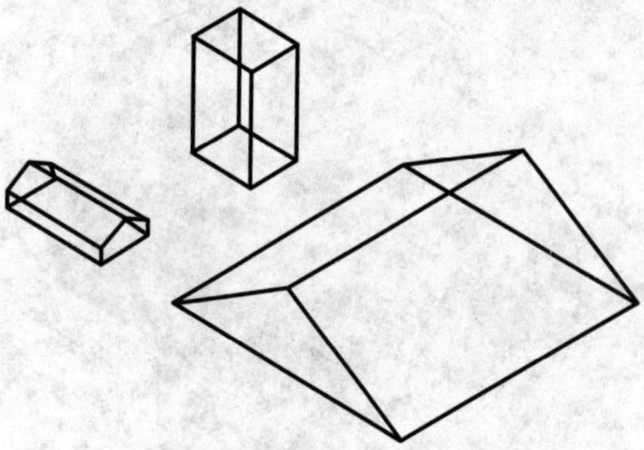

图 4-45　创建基本实体

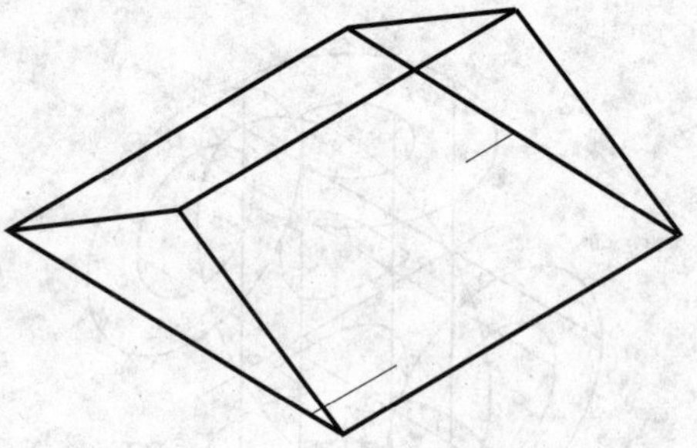

图 4-46　绘制定位线

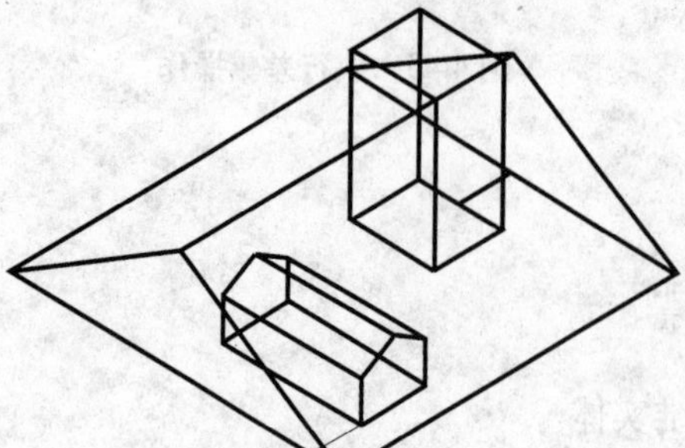

图 4-47　移动实体

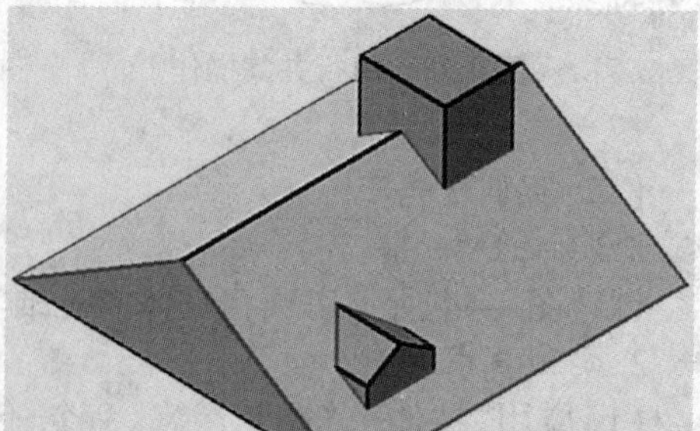

图 4-48　组合实体

(三)实训任务三

1. 实训任务

创建图 4-49 所示楼房屋顶相贯体的三维实体模型。

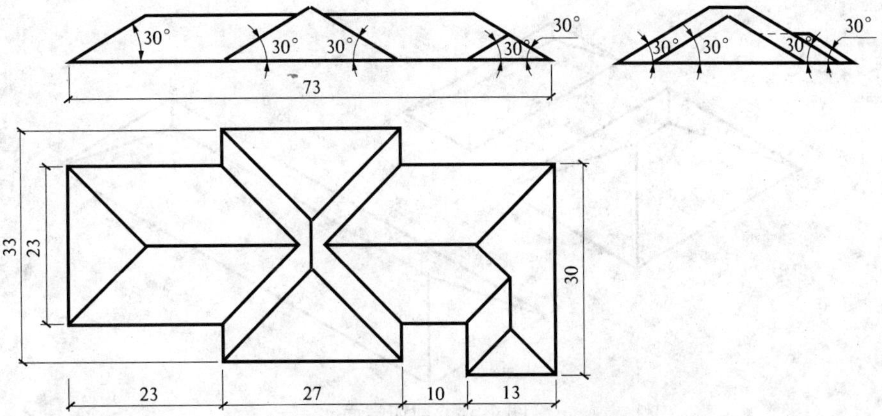

图 4-49　楼房房顶相贯体三视图

2. 实训要求

(1)应用“拉伸”、“布尔运算”命令,创建三维实体。

(2)正确进行三维实体创建操作,创建时间不超过 20 min。

3. 实训指导

(1)在“左视图”视口,按尺寸创建高为 73 的三棱柱实体;在“主视图”视口,按尺寸创建高为 33 和 30 的三棱柱实体,如图 4-50 所示。

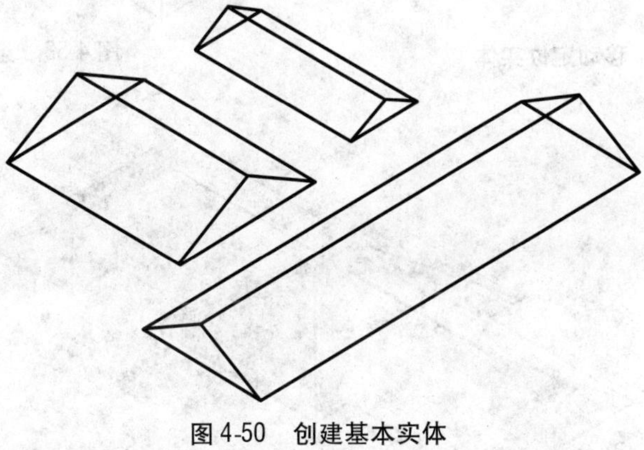

图 4-50　创建基本实体

(2)在“主视图”视口,应用三维“剖切”命令,启用“*Z* 轴”选项,剖切 30°斜面。在“左视图”视口,用同样方法剖切另外两个三棱柱的 30°斜面,如图 4-51 所示。

(3)应用“移动”命令,将三棱柱按尺寸要求移动到正确位置,如图 4-52 所示。

(4)应用“交集”命令,将三棱柱合并一体,如图 4-53 所示。其视觉样式概念显示如图 4-54 所示。

图 4-51　剖切端面

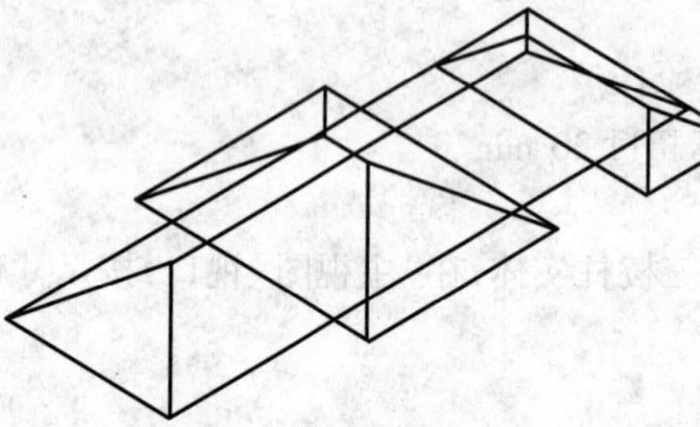

图 4-52　移动定位实体

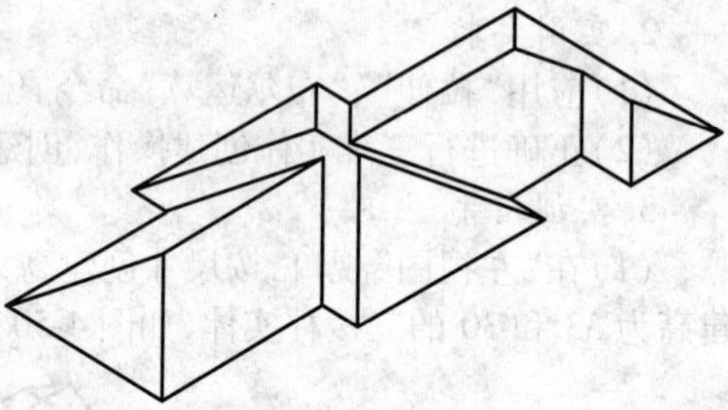

图 4-53　组合实体

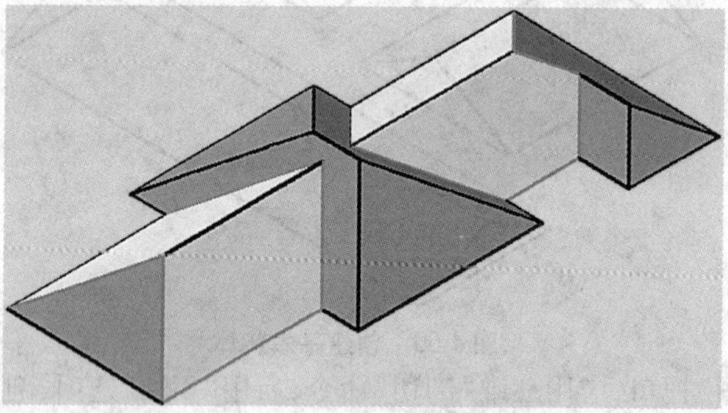

图 4-54　概念样式显示实体模型

项目五　组合体视图识读

教学任务	教学目标	
	知识目标	技能目标
任务十三　识读组合体视图绘制轴测图	1. 掌握形体分析识图方法和视图特征 2. 掌握线面分析识图方法和线框含义	1. 能够识读组合体的三视图 2. 能够根据组合体三视图绘制其轴测图
任务十四　识读相贯体视图创建实体模型	掌握相贯体的形体特征和视图特征	1. 能够识读相贯体三视图 2. 能够根据相贯体三视图创建其三维实体模型
任务十五　识读组合体视图补画第三视图	1. 掌握形体分析补画第三视图的方法 2. 掌握线面分析补画第三视图的方法	1. 能够识读较复杂组合体三视图 2. 能够根据组合体的两视图补画第三视图

任务十三　识读组合体视图绘制轴测图

一、读组合体视图的基本方法

(一)形体分析法

形体分析是以基本形体为读图单元,将组合体的视图先分解为若干个简单的线框,然后判断各线框所表达的基本形体,最后按相对位置综合成整体的形状。这种分析图形的方法,称为形体分析法。

如图 5-1(a)所示,应用形体分析法,从主视图着手,将形体分为 1、2、3 三个部分,按投影规律,找出左视图和俯视图中相应的投影,可看出第一部分为四棱柱,第二部分为四棱台,第三部分为缺角四棱柱。按位置组合各部分形体得到组合体形状如图 5-1(b)所示。

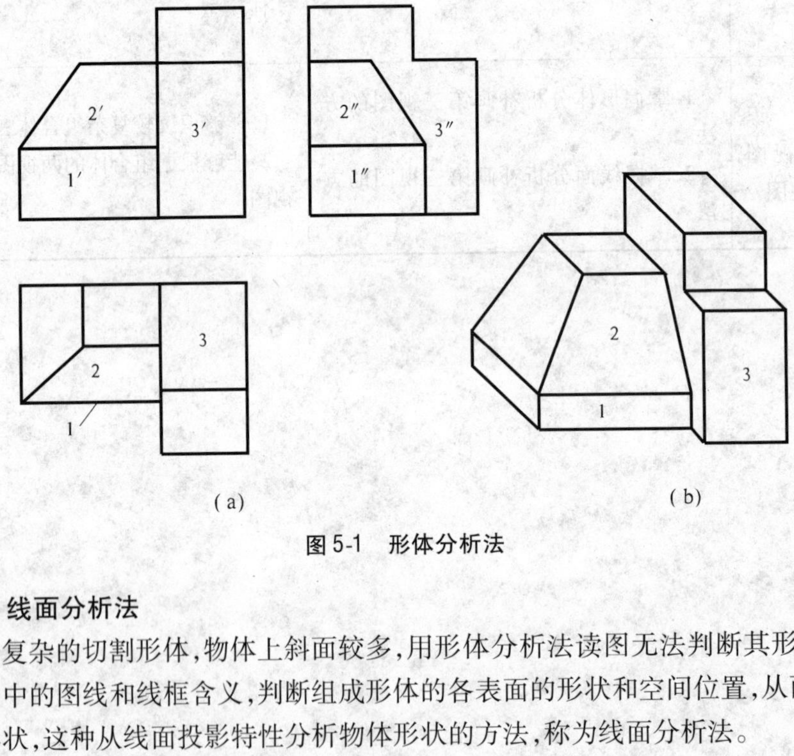

(a)　　(b)

图 5-1　形体分析法

(二)线面分析法

对于复杂的切割形体,物体上斜面较多,用形体分析法读图无法判断其形状时,需要分析视图中的图线和线框含义,判断组成形体的各表面的形状和空间位置,从而综合形体的空间形状,这种从线面投影特性分析物体形状的方法,称为线面分析法。

如图 5-2(a)所示,俯视图中有 1、2、3 三个相邻封闭线框,代表物体三个不同的表面。这些相邻表面一定有上下之分,即相邻线框或线框中的线框不是凸出来的表面,就是凹进去的表面。根据投影规律对照主视图看出:3 表面为水平面且位置最高;2 表面为水平面且位置较低;1 表面为一般位置平面,位置在 2 表面和 3 表面之间倾斜,得出物体的结构形状如图 5-2(b)所示。

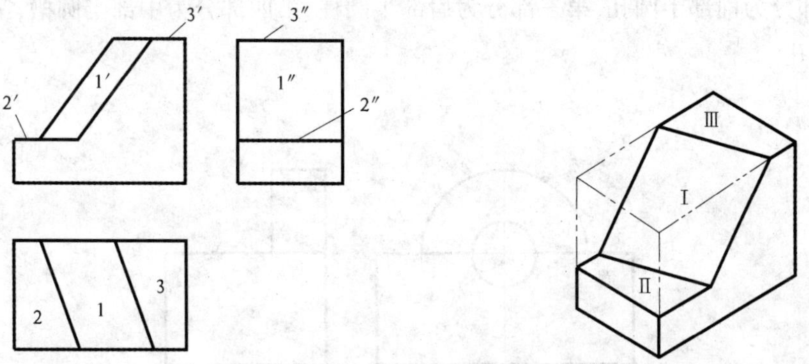

(a)　　　　　　　　　　　　　　(b)

图 5-2　线面分析法读图

二、读组合体视图的注意事项

(一)注意抓住物体的形体特征

看图时要从反映形体特征最明显的视图看起,基本体三视图“矩矩为柱、三三为锥、梯梯为台”等的形状特征是组合体读图的基础。在读组合体的视图时,要善于运用这些特征。在图 5-3(a)中,物体的形体特征在主视图上;在图 5-3(b)中,主视图和左视图各表达一部分形体特征。

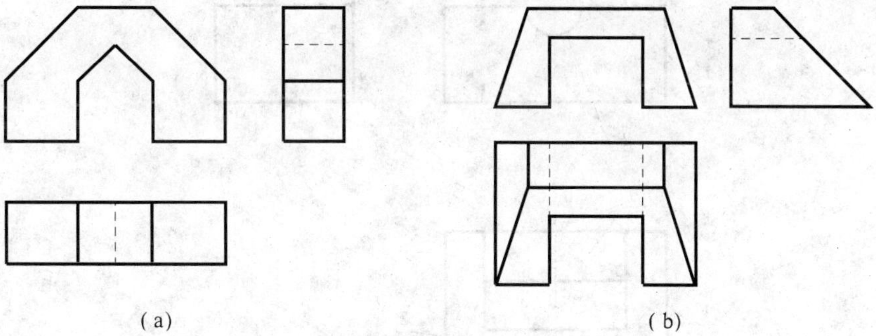

(a)　　　　　　　　　　　　　　(b)

图 5-3　物体的形体特征

(二)注意识别切割形体视图中的投影面垂直面

对于切割面较多的形体,切割平面多为投影面的垂直面,如图 5-3 所示为正垂面。

三、识读组合体三视图绘制轴测图举例

【例 5-1】　识读图 5-4 所示组合体的三视图,并画出其轴测图。

分析作图:

(1)应用形体分析法，将组合体分为五个部分，如图 5-5 所示，第一部分为四棱柱形底座，第二部分为前部半圆孔，第三部分为后部半圆柱，第四部分为中部半圆槽，第五部分为后部整圆孔。

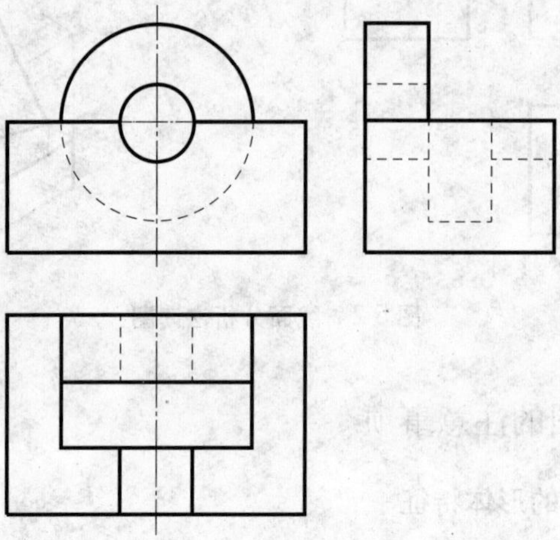

图 5-4　组合体三视图

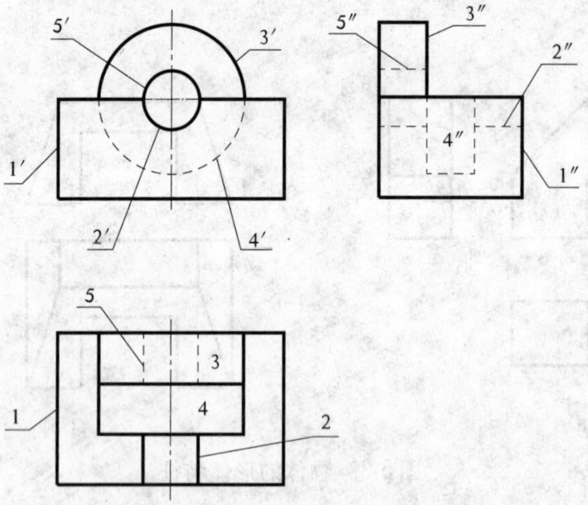

图 5-5　分部分看形体

(2)应用 AutoCAD 中“等轴测捕捉”功能，按照 1、2、3、4、5 顺序画出每部分的轴测图，整理后得图 5-6 所示轴测图。

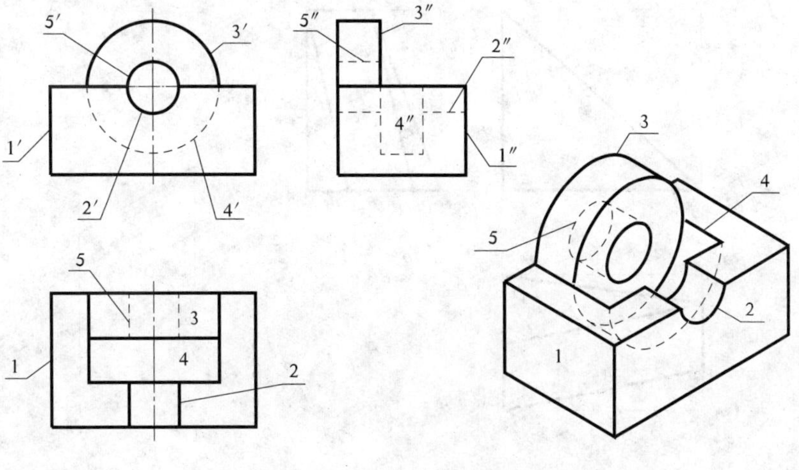

图 5-6　分部分画轴测图

【例 5-2】　识读图 5-7 所示组合体的三视图,并画出其轴测图。

分析作图:

(1)本例所示形体切割面较多,应用线面分析法,从组合体主视图入手,分析其侧平面形状为左视图所示的梯形;底平面为俯视图所示的梯形;正垂面为左视图和俯视图所示的平行四边形,如图 5-8 所示。

(2)在画轴测图时,为了方便确定每个平面的形状和图线位置,先画出切割前原体的轴测图,如图 5-9 所示。

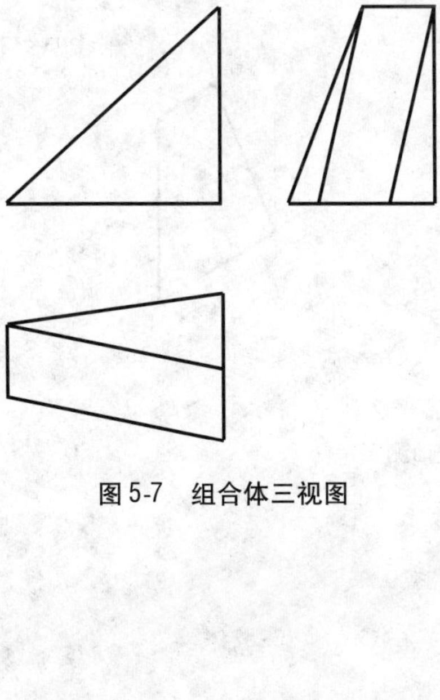

图 5-7　组合体三视图

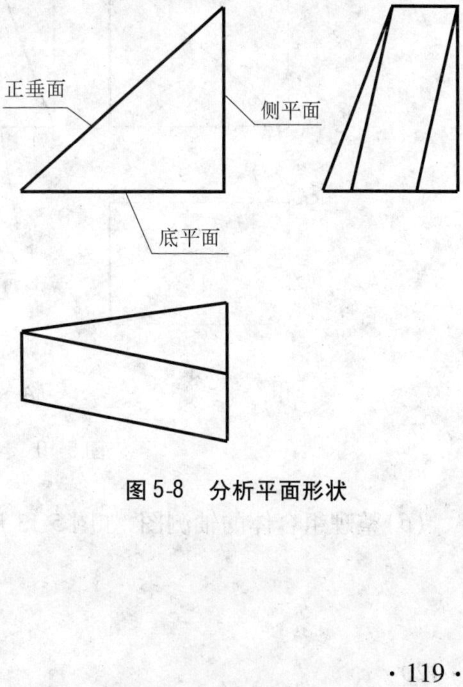

图 5-8　分析平面形状

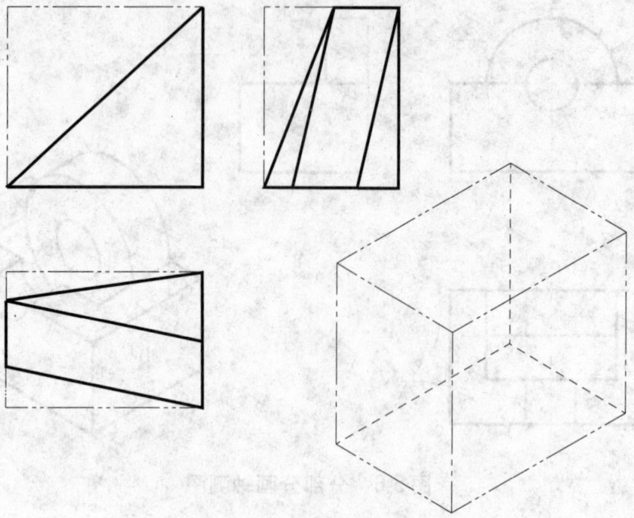

图 5-9　绘制正方体轴测图

(3)分析出右侧平面的投影,绘制出其轴测图,如图 5-10 所示。

(4)分析出底平面的投影,绘制出其轴测图,如图 5-11 所示。

(5)分析出正垂面的投影,绘制出其轴测图,如图 5-12 所示。

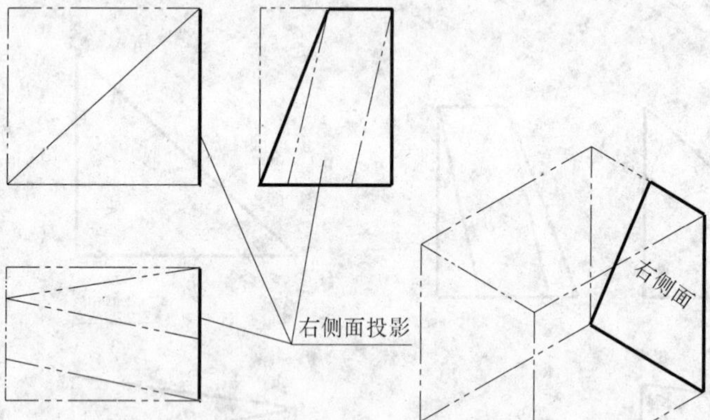

图 5-10　绘制右侧面轴测图

(6)整理组合体的轴测图,如图 5-13 所示。

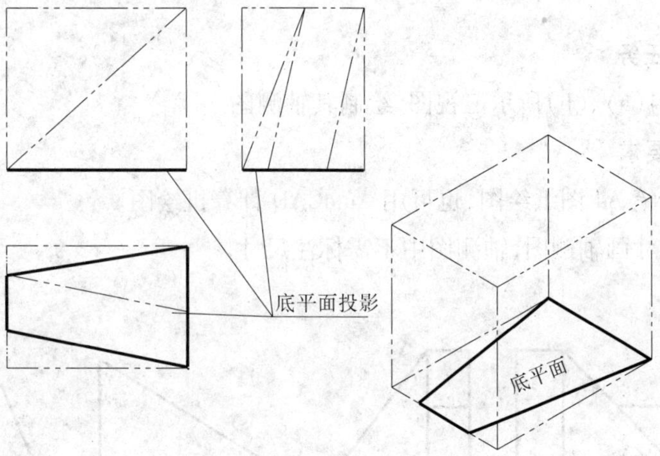

图 5-11　绘制底平面轴测图

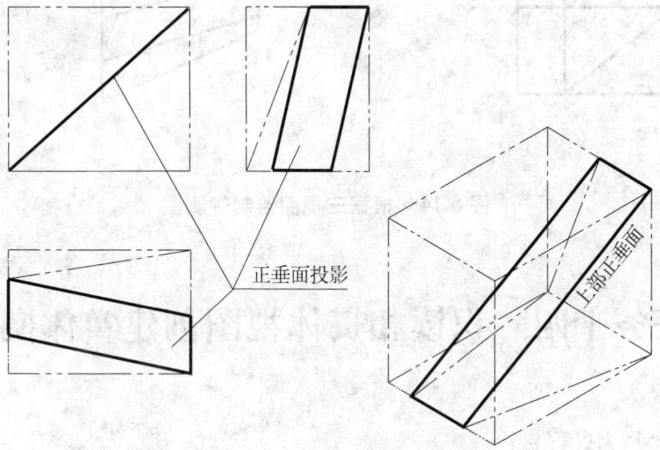

图 5-12　绘制上部正垂面轴测图

图 5-13　整理后的轴测图

四、实训任务与指导

(一)实训任务

识读图 5-14(a)、(b)所示三视图,绘制其轴测图。

(二)实训要求

(1)可以铅笔 A4 图纸绘图,也可用 AutoCAD 计算机绘图。

(2)目测尺寸画轴测图,轴测图中不需标注尺寸。

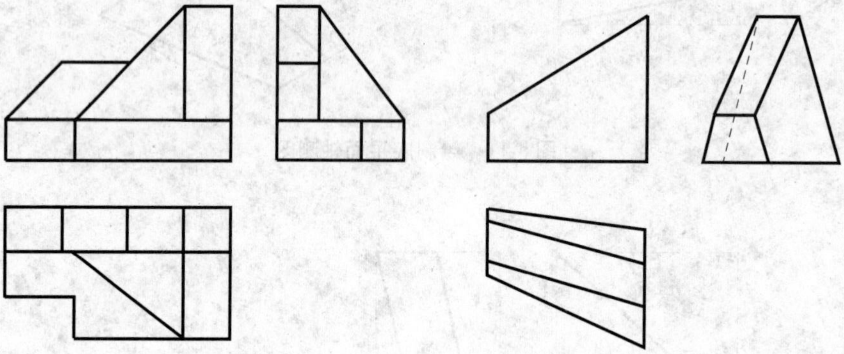

(a)　　　　(b)

图 5-14　根据三视图绘制轴测图

任务十四　识读相贯体视图创建实体模型

一、相贯体与相贯线

两基本体相交,称为相贯体;两相贯体表面形成的交线,称为相贯线。不同类型的相贯体相贯线特性如下:

(1)平面体与平面体的相贯线是封闭的空间折线,如图 5-15 所示。

(2)平面体与曲面体的相贯线一般是由若干段平面曲线所组成的空间封闭线,如图 5-16 所示。

(3)两曲面体的相贯线在一般情形下是封闭的空间任意曲线,如图 5-17 所示。

(4)当两曲面体处于特殊位置时,其相贯线也呈现特殊性质,如表 5-1 所示。

(a) (b)

图 5-15 平面体与平面体相贯

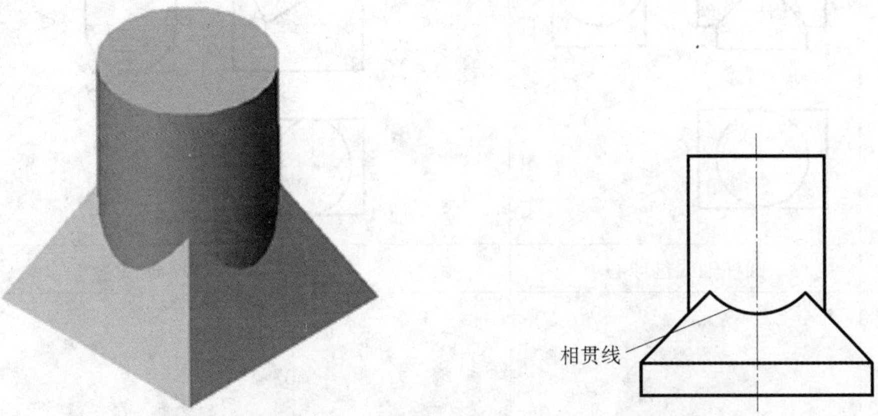

(a) (b)

图 5-16 平面体与曲面体相贯

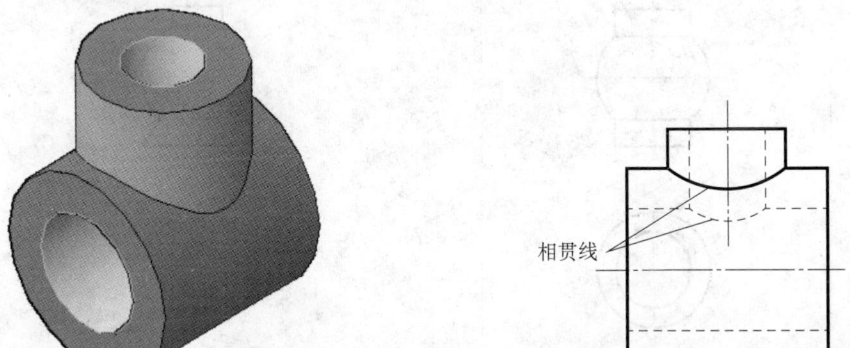

(a) (b)

图 5-17 曲面体与曲面体相贯

表 5-1　相贯线的特殊情况

项目	等径圆柱正交	等径圆柱斜交
实体图		
投影图	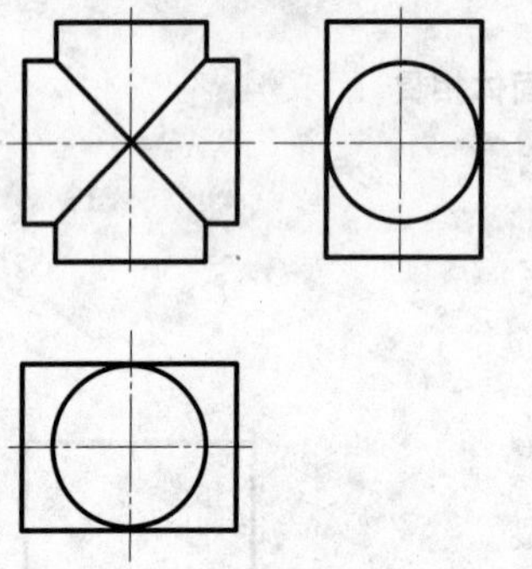	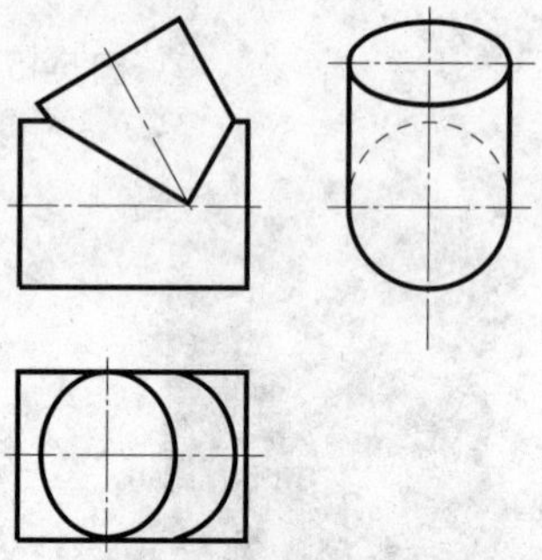
项目	圆柱轴线过球心	圆锥轴线过球心
实体图		
投影图	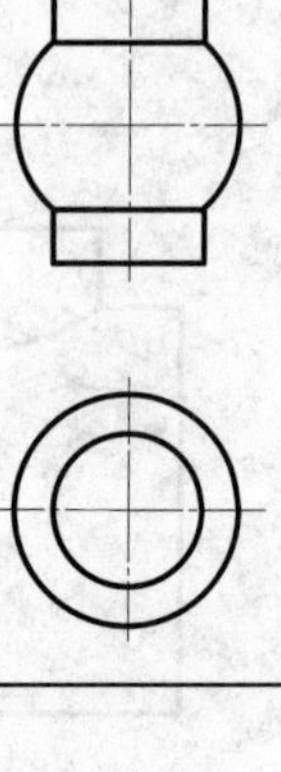	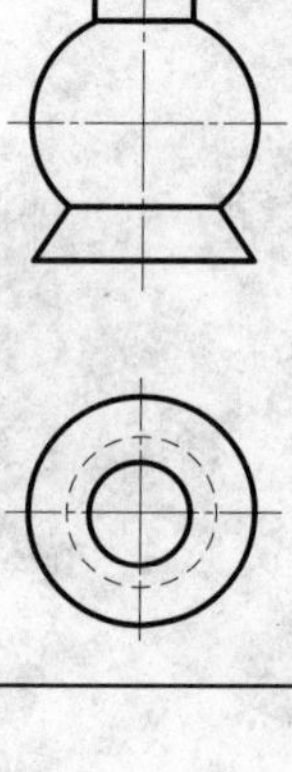

二、识读相贯体三视图创建实体模型举例

【例 5-3】 识读图 5-18 所示三视图，并创建为三维实体模型。

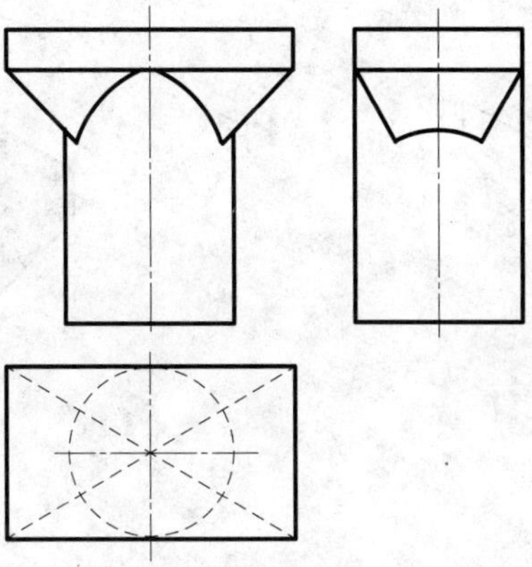

图 5-18 组合体的三视图

分析绘图：

(1)三视图表达的形体分成三个部分，最上部为四棱柱体，下部为圆柱体，中部为四棱锥体，圆柱轴线与四棱锥顶对齐相贯。

(2)在俯视图视口，创建圆柱和四棱柱实体；再应用“拉伸”、“交集”命令创建四棱锥实体，如图 5-19 所示。

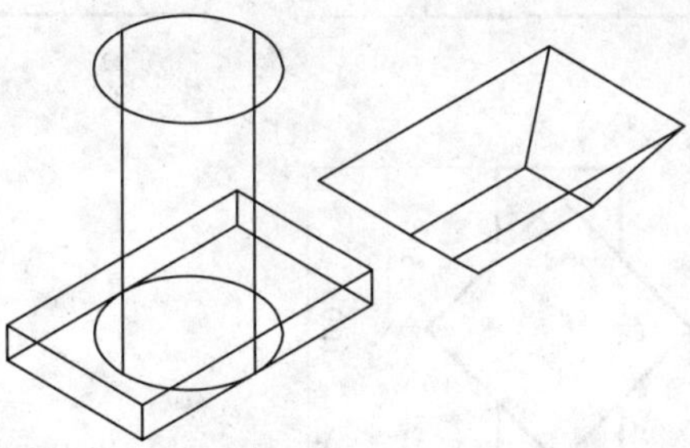

图 5-19 创建基本实体

(3)应用“移动”命令将三实体移动到图 5-20(a)所示位置，再应用“并集”命令组合，得到组合体三维实体模型，如图 5-20(b)所示。

三、实训任务与指导

(一)实训任务

识读图 5-21、图 5-22、图 5-23 所示三视图，创建其三维实体模型。

(二)实训要求

(1)所有三维实体模型在同一视图中创建,西南等轴测显示,排列整齐。

(2)绘图时间 100 min。

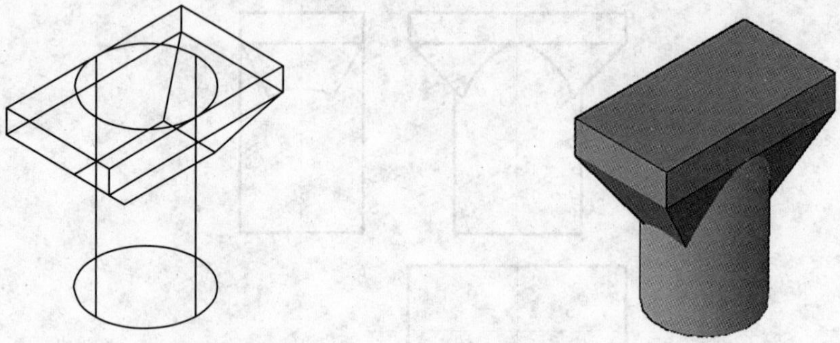

(a) (b)

图 5-20 创建组合实体

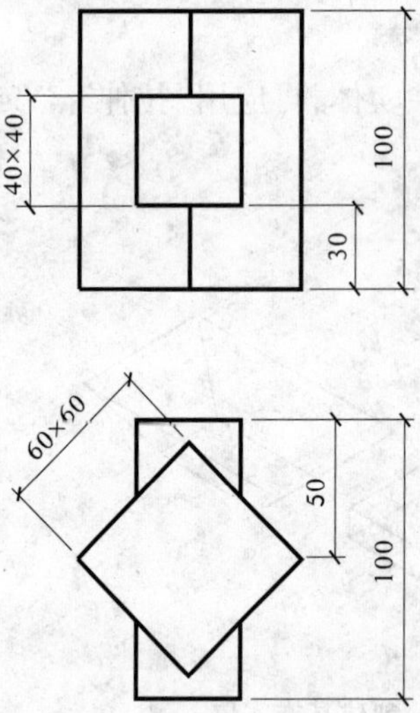

图 5-21 两四棱柱相贯体三视图

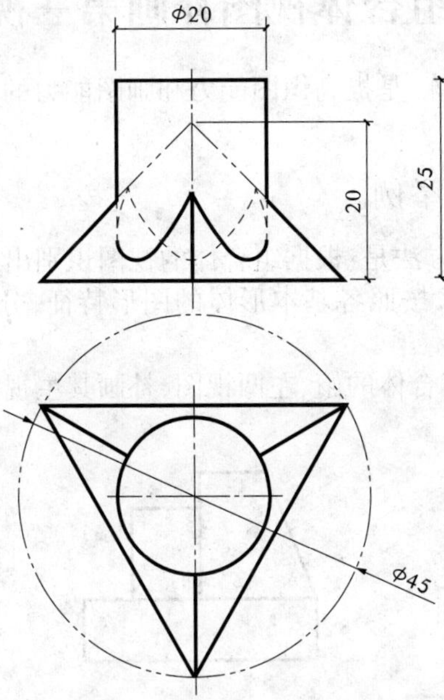

图 5-22　三棱锥与圆柱相贯体三视图

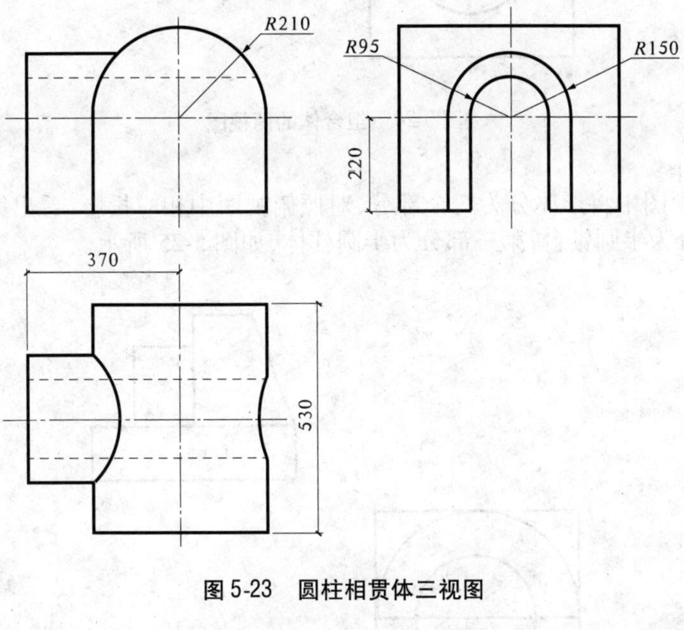

图 5-23　圆柱相贯体三视图

任务十五　识读组合体视图补画第三视图

识读组合体视图补画第三视图训练,是提高识图能力和画图能力的最常用方法,对培养空间想象力具有重要意义。

一、形体分析法补画第三视图举例

形体分析法补画第三视图的一般方法是:根据组合体的视图识别出各个基本形体,以及各基本形体的组合形式与相对位置,按照各基本形体的图形特征,分别补画出第三视图。

【例 5-4】 如图 5-24 所示,已知组合体的俯、左两视图,补画其主视图。

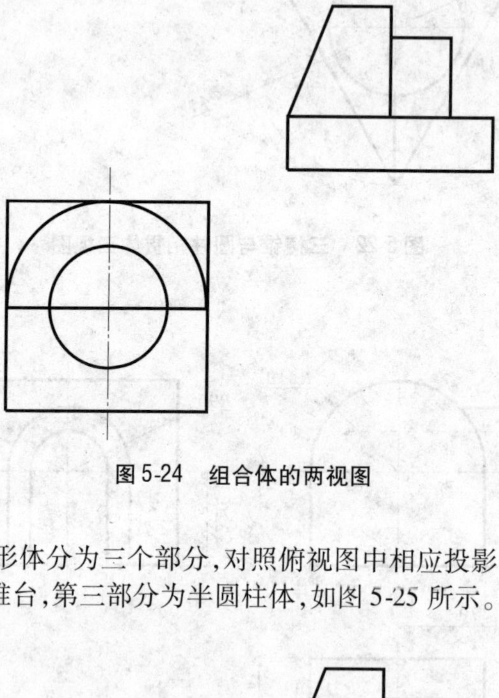

图 5-24　组合体的两视图

分析作图:

(1)从左视图中将形体分为三个部分,对照俯视图中相应投影,看出第一部分为四棱柱体,第二部分为半圆锥台,第三部分为半圆柱体,如图 5-25 所示。

图 5-25　分部分看形体

(2)按投影关系绘制出第一部分四棱柱体的正面投影,如图 5-26 所示。

(3)按投影关系绘制出第二部分半圆锥台的正面投影,如图 5-27 所示。

(4)按投影关系绘制出第三部分半圆柱体的正面投影,如图 5-28 所示。

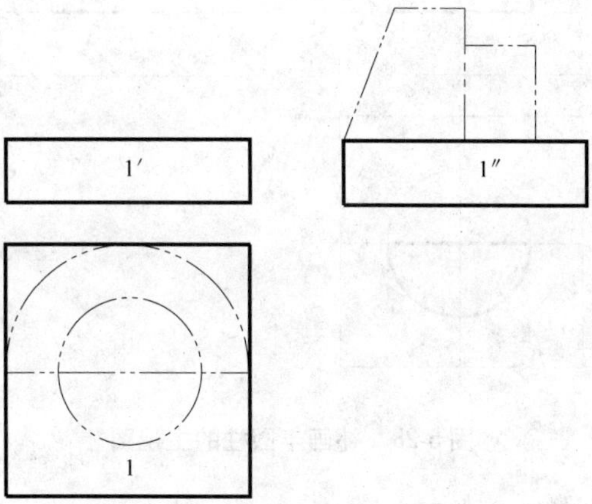

图 5-26　补画四棱柱的主视图

图 5-27　补画半圆台的主视图

(5)最后检查各个形体表面是否存在共面,其分界线是否存在。本例完成后的三视图如图 5-29 所示。

二、线面分析法补画第三视图举例

线面分析法补画第三视图的一般方法是:从已知的两视图中确定要补画视图的投影面平行面的数量和形状,依次画出这些投影面平行面的实形;对于一般位置平面,则分析其上一般位置直线两端点的投影位置进行连接。

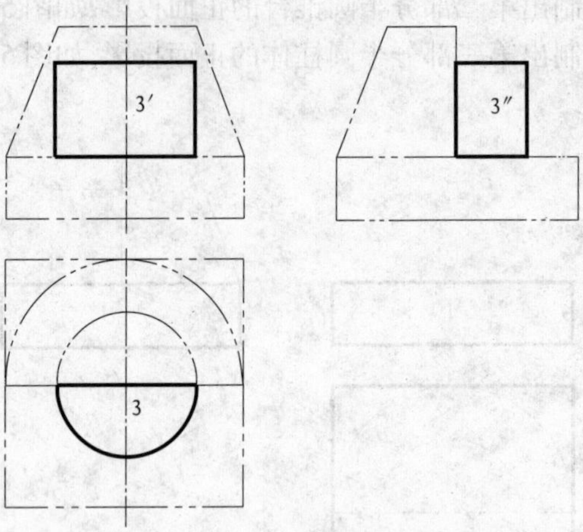

图 5-28　补画半圆柱的主视图

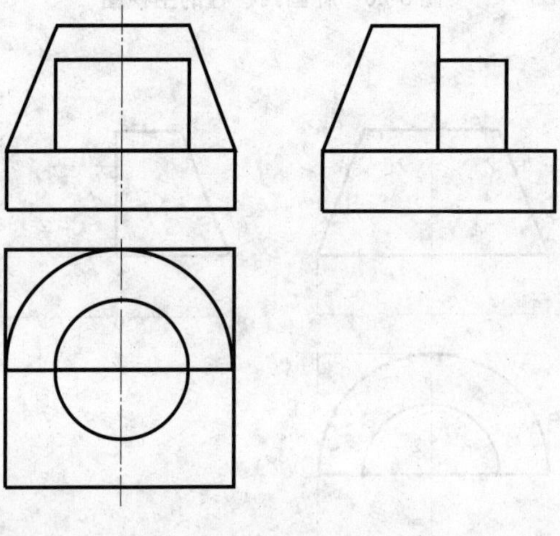

图 5-29　整理后的主视图

【例 5-5】　如图 5-30 所示,已知组合体的主、左两视图,补画其俯视图。

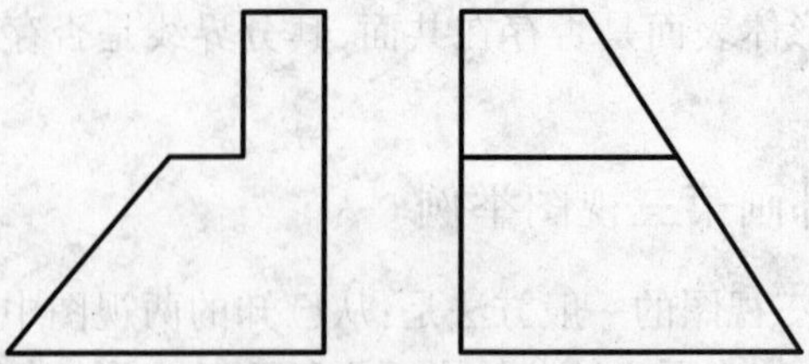

图 5-30　组合体的主、左两视图

分析作图:

(1)从已知的两视图看出，本例形体为平面切割体，在基本形体的左方和前方进行了多个面的切割。

(2)按线面分析法，形体上水平面共有三个，由于每个平面只对应一个长度和一个宽度，所以可以判断其形状均为矩形，根据矩形的长度和宽度依次画出每个水平面的实形，如图 5-31 所示。

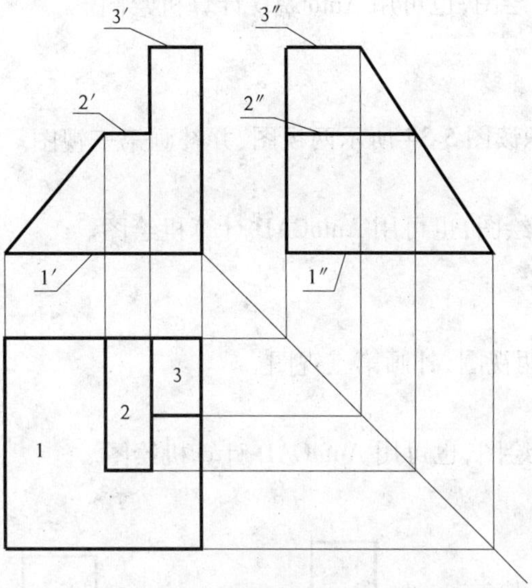

图 5-31　绘制水平面的俯视图

(3)在两视图中投影均倾斜的直线为一般位置直线，本例中 *AB* 直线为一般位置直线，判断出该直线的两端点位置，最后连接该直线，如图 5-32 所示。

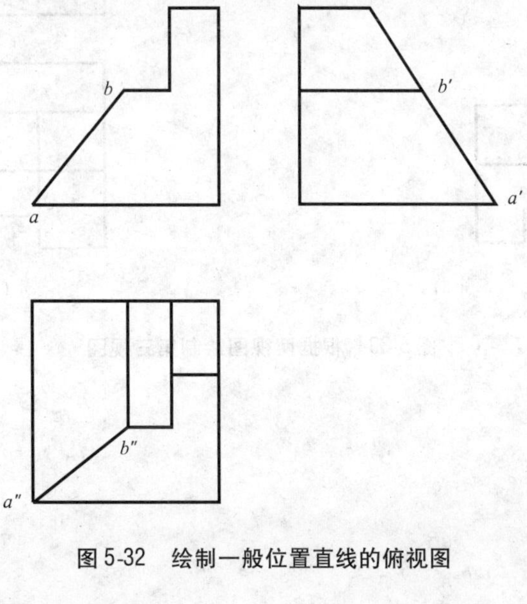

图 5-32　绘制一般位置直线的俯视图

三、实训任务与指导

(一)实训任务一

1. 实训任务

应用形体分析法识读图 5-33 所示两视图,补画第三视图。

2. 实训要求

可以铅笔 A4 图纸绘图,也可用 AutoCAD 计算机绘图。

(二)实训任务二

1. 实训任务

应用线面分析法识读图 5-34 所示两视图,并补画第三视图。

2. 实训要求

可以铅笔 A4 图纸绘图,也可用 AutoCAD 计算机绘图。

(三)实训任务三

1. 实训任务

识读图 5-35 所示两视图,补画第三视图。

2. 实训要求

可以铅笔 A4 图纸绘图,也可用 AutoCAD 计算机绘图。

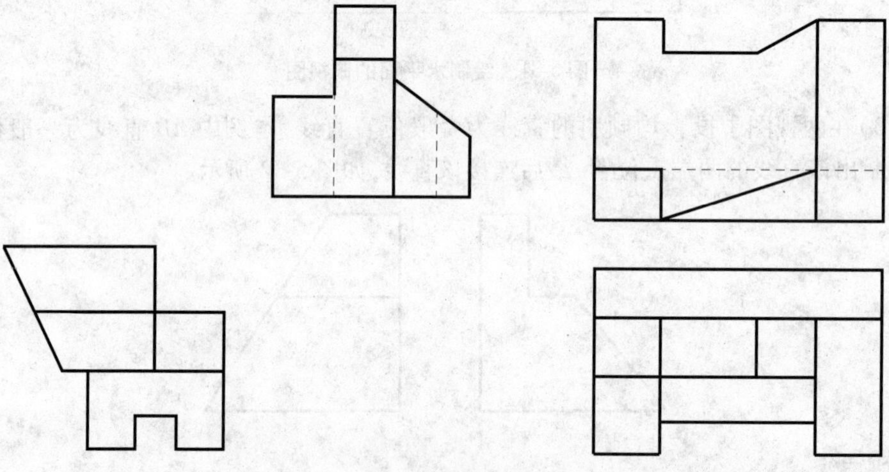

(a) (b)

图 5-33 根据两视图绘制第三视图

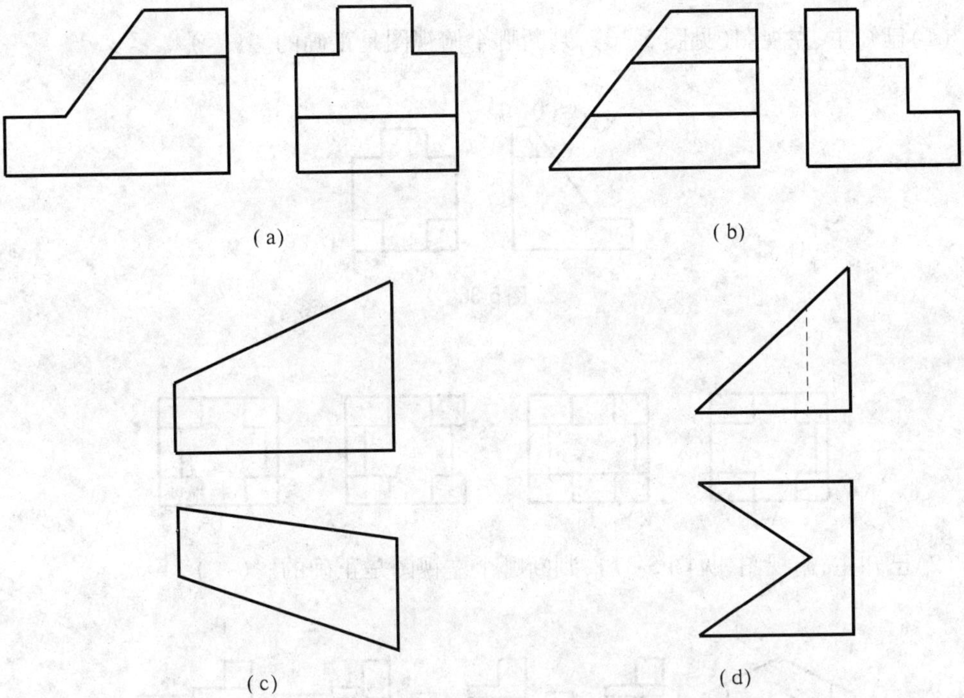

(a) (b) (c) (d)

图 5-34　根据两视图绘制第三视图

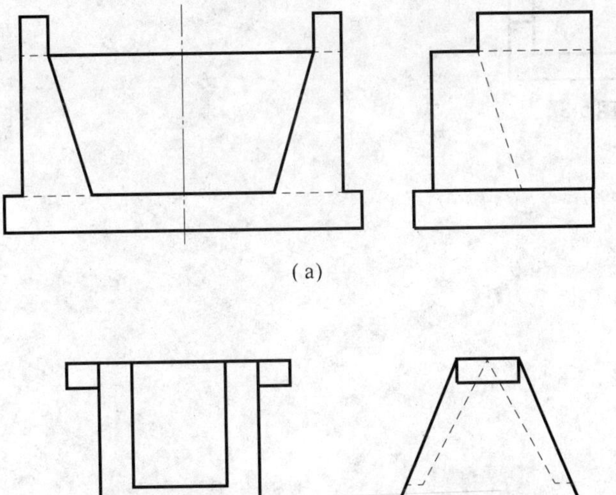

(a) (b)

图 5-35　根据主、左视图补画俯视图

四、课外拓展练习

(1)已知主、左视图(见图5-36),判断哪个俯视图是正确的。(　　)

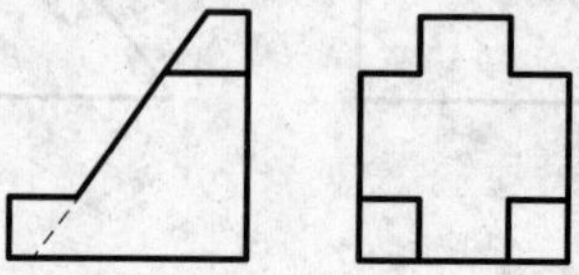

图5-36

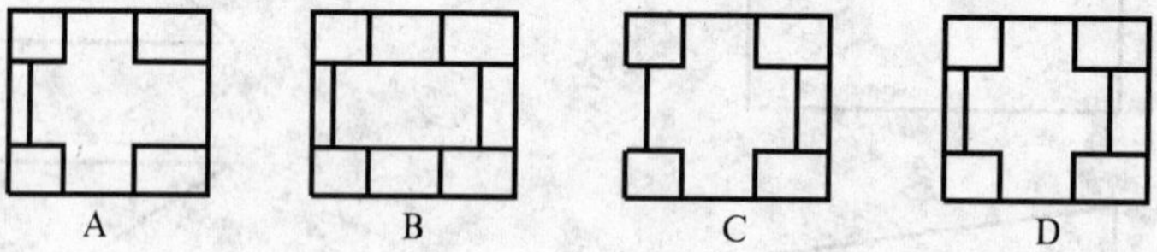

(2)已知主、俯视图(见图5-37),判断哪个左视图是正确的。(　　)

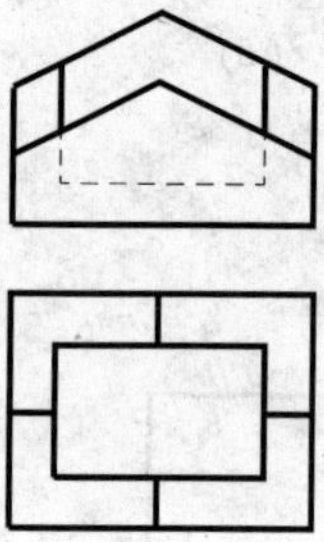

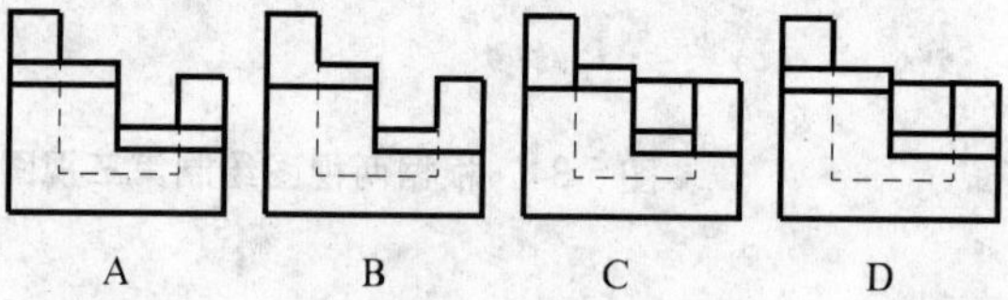

图5-37

项目六　工程形体图示表达

教学任务	教学目标	
	知识目标	技能目标
任务十六　基本视图和辅助视图表达	1. 掌握六个基本视图表达方法 2. 掌握向视图、局部视图、斜视图、镜像视图、展开视图等表达方法	1. 能够绘制和识读工程形体的六个基本视图 2. 能够绘制和识读工程形体的辅助视图
任务十七　剖面图表达	1. 掌握剖面图的概念和画法 2. 掌握剖面图的各种表达应用方法	1. 能够应用各种剖面图表达工程形体 2. 能够识读工程形体的剖面图
任务十八　断面图表达	1. 掌握断面图的概念 2. 掌握移出断面图和重合断面图的图示表达方法 3. 了解断面图与剖视图的区别	1. 能够应用断面图表达工程形体 2. 能够识读工程形体的断面图
任务十九　工程形体综合表达	掌握工程形体的各种绘图表达方法	1. 能够合理确定工程形体的图示表达方案 2. 能够绘制和识读工程图

任务十六　基本视图和辅助视图表达

一、基本视图

（一）基本视图的形成

制图标准规定用正六面体的六个面作为六个基本投影面，分别记作 H、V、W、H_1、V_1、W_1，将物体放在其中，分别向六个基本投影面投影，即得到物体的六个基本视图。六个基本视图的名称及投射方向如下：

正立面图：自前向后投射所得的投影图。

平面图：自上向下投射所得的投影图。

左侧立面图：自左向右投射所得的投影图。

底面图：自下向上投射所得的投影图。

右侧立面图：自右向左投射所得的投影图。

背立面图：自后向前投射所得的投影图。

六个基本投影面的展开方法如图 6-1 所示，正立投影面不动，其余各投影面按图示方向旋转至与正立投影面共面。展开后，六个基本视图的位置关系见图 6-2。正立面图应尽量反映物体的主要特征。绘图时六个基本视图根据具体情况选用，在完整清晰地表达物体特征的情况下，视图数量越少越好。

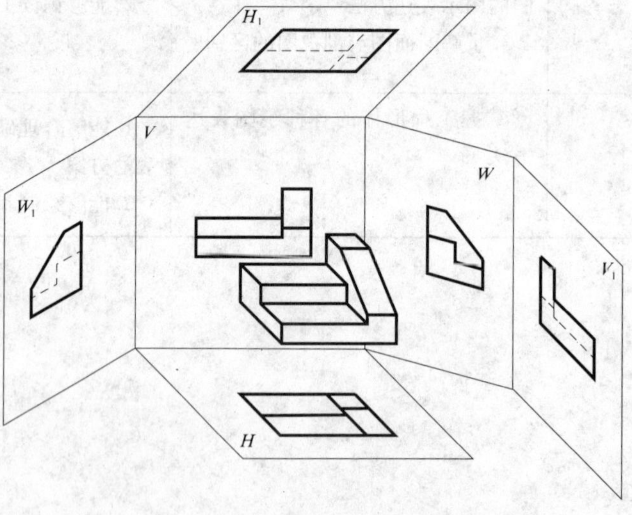

图 6-1　基本视图的展开

（二）视图配置

如果六个基本视图在一张图纸内，并且按图 6-2 位置排列时，一律不注视图名称。如果在一张图纸上绘制六个基本视图而不按规定位置排列，或六个视图画在不同的图纸上时，每个视图均应在下方标注图名，如图 6-3 所示。

对于房屋建筑图，由于图形大，受图幅限制，一般都不能画在一张图纸上，因此在工程实践中均需标注出各视图图名。

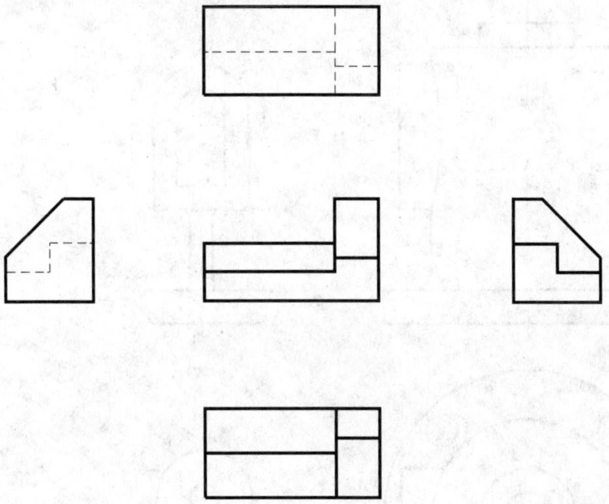

图 6-2　六个基本视图展开位置

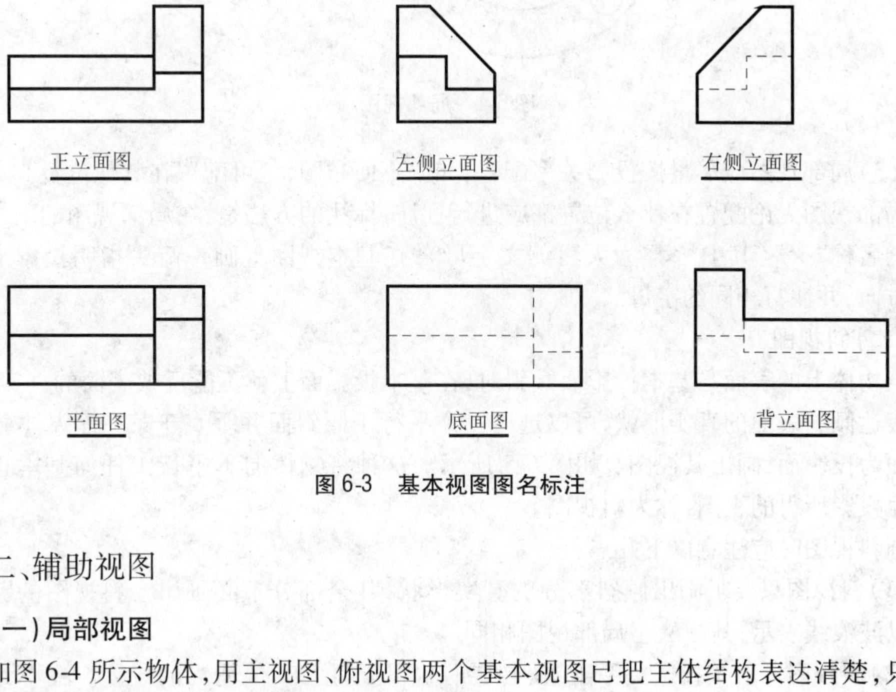

图 6-3　基本视图图名标注

二、辅助视图

(一)局部视图

如图 6-4 所示物体，用主视图、俯视图两个基本视图已把主体结构表达清楚，只有箭头所指的两处凸台的形状尚未表达清楚。若再画出左视图和右视图，则大部分重复，而如果如图 6-4 所示仅画出所需要表达的那一部分，则简洁明了。这种只将物体的某一部分向基本投影面投影所得的视图，称为局部视图。

画局部视图时应注意以下几点：

(1)局部视图只画出需要表达的局部形状，其范围可自行确定。

(2)局部视图的断裂边界用波浪线表示。但当所表达的局部结构是完整的且外轮廓线又成封闭时,波浪线可省略不画。注意:波浪线要画在工程形体的实体部分。

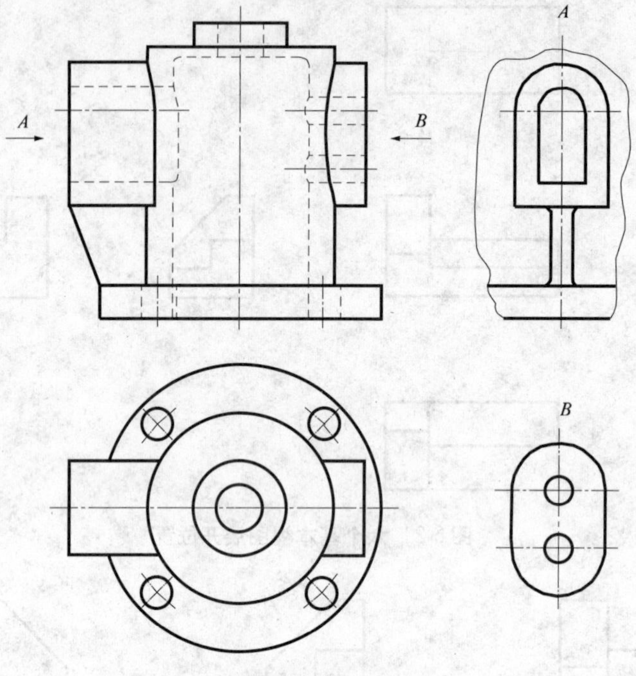

图 6-4　局部视图

(3)局部视图应尽量按投影关系配置,如果不便布图,也可配置在其他位置。

局部视图无论配置在什么位置都应进行标注,标注的方法是:在局部视图的下方标出视图的名称"×"(其中"×"为大写英文字母),在基本视图上画一箭头指明投影部位和投影方向,并注写相同的字母。

(二)斜视图

当物体上的表面与基本投影面倾斜时,在基本投影面上就不能反映表面的真实形状,为了表达倾斜表面的真实形状,可以选用一个平行于倾斜面并垂直于某一个基本投影面的平面为投影面,画出其视图,如图 6-5 所示。这种将物体向不平行于任何基本投影面的平面投影所得的视图,称为斜视图。

画斜视图时应注意以下几点:

(1)斜视图只要求画出倾斜部分的真实形状,其余部分不必画出。斜视图的断裂边界仍以波浪线表示,其画法与局部视图相同。

(2)斜视图一般按投影关系配置,必要时也可配置在其他适当的位置。在不致引起误解时,允许将图形转正。

(3)画斜视图时,必须进行标注。标注方法是:在斜视图的下方标出视图的名称"×"(其中"×"为大写英文字母),在基本视图上画一箭头指明投影部位和投影方向,并注写相同的字母,如图 6-5(a)所示。若将斜视图转正,标注时应在斜视图下方标注"A ⌒"字样,如图 6-5(b)所示。

应强调:在斜视图的标注中字母必须水平书写。

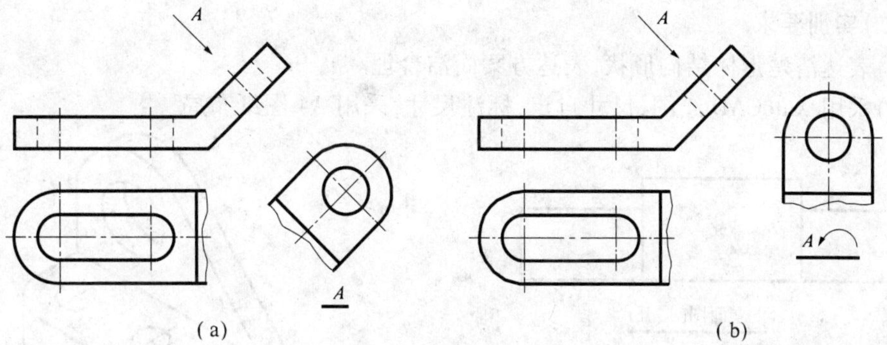

图 6-5　斜视图

（三）镜像视图

镜像视图是用镜面代替原有的投影面，形体在镜面中反射得到的图像。采用镜像投影法绘制的视图，应在图名后加注“镜像”二字，如图 6-6 所示。在房屋建筑图中，常用镜像平面图来表示室内顶棚装修的布置情况等。

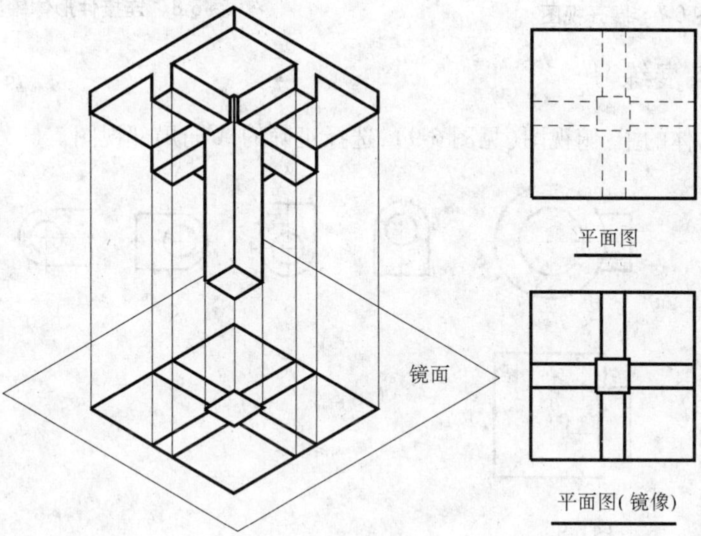

图 6-6　镜像视图

（四）展开视图

在房屋建筑中，经常会出现立面的某部分与基本投影面不平行，如圆形、折线形及曲线形等。画立面图时，可将该部分展开至与基本投影面平行，再按正投影法绘制，并在图名后加注“展开”二字。

图 6-7 所示房屋模型的立面图，就是将房屋两侧展开至平行于正立投影面后得到的视图，图中省略了旋转方向等的标注。

三、实训任务与要求

（一）实训任务

应用合理的表达方案，绘图表达图 6-8 所示的工程形体。

(二)实训要求

(1)表达清楚形体结构形状,表达方案简洁合理。

(2)采用 AutoCAD 绘图,尺寸自定,标注尺寸,采用 A4 图纸布局。

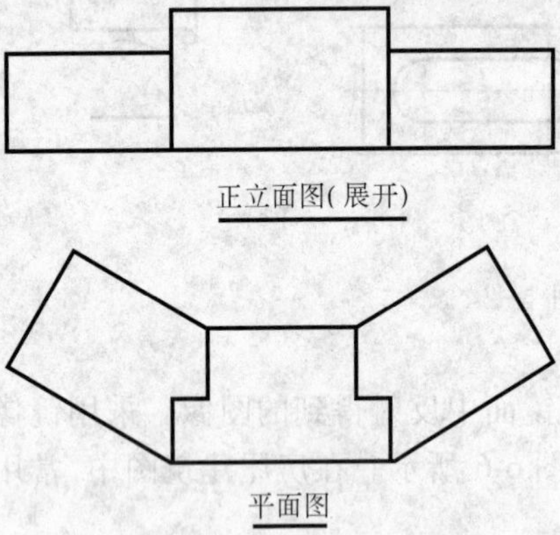

图 6-7 展开视图

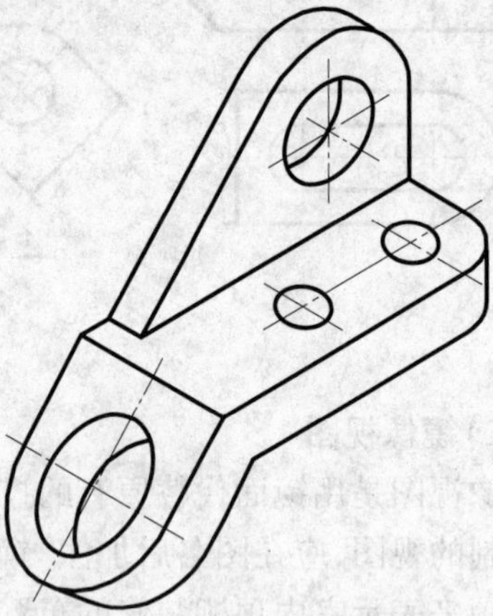

图 6-8 连接件形体轴测图

四、课外拓展练习

(1)已知物体的主、俯视图(见图 6-9),选择正确的 A 向局部视图。( )

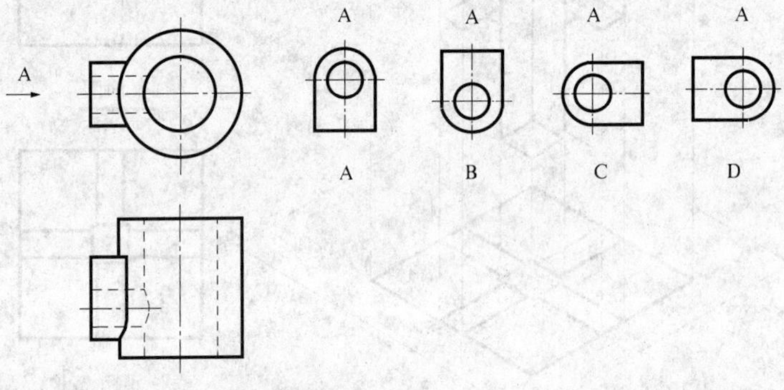

图 6-9

(2)已知物体的主、俯视图(见图 6-10),选择画法正确的 A 向斜视图。( )

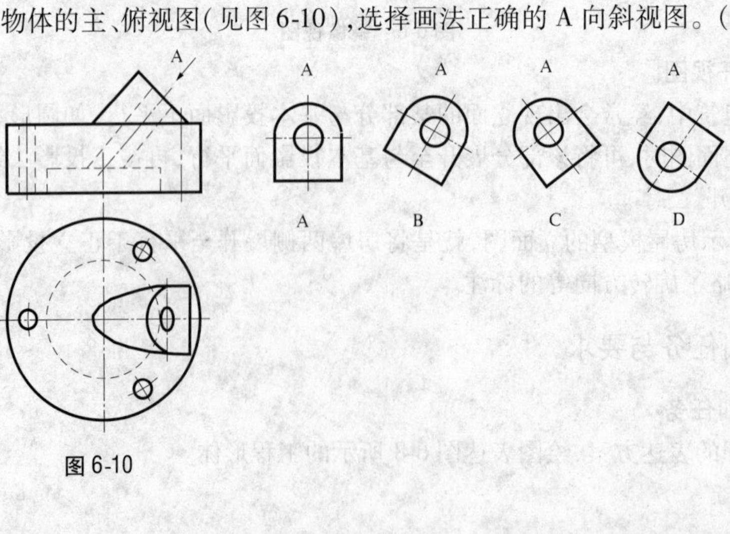

图 6-10

(3)已知物体的主、俯视图(见图6-11),选择正确的A向视图。(　　)

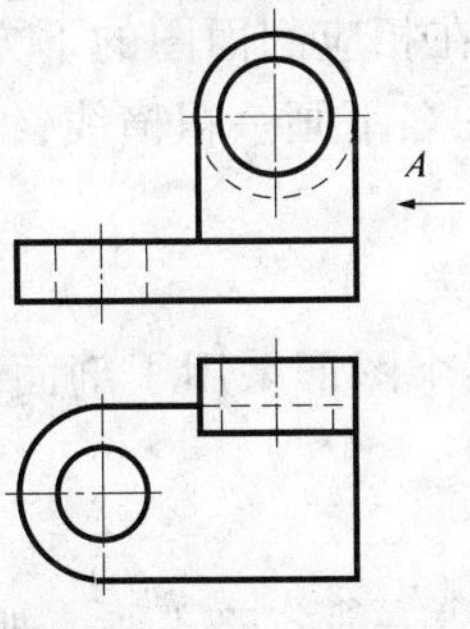

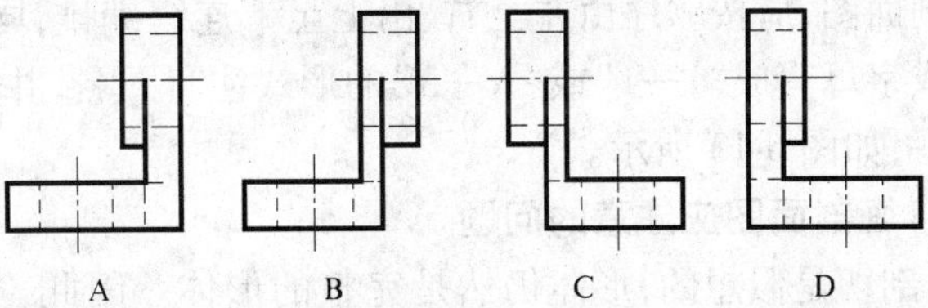

图6-11

任务十七　剖面图表达

一、剖面图的画法

(一)剖面图的画法

假想用剖切面剖开物体,把剖切面和观察者之间的部分移去,将剩余部分向投影面进行投影,同时在剖切平面剖切到的实体部分画上相应的材料图例符号,这样画出的图形称为剖面图,如图6-12所示。

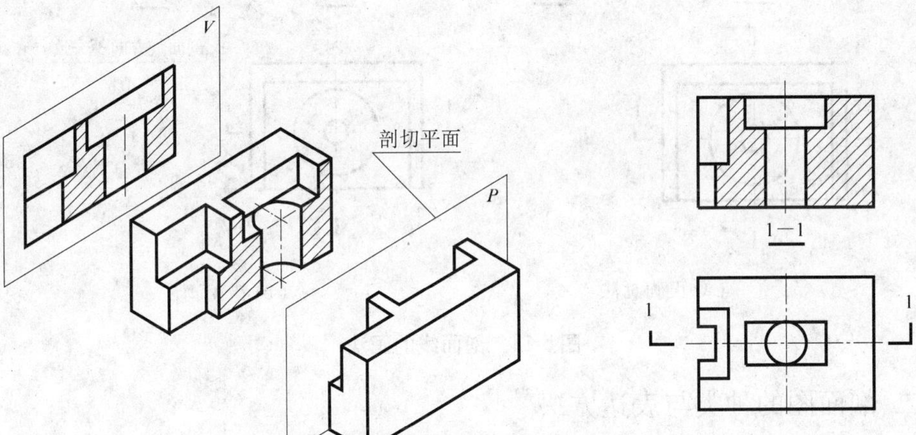

图6-12　剖面图的形成

(二)剖面图的标注

为了便于阅读,查找剖面图与其他图样间的对应关系以及表达剖切情况,剖面图应进行标注。标注应包括以下内容。

(1)剖切位置和投影方向。

剖切位置线用两小段与图形不相交的粗实线表示,每段长度为6~10 mm;投影方向线表明剖切后的投影方向,它与剖切位置线垂直,长度为4~6 mm。

(2)剖面图的名称。

在投影方向线的端部用相同的阿拉伯数字或大写拉丁字母对剖切位置加以编号,若有多个剖面图,应按顺序由左至右、由上至下连续编排,同时在相应剖面图的下方用相同的数字或字母写成“1—1”或“A—A”的形式注写图名,并在图名下画一粗横线,编号一律水平书写,如图 6-13 所示。

(三)画剖面图应注意的问题

(1)剖切是假想的,形体仍然是完整的形体。因此,当某个图形采用了剖面图后,其他图形仍应按完整物体来画,如图 6-12 中的俯视图。

(2)合理地省略虚线。

当配合其他视图能够表达清楚时,剖面图中不可见的虚线一般省略不画。如图 6-13(a)的主、左视图中均省略了一段虚线。

(3)不要漏线。

剖面图不仅应该画出与剖切面接触的断面形状,而且要画出剖切面后的可见轮廓线。

(4)正确绘制材料图例符号。

在剖面图上画剖面材料符号时,应注意同一物体各剖面图上的材料符号要一致,即斜线方向一致、间距相等。正确与错误画法如图 6-13(b)所示。

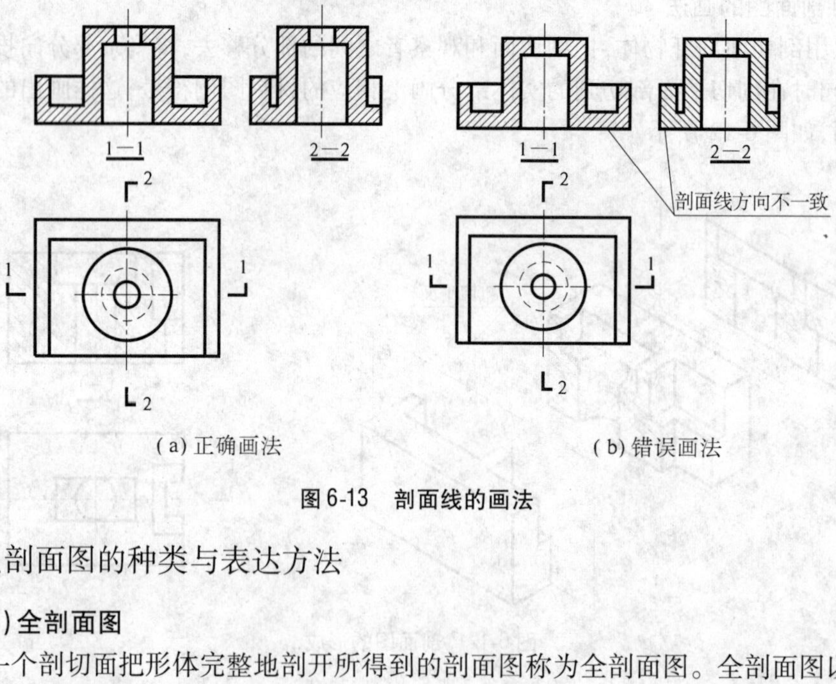

(a)正确画法　　　　(b)错误画法

图 6-13　剖面线的画法

二、剖面图的种类与表达方法

(一)全剖面图

用一个剖切面把形体完整地剖开所得到的剖面图称为全剖面图。全剖面图以表达内部结构为主。常用于外部形状较简单的不对称形体,图 6-11 和图 6-13 所示图形均为全剖面图。

(二)半剖面图

对于对称的形体,在垂直于对称平面的投影面上的投影,可以对称中心线为分界线,一半画成剖面图表达内部结构,另一半画成视图表达外部形状,这种图形称为半剖面图,如图 6-14 所示。

半剖面图既表达了形体的外形，又表达了其内部结构，它适用于内外形状都较复杂的对称形体。

半剖面图的画图方法与全剖面图相同，只是画一半即可，另一半画外形轮廓线，虚线一般省略。

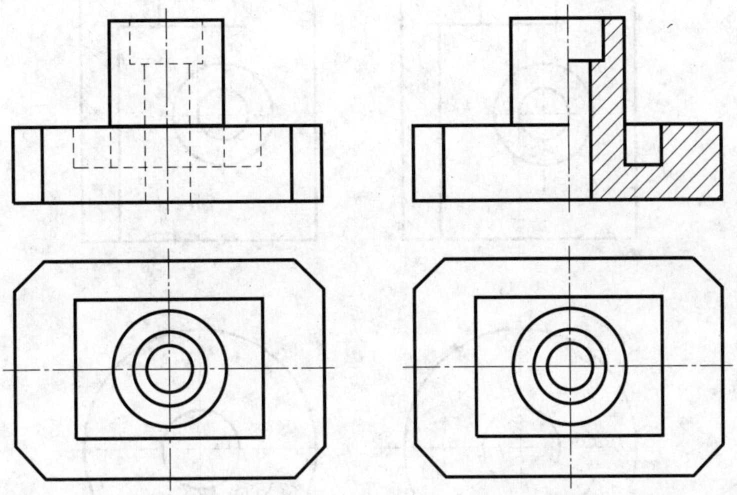

(a) 视图　　(b) 半剖面图

图 6-14　半剖面图画法

画半剖面图应注意：

(1) 半个剖面图与半个视图之间的分界线必须是细点画线，不能用其他任何图线代替。

(2) 半个剖面图习惯上一般画在竖直中心线右侧、水平中心线下方。

(3) 当对称物体的对称平面上有结构轮廓线时，不能画成半剖面图，如图 6-15 所示。

(4) 半剖面图的标注方法同全剖面图。

(三) 局部剖面图

用剖切平面局部剖开形体后所得的剖面图称为局部剖面图，如图 6-16 所示。局部剖面图常用于外部形状比较复杂，又需要表达局部内部形状的形体。

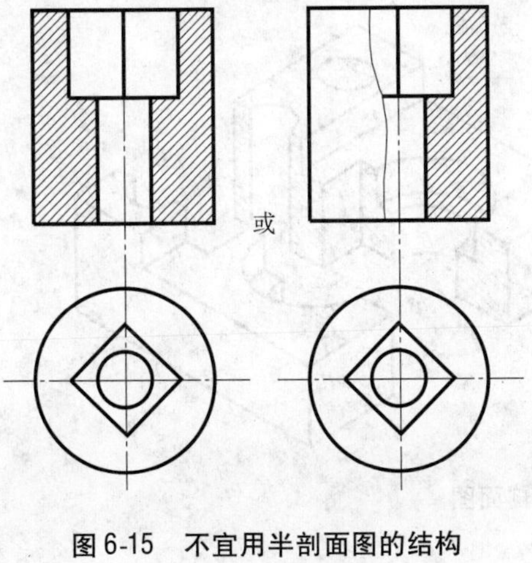

图 6-15　不宜用半剖面图的结构

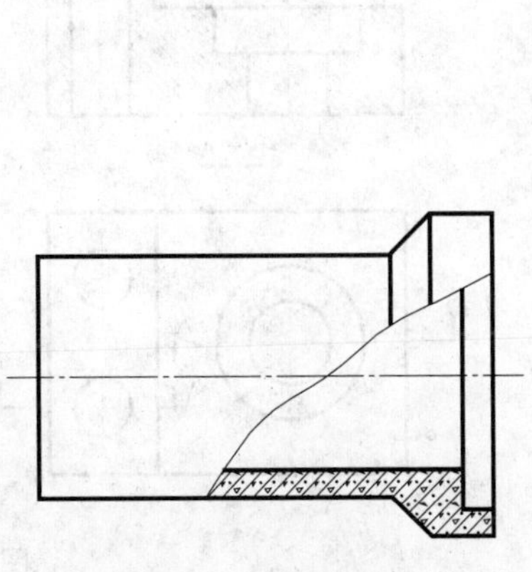

图 6-16　局部剖面图

局部剖面图通常画在视图内,并以波浪线与视图分界。波浪线可以理解为物体上断裂边界线的投影,因此波浪线应画在物体的实体处,不得与轮廓线重合,也不得超出物体的轮廓线。关于局部剖面图中波浪线的正确与错误画法如图 6-17 所示。

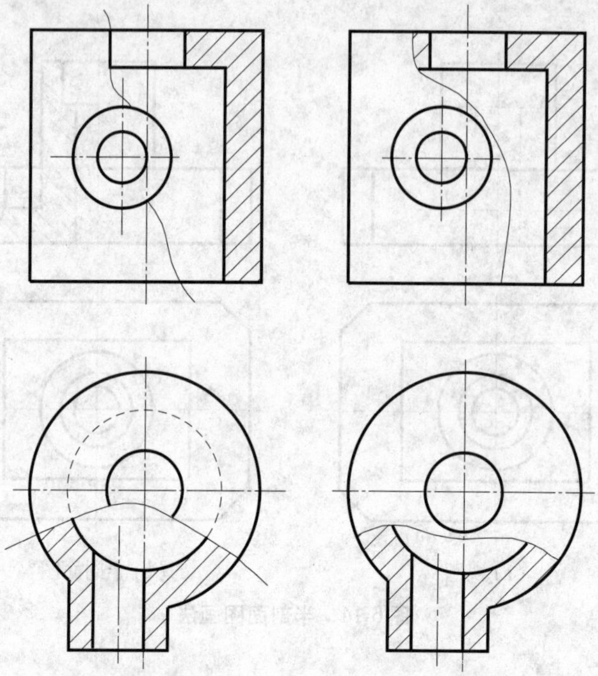

(a) 波浪线错误　　(b) 波浪线正确

图 6-17　局部剖面图中波浪线的正确与错误画法

(四) 阶梯剖面图

用两个或两个以上互相平行的剖切面剖切形体得到的全剖面图称为阶梯剖面图。

当形体内部结构层次较多,用一个剖切面不能同时剖切到所要表达的几处内部构造且它们又处于互相平行的位置时,常采用阶梯剖面图,如图 6-18 所示。

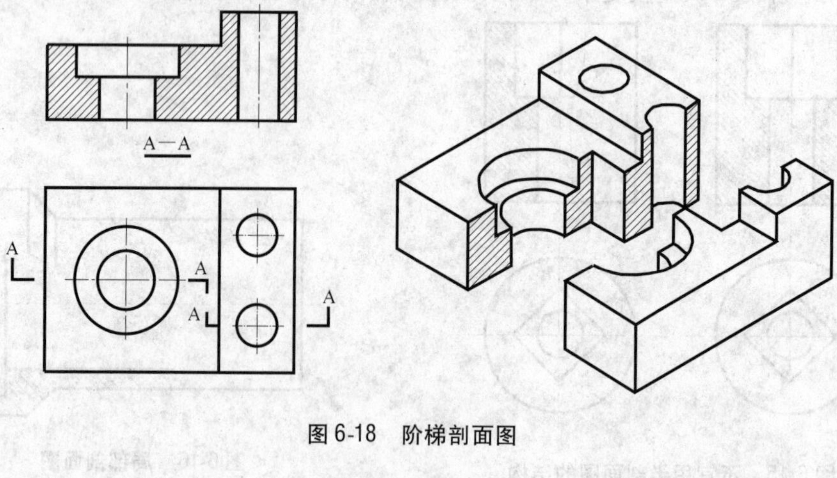

图 6-18　阶梯剖面图

画阶梯剖面图时应注意：

(1)在剖切面的开始、转折和终了处，都要画出剖切符号并注上同一编号，如图6-18所示。

(2)剖切是假想的，在剖面图中不能画出剖切平面转折处的分界线，转折处也不应与形体的轮廓线重合。正确和错误对照如图6-19所示。

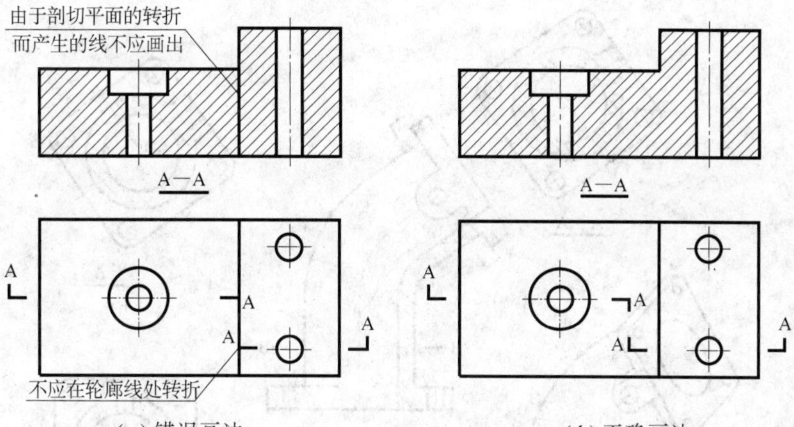

(a)错误画法　　(b)正确画法

图6-19　阶梯剖面图的正确与错误画法

(五)旋转剖面图

用两个相交的剖切平面(交线垂直于某一投影面)剖开形体，并将倾斜于投影面的断面及其有关部分绕剖切面的交线旋转到平行于投影面的位置，然后向该投影面作投影得到的剖面图，称为旋转剖面图，如图6-20所示。

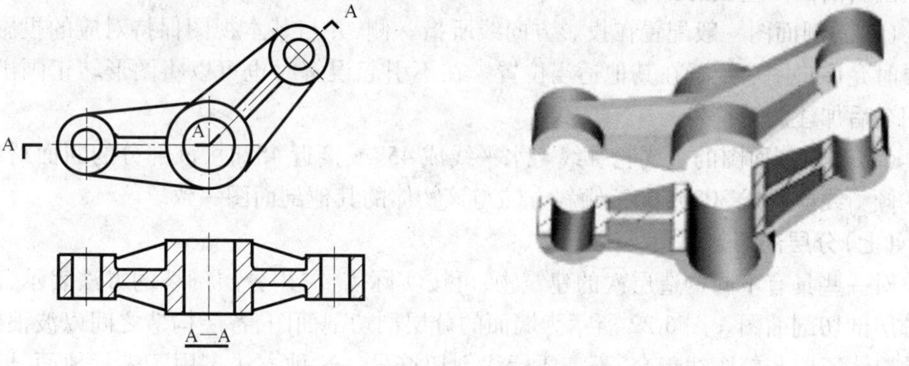

图6-20　旋转剖面图

旋转剖面图常用于内部形状用一个剖切平面剖切不能表达完全，并且具有回转轴的形体。

画旋转剖面图时应注意：

(1)旋转剖面图的标注与阶梯剖面图基本相同。

(2)不可画出两剖切平面相交处的分界线并在两剖切平面相交处标注与剖切符号相

同的编号。

(3)当剖切后产生不完整要素时,应将次要部分按不剖绘制。

(六)斜剖面图

用一个垂直于某一投影面但倾斜于另一投影面的剖切面剖开形体所得的全剖面图称为斜剖面图,如图 6-21 所示。

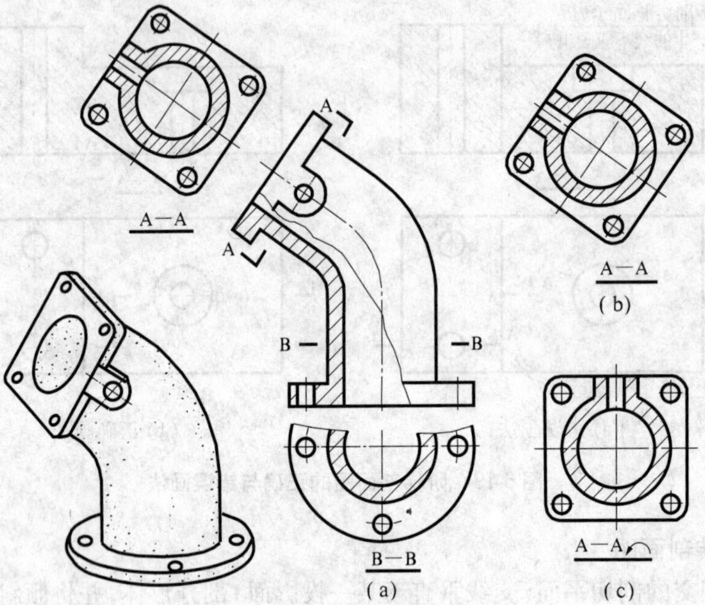

图 6-21 斜剖面图

画斜剖面图应注意:

(1)斜剖面图一般配置在投影方向线所指一侧,并与基本视图保持对应的投影关系。必要时允许将图形配置在其他适当位置。在不引起误解时也可以将图形转正画出,但要在图名后加注旋转符号。

(2)当斜剖面图的主要轮廓线与水平线成 45°或接近 45°时,该部分的断面材料符号中的倾斜线应画成 30°或 60°,倾斜方向与该物体的其他剖面图一致。

(七)分层剖切剖面图

对一些具有不同构造层次的建筑物,可按实际需要,用分层剖切的方法表示,从而获得分层剖切剖面图。图 6-22 所示为墙面的分层剖切剖面图,各层构造之间以波浪线为界且波浪线不应与轮廓线重合,不需要标注剖切符号。这种方法多用于表示地面、墙面、屋面等构造。

三、剖面图的尺寸标注

在剖面图上标注尺寸的原则和方法与组合体视图的尺寸标注相同。但在剖面图上标注尺寸特别要注意清晰和整齐。为了看图方便,应尽量把外形尺寸和内部结构的尺寸分开标注,以免混淆不清。

在半剖面图和局部剖面图中,由于省略了虚线,因此某些内部结构只有一边边界,注写尺寸时只能画出一边的尺寸界线和箭头，此时尺寸线要稍微超过对称中心线，但尺寸数字应注写整个结构的尺寸，如图 6-23 所示。

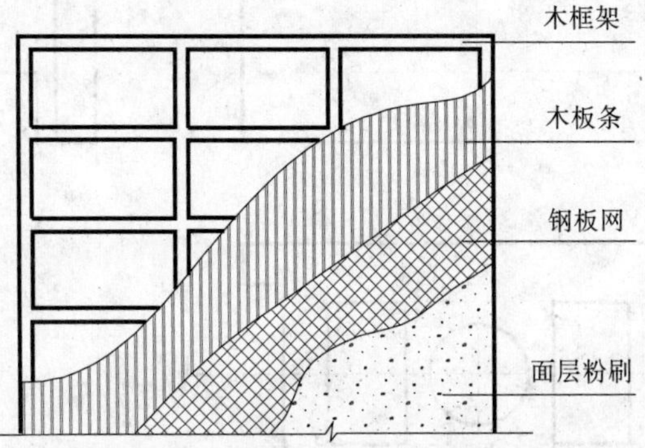

图 6-22 墙面的分层剖切剖面图

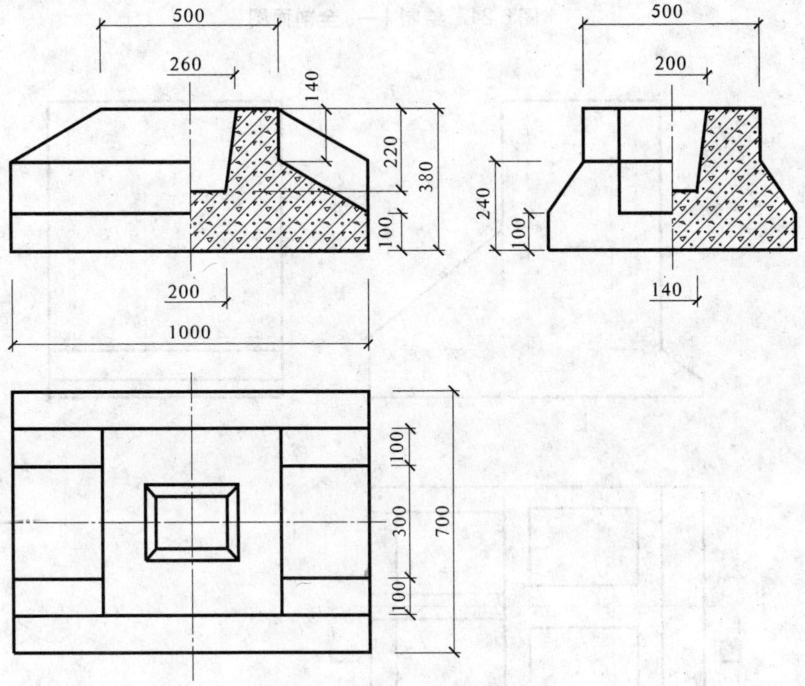

图 6-23 剖面图的尺寸标注

四、实训任务与要求

（一）实训任务一

1. 实训任务

识读图 6-24 和图 6-25 所示视图，画出指定位置的全剖面图。

2. 实训要求

（1）剖面图表达和标注正确。

（2）采用 AutoCAD 绘图，尺寸自定，不标注尺寸。

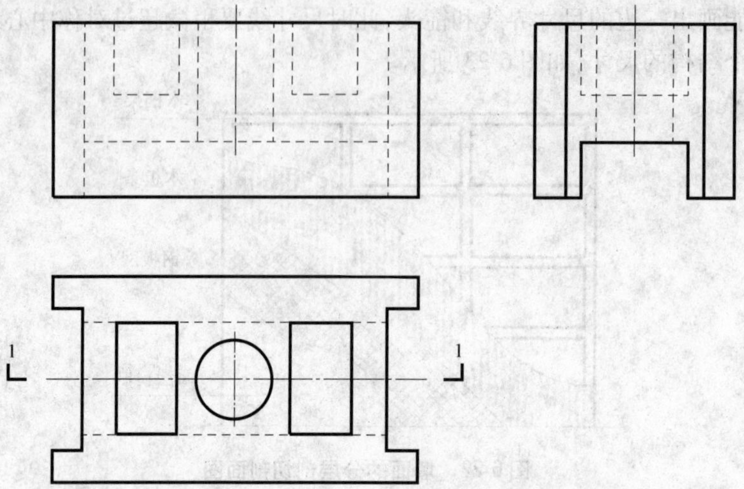

图 6-24　绘制 1—1 全剖面图

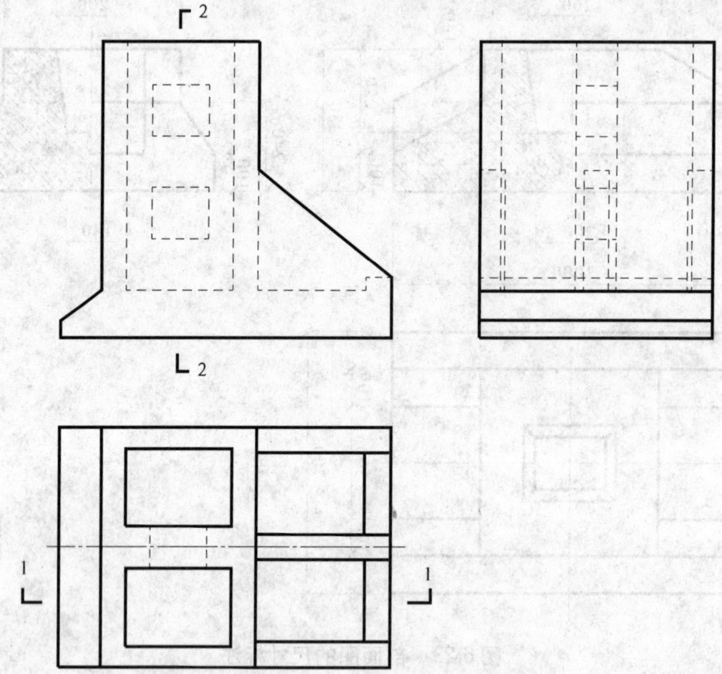

图 6-25　绘制 1—1、2—2 全剖面图

（二）实训任务二

1. 实训任务

读懂图 6-26 和图 6-27 所示视图，绘制指定位置的阶梯剖面图。

2. 实训要求

（1）剖面图表达和标注正确。

（2）采用 AutoCAD 绘图，尺寸自定，不标注尺寸。

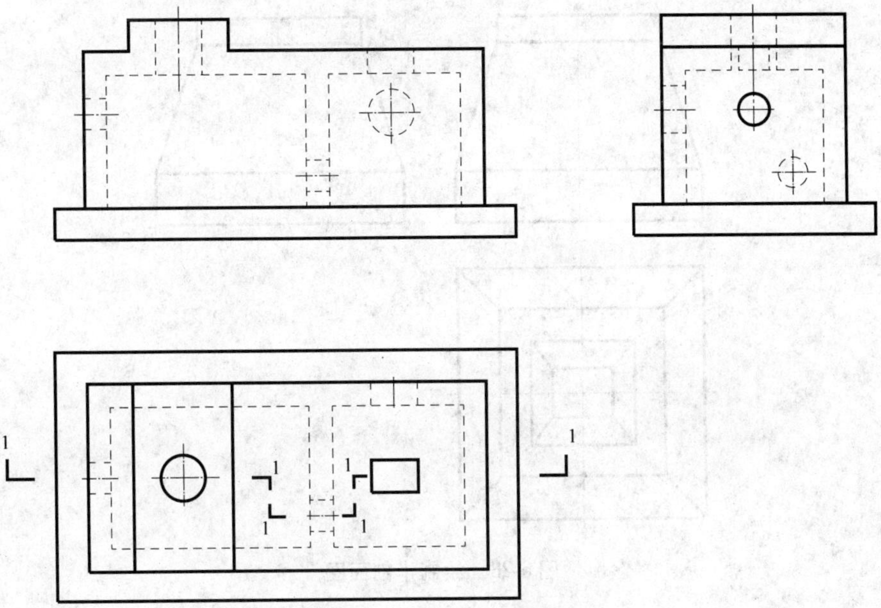

图 6-26　绘制 1—1 阶梯剖面图

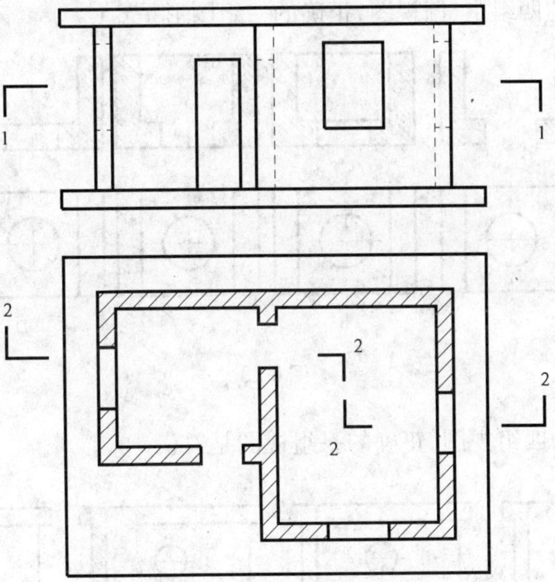

图 6-27　绘制 2—2 阶梯剖面图

(三)实训任务三

1. 实训任务

读懂图 6-28 所示视图,将主、左视图改画为半剖面图。

2. 实训要求

(1)半剖面图表达和标注正确。

(2)采用 AutoCAD 绘图,尺寸自定,不标注尺寸。

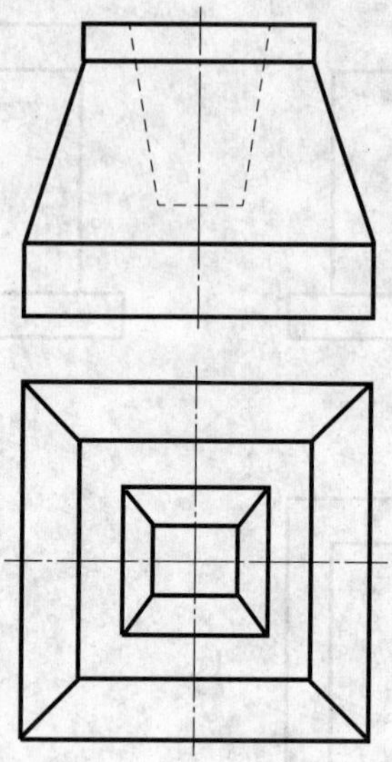

图 6-28　绘制半剖面图

五、课外拓展练习

(1)图 6-29 中的四组主、俯视图,正确的一组图形是?(　)

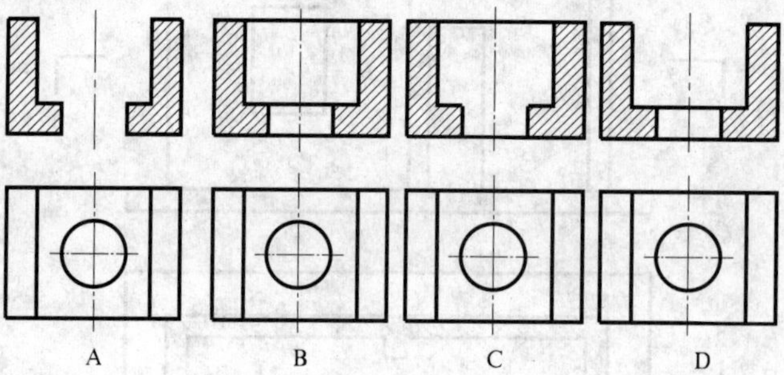

图 6-29

(2)图 6-30 中的四组视图,正确的一组视图是?(　)

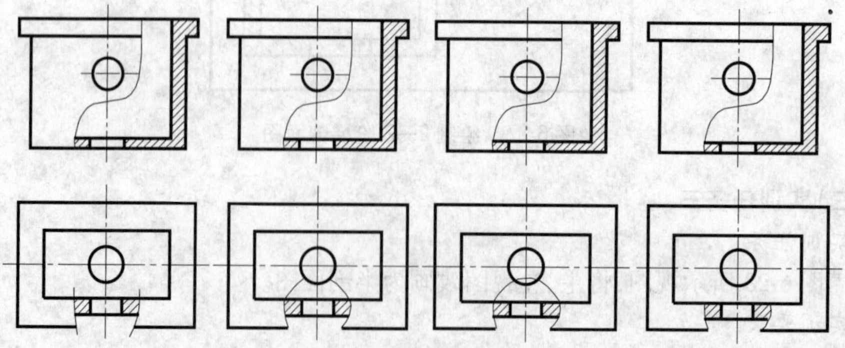

图 6-30

(3)图 6-31 中的四组视图,正确的一组视图是?(   )

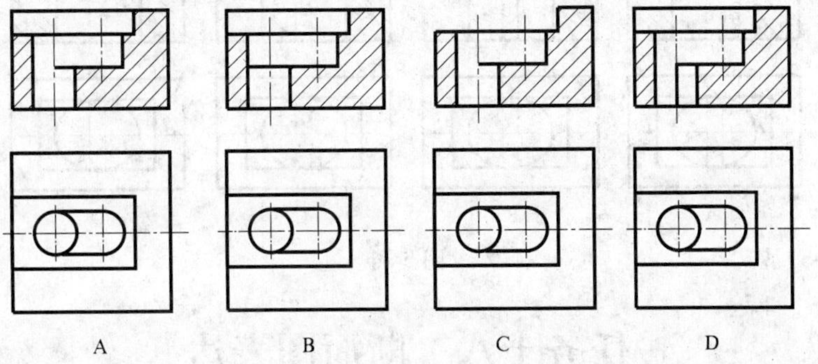

图 6-31

(4)图 6-32 中的四组视图,正确的一组视图是?(   )

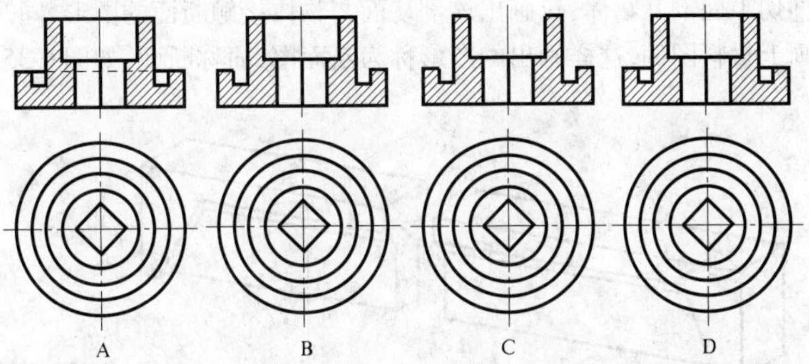

图 6-32

(5)图 6-33 中的四组视图,正确的一组视图是?(   )

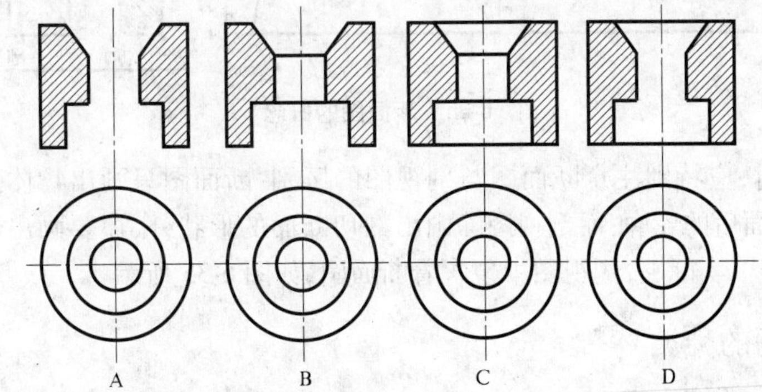

图 6-33

(6)图 6-34 中的四组视图,正确的一组视图是?(   )

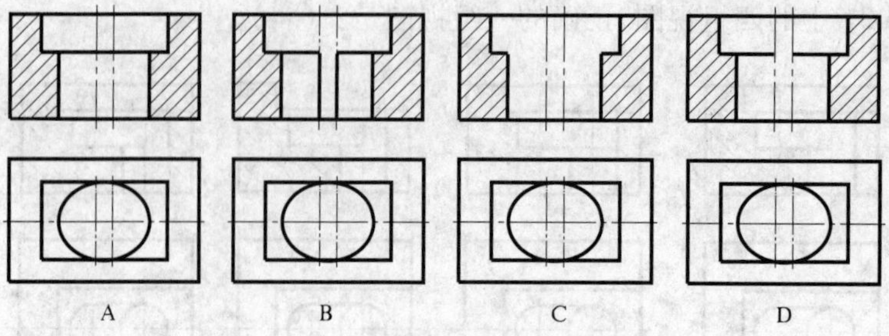

图 6-34

任务十八　断面图表达

一、断面图的画法

用假想剖切平面剖开物体,仅画出该剖切面与物体接触断面的图形,同时在剖切断面的实体部分画上材料图例,这样画出的图形称为断面图,简称断面,如图 6-35 所示。

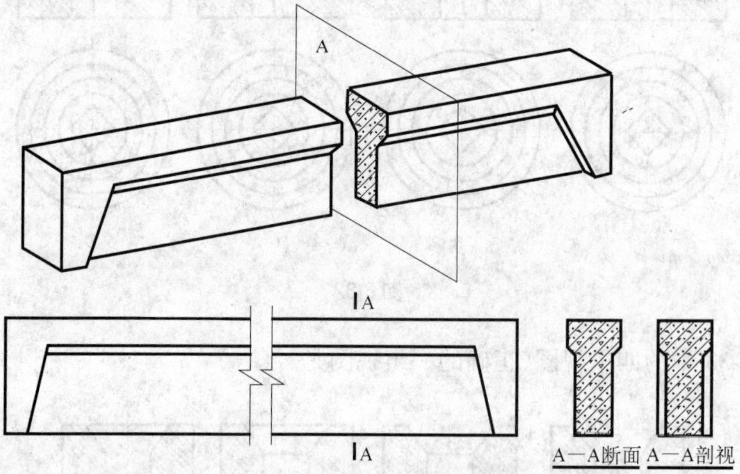

图 6-35　断面图的概念

画断面图时,应特别注意断面图与剖视图的区别:断面图只画出物体剖切断面的形状,不包括剖切面后的轮廓;而剖视图除画出剖切断面的形状外,还要画出剖切平面后的其他可见轮廓线。实际上,剖视图中包含着断面图,如图 6-35 所示。

二、断面图的种类

根据断面图与视图配置位置的不同,可分为移出断面图和重合断面图。

(一)移出断面图

画在视图以外的断面图,称为移出断面图,如图 6-36 所示。

画移出断面图时应注意以下几点:

(1)移出断面的轮廓线用粗实线绘制。

(2)移出断面一般配置在剖切位置线的延长线上，图形对称时也可放在视图中断处或其他适当位置。

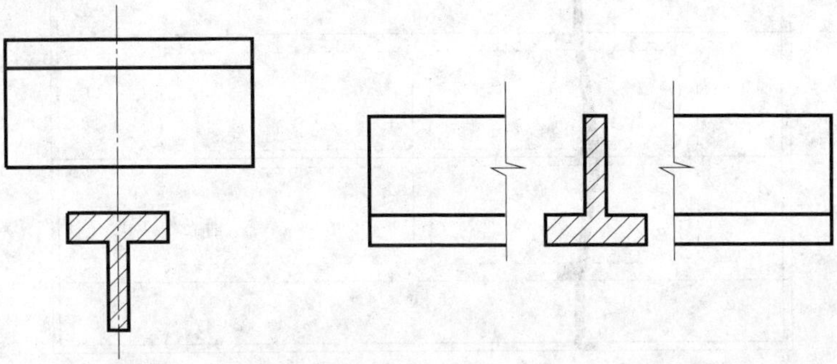

图 6-36　移出断面图

(3)剖切平面应与形体的主要轮廓线垂直，由两个或多个相交平面剖切得到的移出断面图，中间一般应断开，如图 6-37 所示。

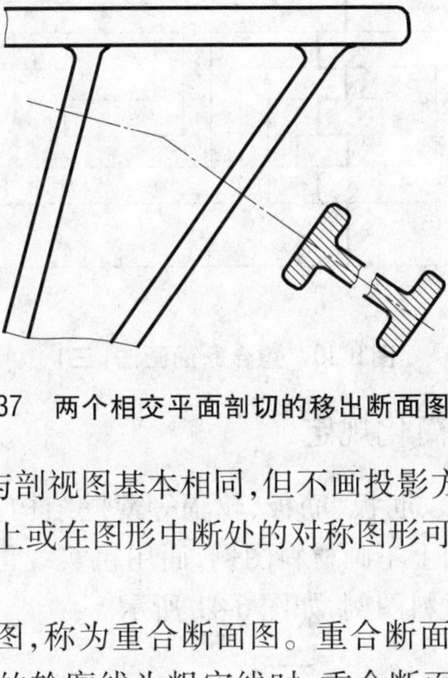

图 6-37　两个相交平面剖切的移出断面图画法

(4)移出断面图的标注与剖视图基本相同，但不画投影方向线，而用剖切编号的注写位置表示。画在剖切延长线上或在图形中断处的对称图形可不标注。

(二)重合断面图

直接画在视图内的断面图，称为重合断面图。重合断面图是将断面旋转 90°后画在剖切处与视图重合。当视图的轮廓线为粗实线时，重合断面的轮廓线用细实线画出，如图 6-38所示；当视图的轮廓线为细实线时，重合断面的轮廓线用粗实线画出。当视图中轮廓线与重合断面轮廓线重合时，视图中的轮廓线仍应连续画出，不可间断。

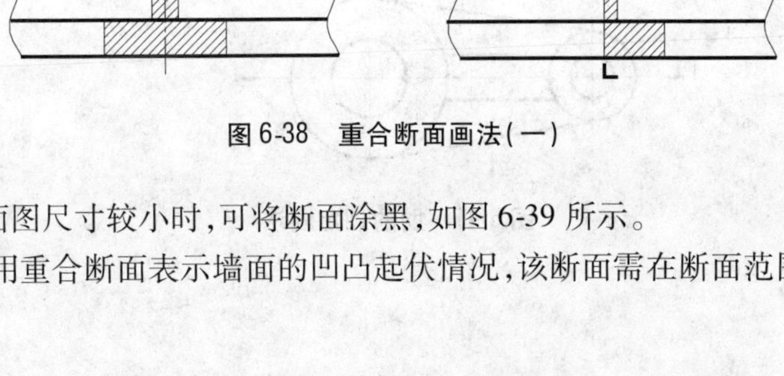

图 6-38　重合断面画法(一)

当重合断面图尺寸较小时，可将断面涂黑，如图 6-39 所示。

图 6-40 是用重合断面表示墙面的凹凸起伏情况，该断面需在断面范围内沿轮廓线边

缘画 45°细剖面线。

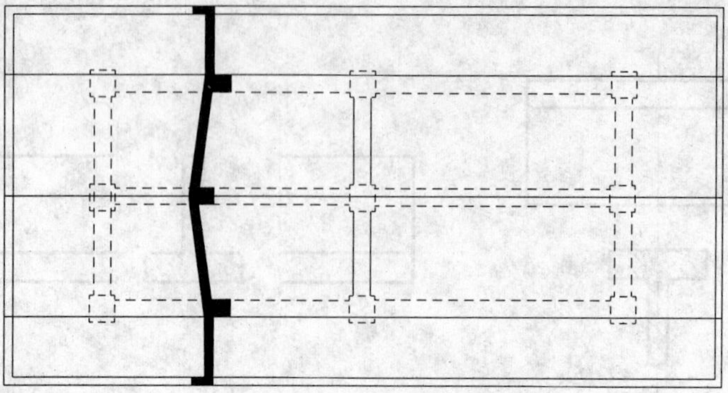

图 6-39　重合断面画法(二)

图 6-40　重合断面画法(三)

三、剖面图和断面图简化规定

(1)对于构件上的支撑板、肋板、筋板、轮辐等薄壁结构及实心的杆、轴、梁、柱等，若沿其厚度剖切，则其剖切断面上不画材料图例，而用粗实线将其与周围分开；若垂直于厚度剖切，则在剖切断面上画材料图例，如图 6-41 所示。

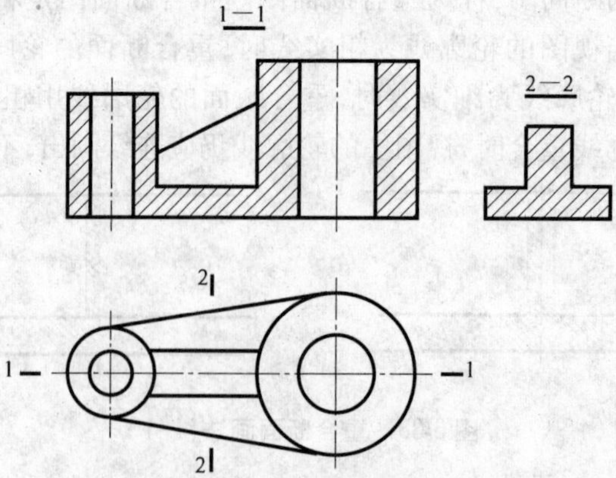

图 6-41　肋的规定画法

(2)对于回转体上均匀分布的肋、轮辐、孔等结构，画剖视图时不对称可按对称画出，不论是否剖切到均可按剖切到画出，如图 6-42 所示。

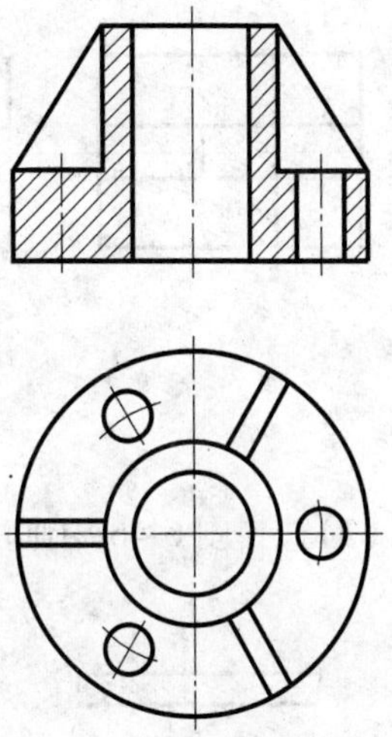

图 6-42　均布孔和肋的简化画法

四、实训任务与要求

(一)实训任务

(1)识读图 6-43 所示主、左视图，画出 1—1、2—2 断面图。

(2)识读图 6-44 所示主、俯视图，画出 1—1、2—2、3—3 断面图。

(二)实训要求

(1)断面图表达和标注正确。

(2)采用 AutoCAD 绘图，尺寸自定，不标注尺寸。

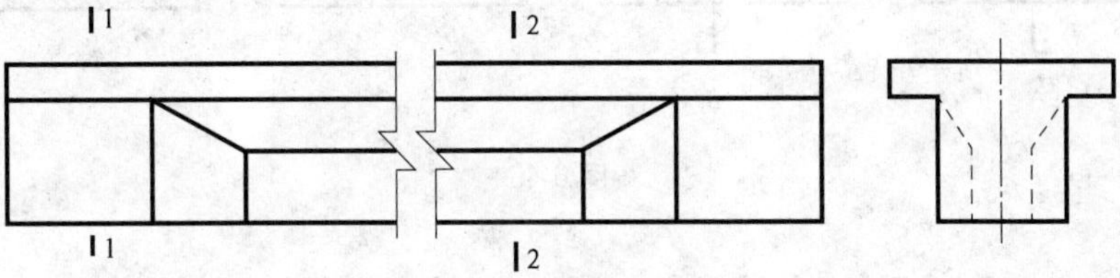

图 6-43　梁的主、左视图

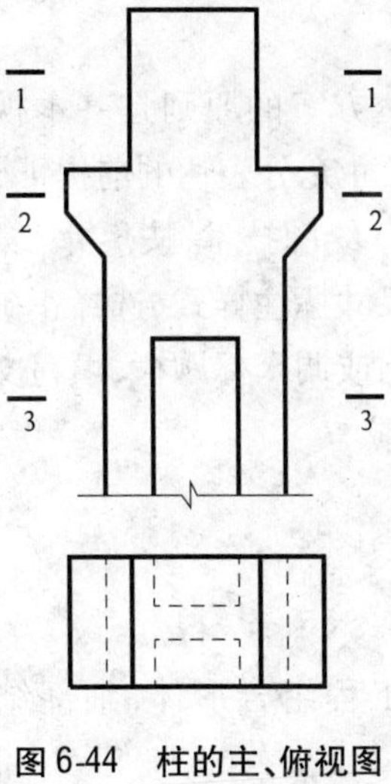

图 6-44　柱的主、俯视图

五、课外拓展练习

(1)选择图 6-45 中画法正确的重合断面图。(　　)

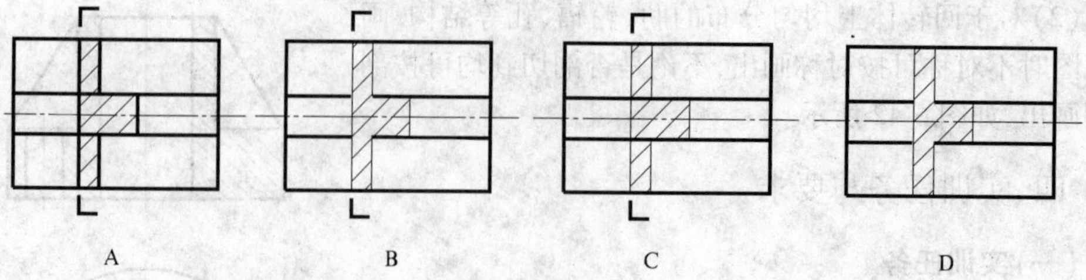

图 6-45

(2)选择图 6-46 中画法正确的重合断面图。( )

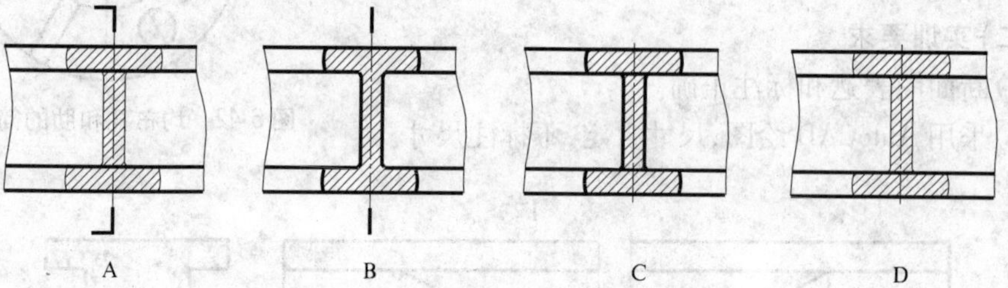

图 6-46

任务十九　工程形体综合表达

一、工程形体的绘图步骤

(1)确定表达方案。确定表达方案的原则是基本视图、辅助视图、剖面图、断面图互相配合,在工程形体结构形状和尺寸充分表达的前提下,图形配置清晰、简明。

(2)绘制图形。应用 AutoCAD 绘图技术,按尺寸 1:1 绘制图形。

(3)标注尺寸。设置正确的尺寸标注样式,选择正确的尺寸基准标注尺寸。

(4)设置图框和标题栏。绘制或调入标题栏,填写文字。

(5)保存和打印图纸。

二、实训任务与要求

(一)实训任务

绘图整体表达图 6-47 所示工程组合形体,细部结构和尺寸参照图 6-48、图 6-49、图 6-50所示局部轴测图。

(二)实训要求

(1)根据轴测图确定合理的工程图表达方案,用 AutoCAD 绘图,正确标注尺寸。

(2)布局清晰,A3 图纸打印。

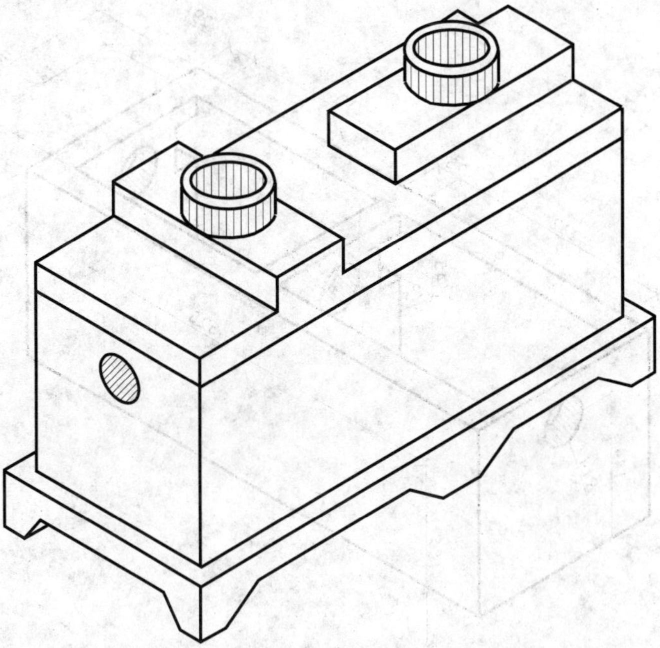

图 6-47　化污池整体轴测图

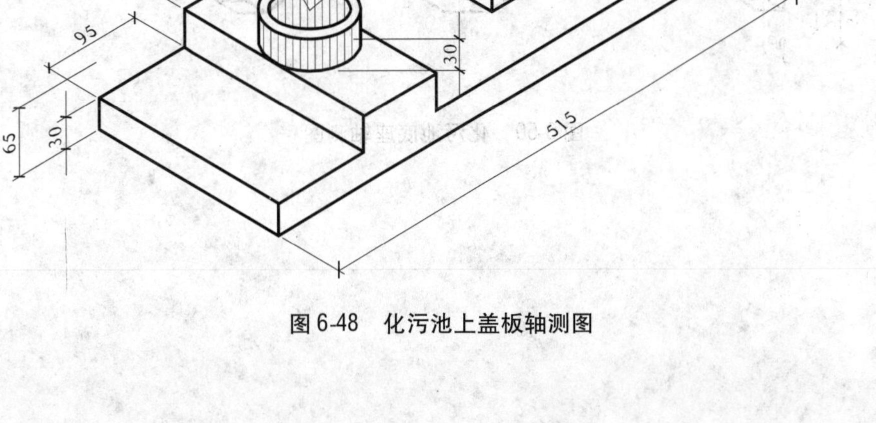

图 6-48　化污池上盖板轴测图

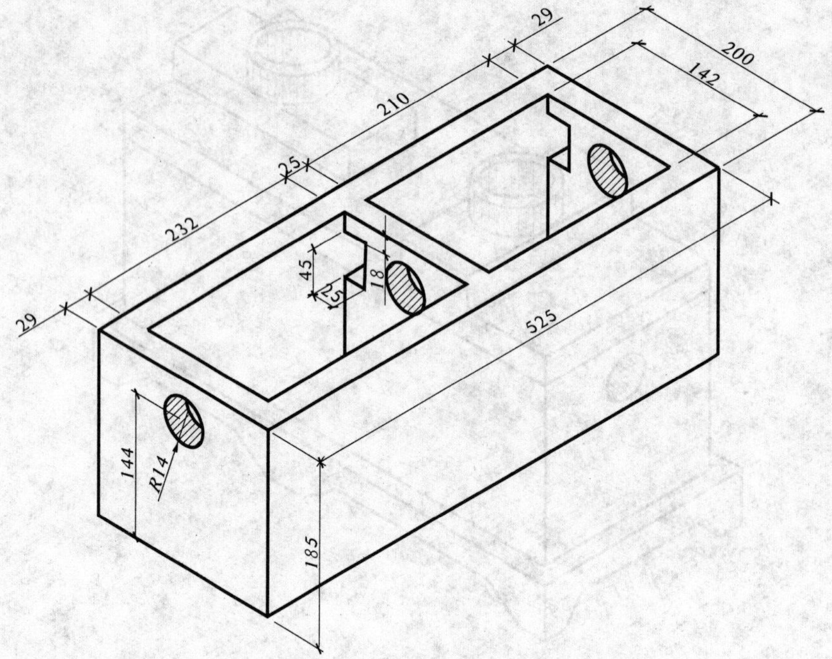

图 6-49　化污池箱体轴测图

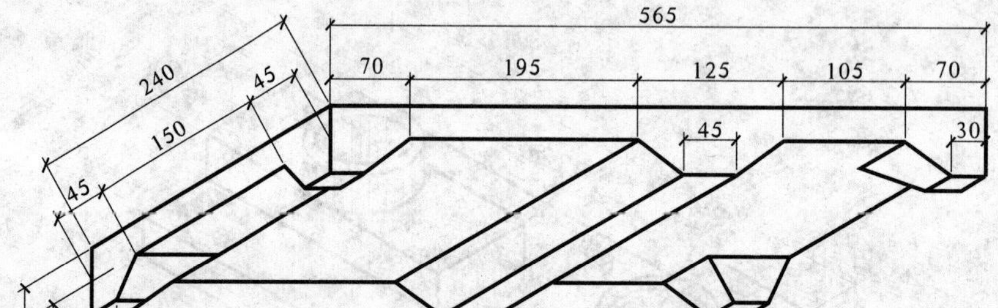

图 6-50　化污池底座轴测图

项目七　绘制和识读房屋建筑施工图

教学任务	教学目标	
	知识目标	技能目标
任务二十　识读房屋建筑施工图	1. 了解房屋建筑图有关标准和规定 2. 掌握房屋建筑图的种类和表达方法	能够识读典型房屋建筑图纸
任务二十一　AutoCAD 绘制房屋建筑施工图	1. 掌握“多线”命令的设置和应用方法 2. 掌握房屋建筑施工图的绘图步骤和方法	能够正确绘制房屋建筑施工图
任务二十二　AutoCAD 绘制房屋结构施工图	1. 了解钢筋混凝土结构图的有关标准和规定 2. 掌握钢筋混凝土结构的图示表达方法 3. 了解钢筋混凝土结构图的表达内容	能够正确绘制和识读钢筋混凝土结构图

任务二十　识读房屋建筑施工图

一、房屋建筑图有关标准和规定

(一)房屋的类型及组成

房屋按使用功能可以分为民用建筑(居住建筑、公共建筑)、工业建筑(厂房、仓库等建筑)和农业建筑(粮仓、饲养场等)。各种不同功能的房屋,虽然它们的使用要求、空间组合、外形、规模等各不相同,但是构成建筑物的主要部分一般都有基础、墙、柱、梁、楼板、地面、楼梯、屋顶、门、窗等。此外,还有阳台、雨篷、台阶、窗台、雨水管、明沟或散水及其他一些构配件。

(二)房屋的建造过程和房屋施工图的分类

建造房屋主要经过设计阶段和施工阶段,在设计阶段先绘制房屋的初步设计图,用来建筑项目立项等工作,然后完整、详细地绘制出房屋施工图。在施工阶段依据房屋施工图指导施工。

房屋施工图分为建筑施工图、结构施工图和设备施工图,简称"建施"、"结施"和"设施"。设备施工图按需要又分为给排水施工图、采暖通风施工图、电气施工图等,简称"水施"、"暖施"、"电施"。

(三)房屋施工图的有关规定

绘制和阅读房屋施工图主要遵守《房屋建筑制图统一标准》(GB/T 50001—2001),另外,根据表达内容不同,还应遵守《总图制图标准》(GB/T 50103—2010)、《建筑制图标准》(GB/T 50104—2001)、《建筑结构制图标准》(GB/T 50105—2001)、《给水排水制图标准》(GB/T 50106—2001)。现就下列几项简要说明有关规定的主要内容和表示方法。

1. 常用比例

建筑专业制图选用的比例应符合《房屋建筑制图统一标准》(GB/T 50001—2001)中的有关规定,如表 7-1 所示。

表 7-1　建筑制图比例

图名	比例
建筑物或构筑的平面图、立面图、剖面图	1∶50、1∶100、1∶200
建筑物或构筑物的局部放大图	1∶10、1∶20、1∶50
配件及构造详图	1∶1、1∶2、1∶5、1∶20、1∶50

2. 常用图例

建筑物和构筑物是按比例缩小绘制在图纸上的,对于有些建筑构件及建筑材料,往往不可能按实际投影画出,同时用文字注释也难以表达清楚。为了得到简单而明了的效果,《建筑制图标准》(GB/T 50104—2001)规定了统一的图例和代号,常用构造及配件图例见表 7-2。

表 7-2 常用构造及配件图例

名称	图例	说明	名称	图例	说明
楼梯	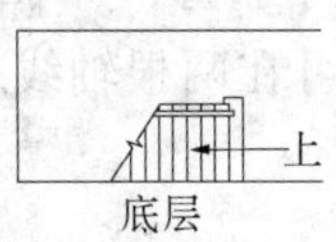 底层 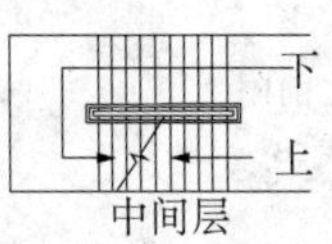 中间层 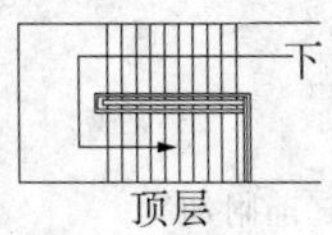 顶层	1. 平面图 2. 楼梯的形式和步数应按实际情况绘制	单扇门(包括平开式单面弹簧)	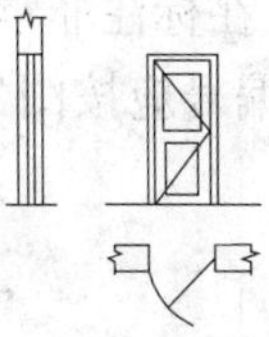	1. 门的名称代号用 M 表示 2. 图例中,剖面图左为外,右为内;平面图下为外,上为内 3. 立面图上开启方向线交角的一侧安装合页,实线为外开,虚线为内开 4. 平面图上门线 45°或 90°开启弧线宜绘出 5. 立面图上的开启线在一般设计图中可不表示,在详图及室内设计图上应表示
单层固定窗	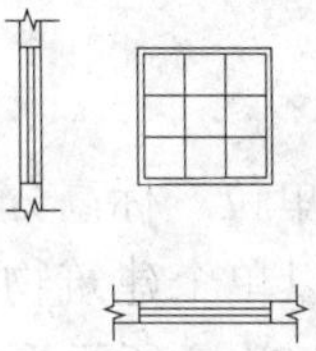	1. 窗的名称代号用 C 表示 2. 立面图中的斜线表示窗的开启方向,实线为外开,虚线为内开;开启方向线交角的一侧安装合页 3. 图例中,剖面图所示左为外,右为内,平面图所示下为外,上为内 4. 平、剖面图上的虚线。仅说明开关方式,在设计图中不需要表示	双扇门	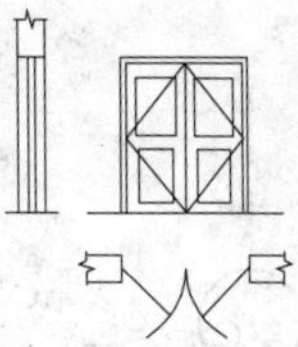	
单层外开上悬窗	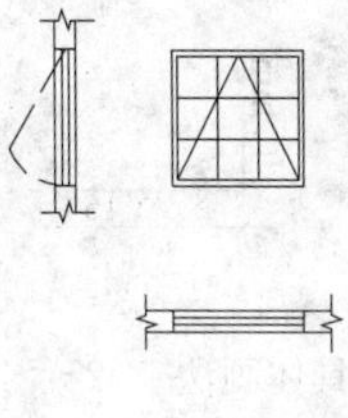		单扇双面弹簧门	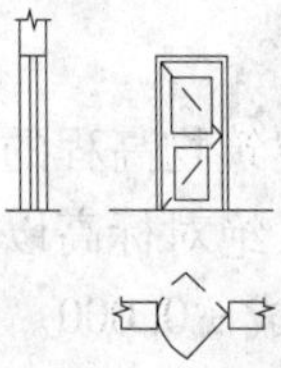	
单层外开平开窗	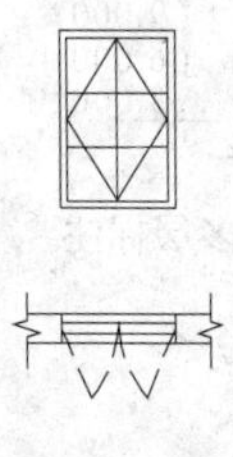		墙中单扇推拉门	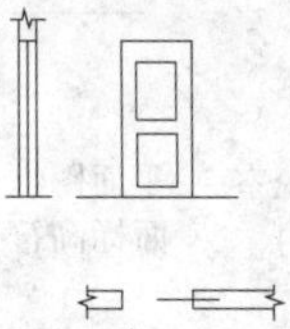	
			双扇双面弹簧门	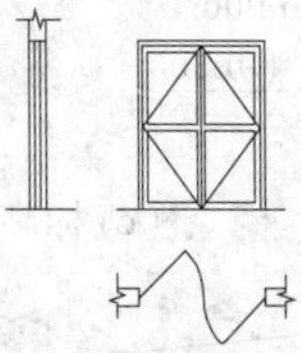	

3. 定位轴线及其编号

定位轴线是房屋中基础、墙、柱、梁和屋架等承重构件的中心线,在绘制建筑施工图时应明确表达,定位轴线用细点画线绘制,其编号注在直径为 8 ~ 10 mm 的圆内,圆心在定位轴线的延长线或延长线的折线上。平面图上定位轴线的编号标注在图样的下方与左侧,横向编号用阿拉伯数字从左至右顺序编写,竖向编号用大写拉丁字母(I、O、Z 除外)从下至上顺序编写。在标注非承重的分隔墙或次要的承重构件时,可在两根轴线之间附加轴线,附加轴线的编号应按图 7-1 所规定的分数表示。

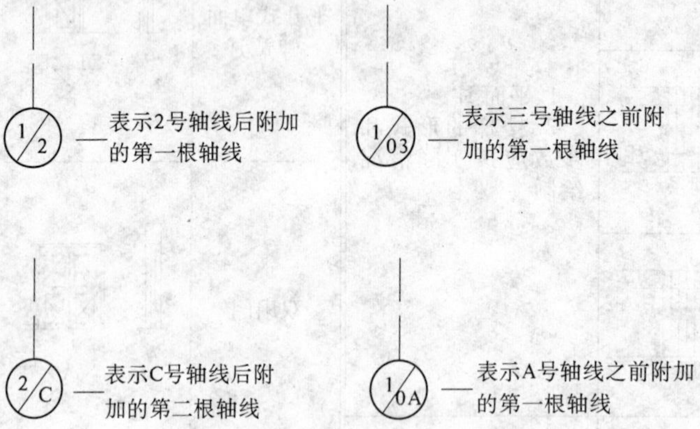

图 7-1　附加轴线及其编号

4. 标高标注

标高是标注建筑物高程的另一种尺寸形式,标高数字以 m 为单位。标高分绝对标高和相对标高两种。绝对标高以黄海平均海平面为零点,相对标高以单个建筑物的室内底层地面为零点,写成 ±0.000。建筑施工图中的标高符号应按图 7-2(a)所示形式以细实线绘制,图 7-2(b)所示为具体画法。标注方法如 7-2(c)所示。当在同一位置表示几个不同标高时,数字可按图 7-2(d)的形式注写。

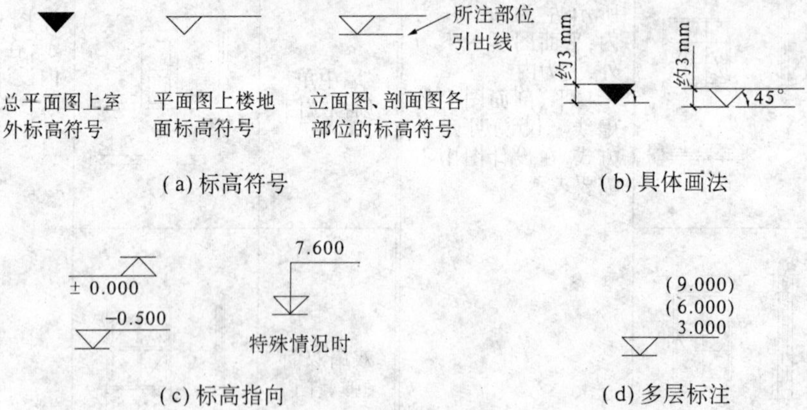

图 7-2　标高符号

5. 索引符号和详图符号

对需要另画详图表达的局部构造或构件,应在图中相应部位用索引符号索引,而索引出的详图则应画出详图符号。索引符号以细实线绘制,圆的直径为 10 mm,引出线应指在要索引的位置上。当引出的是剖面详图时，用粗实线表示剖切位置，引出线所在的一侧为剖视方向，圆内编号的含义如图 7-3 所示。详图符号应以粗实线绘制，直径为 14 mm，当详图与被索引的图样不在同一张图纸内时，可用细实线在详图符号内画一水平直径，圆内编号的含义如图 7-4 所示。

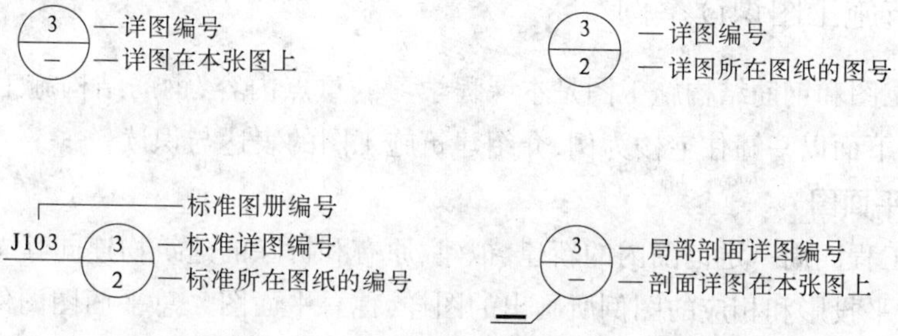

图 7-3　索引符号

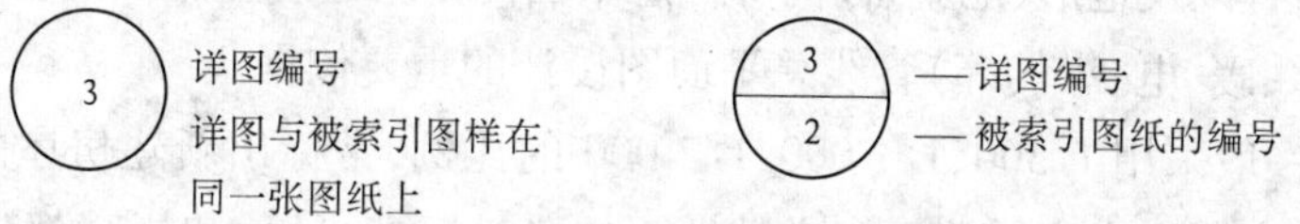

图 7-4　详图符号

6. 风玫瑰图和指北针

在总平面图中，除图例外，通常还要画出带有指北方向的风向频率玫瑰图，简称风玫瑰图，用来表示该地区常年的风向频率和房屋的朝向。风玫瑰图中风的吹向是从外吹向中心，实线表示全年风向频率，虚线表示夏季风向频率，如图 7-5(a)所示。

平面图中指北针所指方向应与总平面图中风玫瑰的指北方向一致。指北针用细实线绘制，圆的直径为 24 mm，指北针尾部宽为 3 mm，指针尖端指向北，如图 7-5(b)所示。

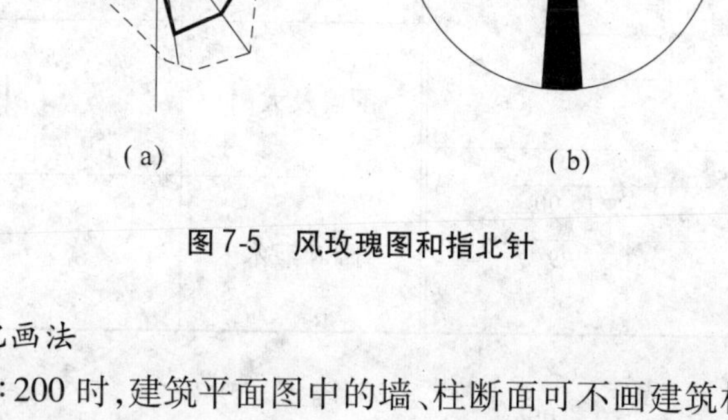

(a)　　(b)

图 7-5　风玫瑰图和指北针

7. 材料符号简化画法

比例为 1∶100、1∶200 时，建筑平面图中的墙、柱断面可不画建筑材料图例，也可将砖墙涂红，钢筋混凝土涂黑。

8. 门、窗代号

门、窗按规定图例绘制，代号分别为 M、C，钢门、钢窗的代号分别为 GM、GC，代号后面的阿拉伯数字是它们的编号，编号相同的门窗表示构造和尺寸完全一样。

二、建筑施工图识读举例

建筑施工图和钢筋结构施工图是本课程学习的重点内容，钢筋结构施工图在以后的任务中学习，下面以一幢住宅楼为例，介绍建筑施工图的表达与识读。

(一) 总平面图

将拟建工程四周一定范围内的新建、拟建、原有和拆除的建筑物连同其周围的地形地物状况，用水平投影和相应的图例所画出的图样，称总平面图。总平面图图例如表 7-3 所示。图 7-6 为一新建工程的总平面图，它能反映出新建房屋和原有房屋的位置、朝向、道路、绿化等的布置以及地形、地貌、标高等。总平面图是新建房屋施工定位、土方施工以及其他专业(如水、暖、电、煤气等)管线总平面图设计的重要依据。

总平面图一般采用 1∶500、1∶1 000、1∶2 000 的比例，常标出新建房屋的总长、总宽和定位尺寸，新建房屋室内底层地面和室外地面的绝对标高，尺寸和标高都以 m 为单位，注写到小数点以后两位数字。

表 7-3　总平面图常用图例

名称	图例	名称	图例
新建建筑物	 右上角用点数或数字表示层数	原有道路	
原有建筑物		台阶	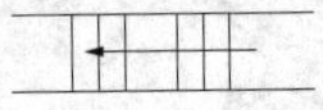 箭头表示向上
拆除的建筑物	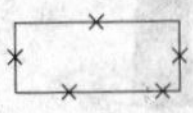	填挖边坡	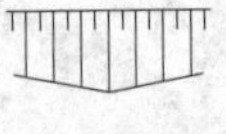
新建道路	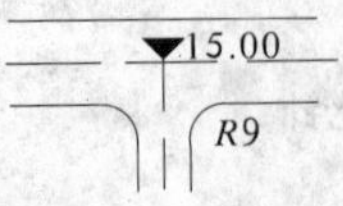	围墙及大门	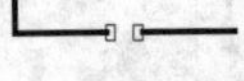
		阔叶灌木	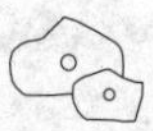

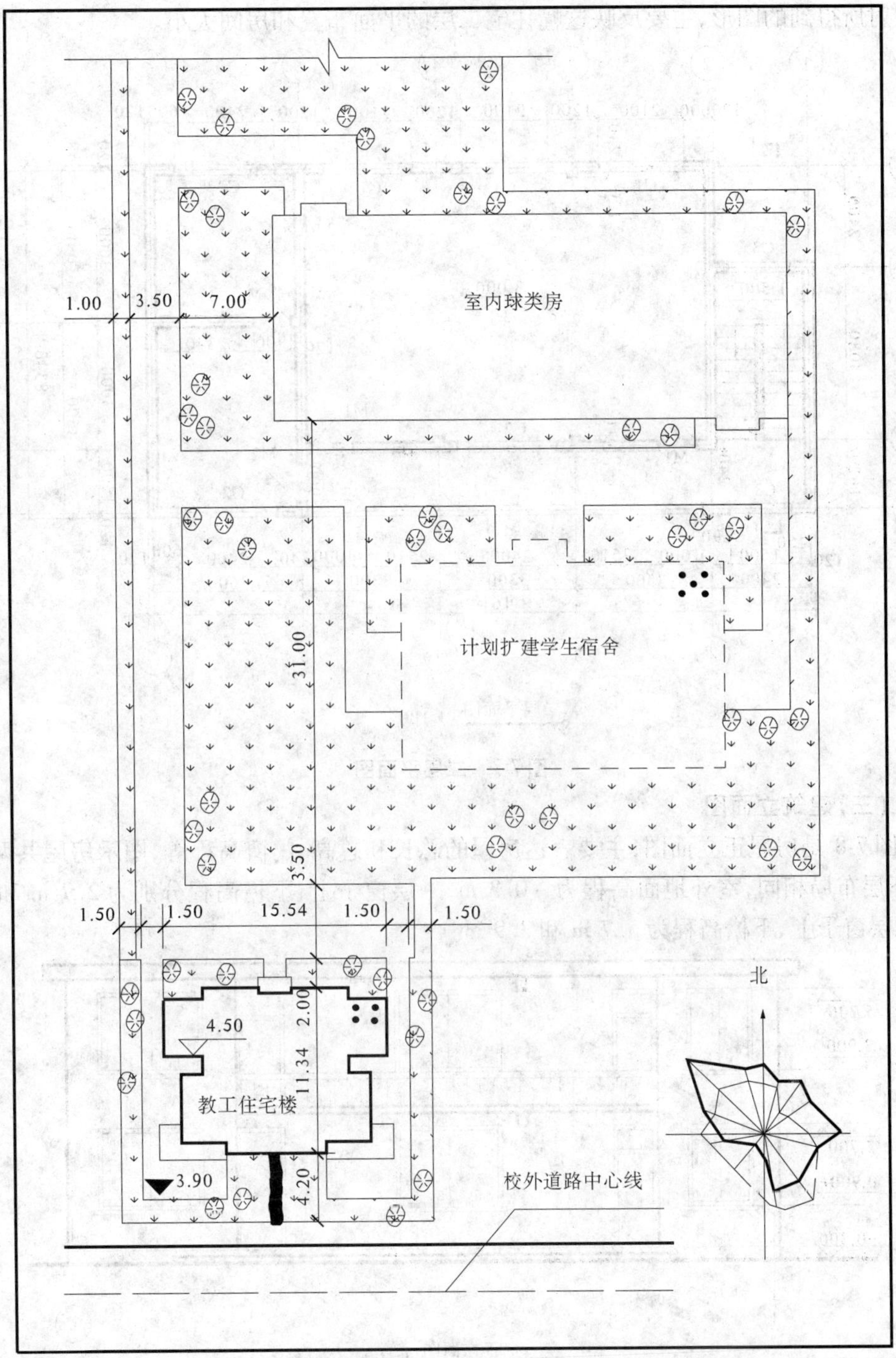

图 7-6　总平面图

(二)建筑平面图

图 7-7 表示这幢住宅楼的二层平面图。它是在二层窗台之上水平剖切后,按俯视方

向投射所得到的图形，主要反映这幢住宅二层的平面布置和房间大小。

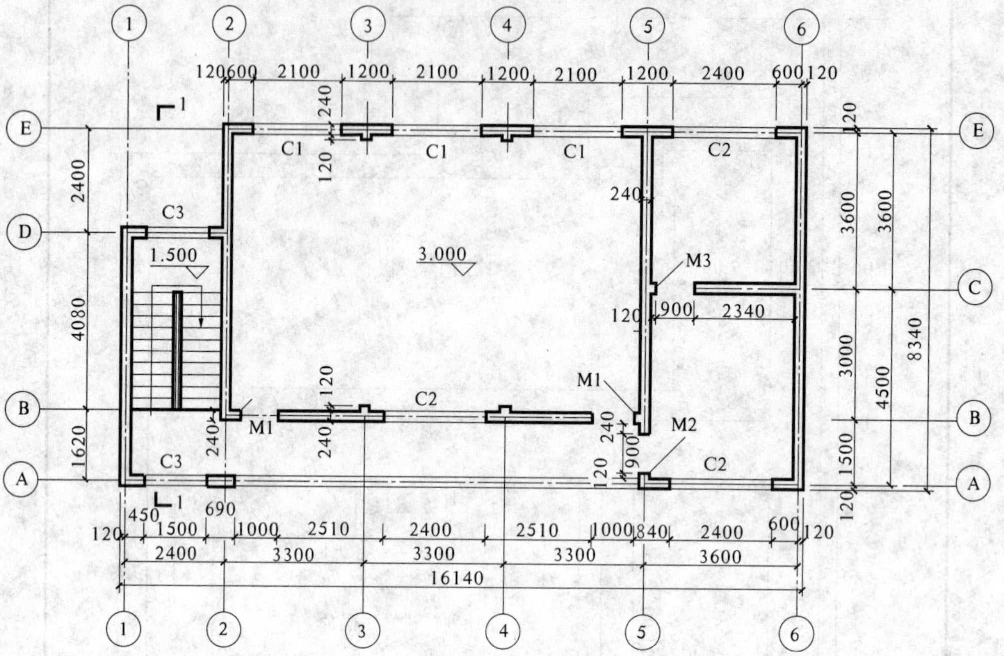

二层平面图 1:100

图 7-7 二层平面图

(三)建筑立面图

图 7-8 是房屋正立面图，主要表达房屋的总长和总高、门窗高程等，图示房屋共两层，上、下层布局相同，室外地面高程为 -0.3 m，一层窗子上、下檐高程分别为 2.7 m 和 0.9 m，二层窗子上、下檐高程为 5.7 m 和 3.9 m。

正立面图 1:100

图 7-8 正立面图

(四)建筑剖面图

图 7-9 是二层住宅楼 1—1 剖面图，剖切面位于楼梯间处，主要表达楼梯的结构尺寸

和窗户的高度、高程。

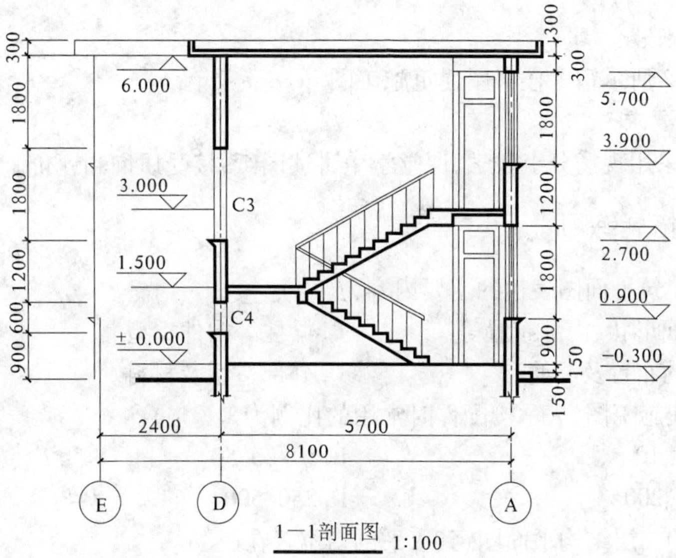

图 7-9　1—1 剖面图

(五)建筑详图

图 7-10 是楼梯节点详图。从详图中可以看出,梯段是由楼梯梁和踏步板组成的现浇钢筋混凝土板式楼梯,踏步用 20 mm 厚水泥砂浆粉面,每梯高为 150 mm,宽为 300 mm;栏杆和扶手用 $\phi 50$ 和 $\phi 16$ 圆钢管焊成。

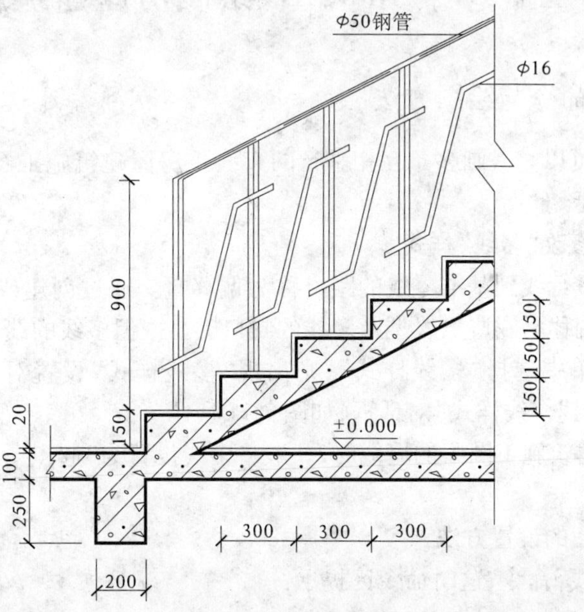

图 7-10　楼梯节点详图

三、实训任务与要求

(一)实训任务

识读附图 2 所示宿舍楼房屋建筑施工图。

(二)实训要求

图纸识读采用现场分组教学,课堂学生讲述图纸,接受质询和评价。

四、课外拓展练习

(1)楼层建筑平面图表达的主要内容为(　　)。

A. 平面形状、内部布置等　　B. 梁柱等构件类型

C. 板的布置及配筋　　D. 外部造型及材料

(2)在土建施工图,表示构配件时常用的比例为 1:(　　)。

A. 1、5、10　　B. 10、20、50

C. 100、200　　D. 250、500

(3)房屋的二层结构平面图,其水平剖切位置在(　　)。

A. 二层窗台上方　　B. 二层窗台下方

C. 二层楼板面处　　D. 二层楼顶处

(4)房屋中门窗的型号、代号等应表示在(　　)。

A. 结构详图中　　B. 建筑详图中

C. 结构平面图中　　D. 建筑平面图中

任务二十一　AutoCAD 绘制房屋建筑施工图

一、"多线"命令与绘图方法

"多线"命令可以一次画多条互相平行的直线。房屋建筑施工图中的墙线用"多线"命令绘制比较快捷。

(一)创建和修改"多线"样式

多线的每条平行线到基准零线的距离称为偏移量。通过创建或修改多线样式,可以设置每个元素的偏移量、颜色、线型及多线的封口类型。但多线的线宽只能是相同的。

从"格式"菜单中选择"多线样式",则出现"多线样式"设置对话框。从中单击"修改"按钮,弹出"新建多线样式"对话框,如图 7-11 所示。

在绘制房屋建筑施工图中的墙线时,一般将多线设置为"起点"、"端点"直线封口,其余不用修改。

(二)多线绘图的设置方法

(1)启用"多线"命令,这时命令区提示:

当前设置:对正 = 上,比例 = 20.00,样式 = STANDARD

指定起点或[对正(J)/比例(S)/样式(ST)]:

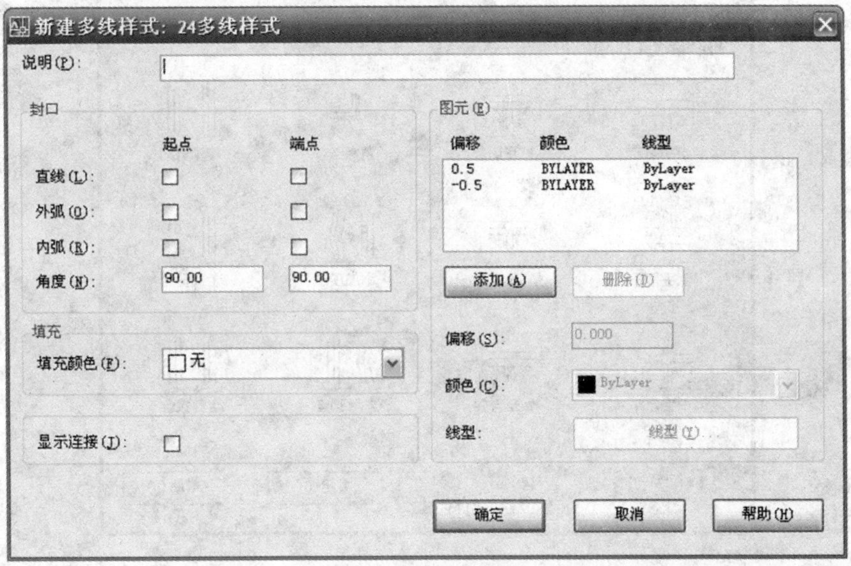

图 7-11 “新建多线样式”对话框

(2)输入字符“J”,设置“对正”选项,命令区提示:

输入对正类型[上(T)/无(Z)/下(B)]〈上〉:

(3)对正类型根据尺寸标注基准选择,用多线画墙线时,尺寸以墙轴线为基准,如果墙轴线为墙的正中间,多线对正类型应选“无”,表示多线的基准点和光标中心对齐。

(4)输入字符“S”,设置“比例”选项,命令区提示:

输入多线比例〈20.00〉:

(5)比例:用来控制多线的全局宽度,多线的宽度等于多线的偏移量乘上该设置比例。在用多线画墙线时,输入墙的厚度数值为多线比例,如 240 或 380。

(6)指定多线的起点,给定多线的方向和尺寸,绘制多线。方法与绘制直线相同。

(三)多线编辑方法

从“修改”菜单中的“对象”次级菜单中,选择“多线”,则打开“多线编辑工具”对话框,如图 7-12 所示。

“多线编辑工具”只针对于用“多线”命令绘制的图线,使用方法是根据多线图线的形状,对照“多线编辑工具”对话框中的选项,先单击“多线编辑工具”对话框中的选项,再点击多线线段相应的部分,多线线段马上被修改为对话框中对应的图形。

如图 7-13(a)为多线绘制的墙线图形,要将 7-13(a)修改为 7-13(b)所示图形,则可使用“多线编辑工具”中的“十字合并”和“T 形合并”命令。

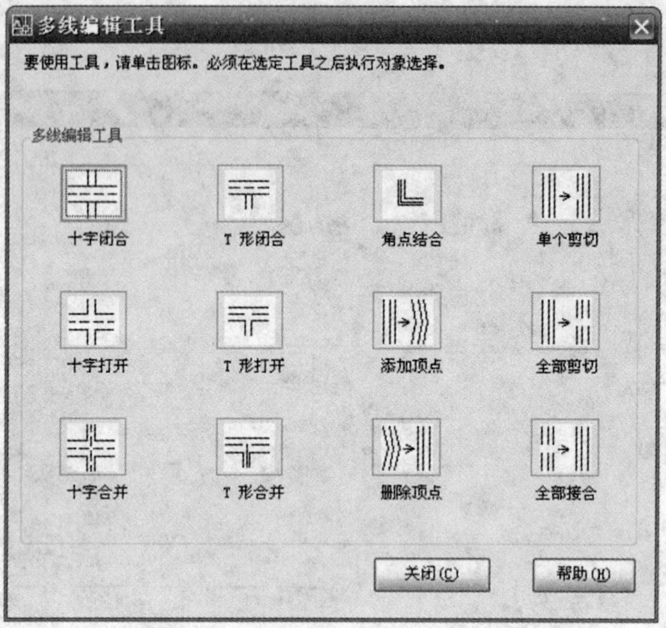

图 7-12 “多线编辑工具”对话框

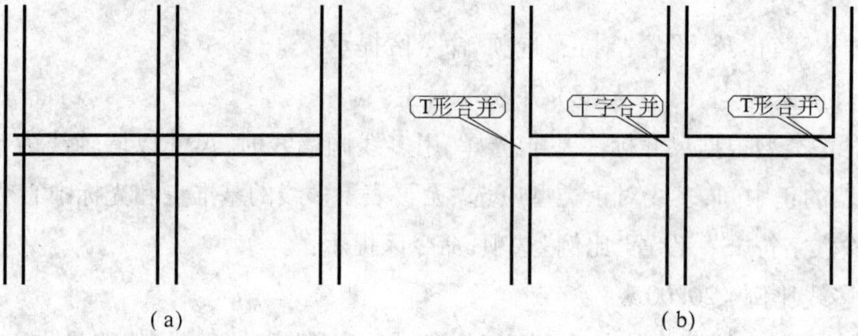

图 7-13 多线编辑示例

二、“图案填充”命令

“图案填充”可以将材料剖面符号填充到剖视图和剖面图中。

“图案填充”有两个要素：一个是确定填充的边界，即指定图案填充的区域范围；另一个是选择填充的图案。

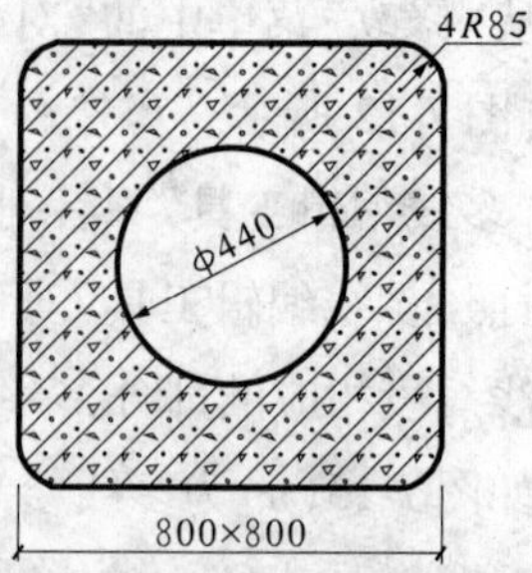

图 7-14 “钢筋混凝土”填充图例

【例 7-1】 绘制如图 7-14 所示图形，材料为钢筋混凝土。

作图步骤：

(1) 按尺寸绘出图形的轮廓图。

(2) 启用“图案填充”命令，选择填充区域，填充“ANSI31”图案，如图 7-15(a)所示。

(3)再次启用“图案填充”命令,选择相同的填充区域,填充“AR－CONC”图案,如图7-15(b)所示。

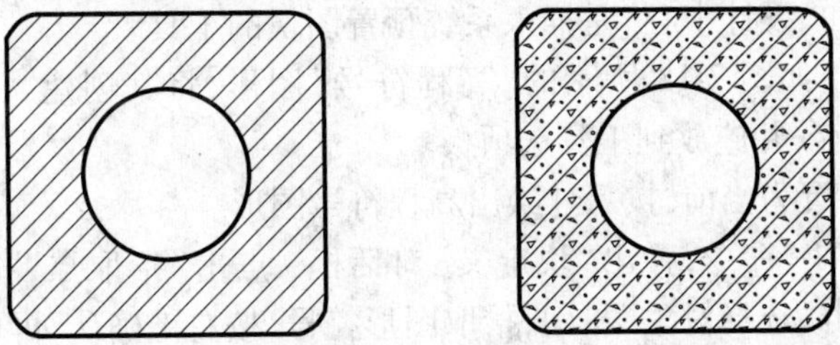

(a)先填充“ANSI31”　　(b)再填充“AR-CONC”

图7-15　“钢筋混凝土”图案填充

三、“创建块”与“插入块”命令

(一)“创建块”命令

创建图块的对应命令有两个:“BLOCK”和“WBLOCK”。“BLOCK”命令创建附属图块,“WBLOCK”命令创建独立图块。二者保存方式不同,附属图块随创建图块的图形保存,本图使用方便,其他图形不好寻找。独立图块以一个独立的图形文件保存,其他图形能方便地寻找并插入使用。

启用“BLOCK”命令,将弹出“块定义”对话框,如图7-16所示;启用“WBLOCK”命令,弹出的是“写块”对话框,如图7-17所示。启用命令后在相应的对话框中设置图块的名称、插入基点,选择创建为块的对象,然后单击“确定”。

可以看出创建附属图块和独立图块的对话框基本相同,都包括给块命名、选择组块的对象、确定块插入时的基点、设置块单位等选项。所不同的是,独立图块要选择图块保存的路径,以便“块插入”时根据这个路径找到这个图块。

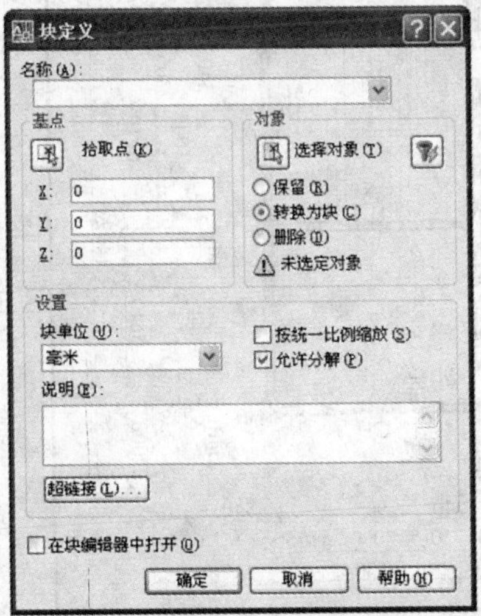

图7-16　“块定义”对话框

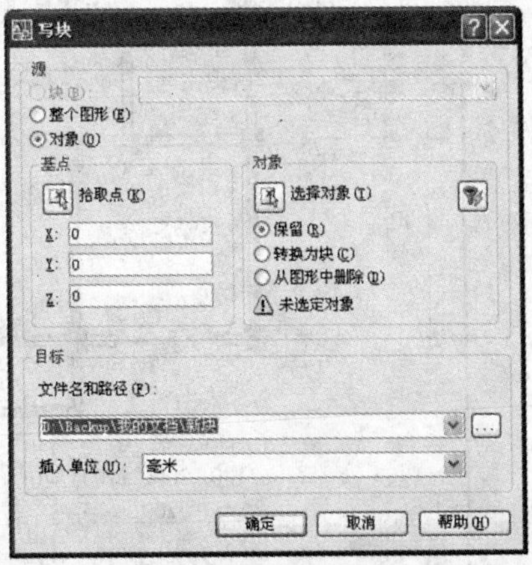

图7-17　“写块”对话框

(二)“插入块”命令

“插入块”命令是在当前图形中的指定位置插入已创建的附属图块或独立图块。另外,“工具选项板”和“设计中心”是插入系统预置图块的工具。

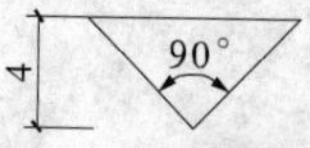

图 7-18　创建块图例

【例 7-2】　绘制如图 7-18 所示的“高程符号”图形,将其创建成附属图块命名保存,并施放到工具选项板。

(1)把“0”图层置为当前,按尺寸绘出高程符号图形。

(2)启用“创建块”命令,弹出“块定义”对话框,点击“拾取点”按钮,单击图形的下角点作为基点,点击“选择对象”按钮,拾取图形符号,按右键确认,再单击“确定”。

(3)从“工具”主菜单的“选项板”次级菜单中启用选项板命令,弹出“工具选项板”工具栏。

(4)在工具选项板中打开建筑标签选项,选择已创建的高程符号图块,用鼠标左键或右键拖放于工具选项板上。

四、实训任务与指导

(一)实训任务一

1. 实训任务

识读图 7-19 所示建筑平面图(大图见附图 3),用 AutoCAD 绘制该建筑平面图。

2. 实训要求

(1)正确进行绘图过程设计,图形绘制总时间不超过 100 min。

(2)尺寸标注符合原图样式。

(3)图面布局清晰,A3 图纸打印。

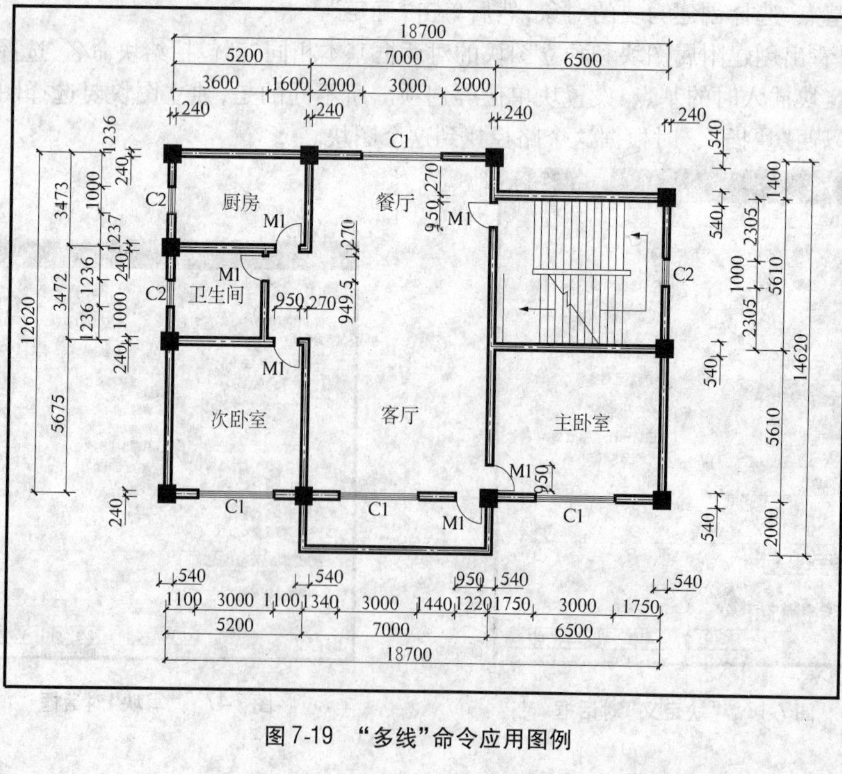

图 7-19　“多线”命令应用图例

3. 实训指导

(1)设置“线型全局比例因子”为100,设置“粗实线”、“点画线”和“细实线”图层。

(2)将“点画线”图层置为当前层,按尺寸完成轴网的绘制,门、窗留出空隙,如图7-20所示。

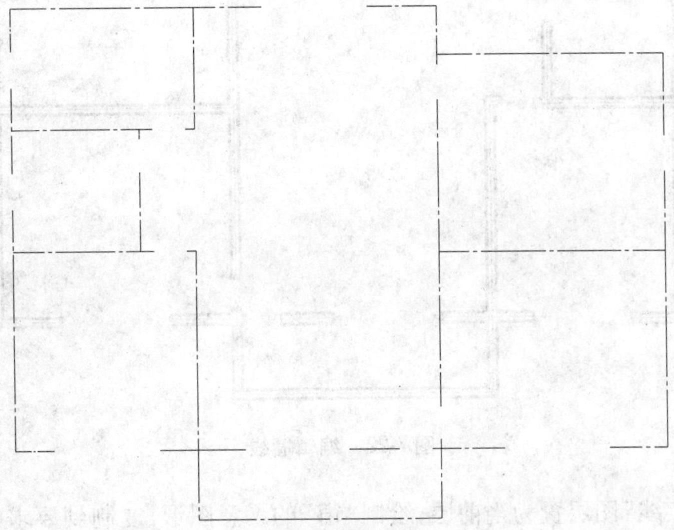

图7-20 绘制轴网

(3)将“粗实线”图层置为当前,启用“多线”命令,将多线“对正”选项选择为“无”,“比例”选项设置为“240”。捕捉点画线的端点绘出墙线,如图7-21所示。

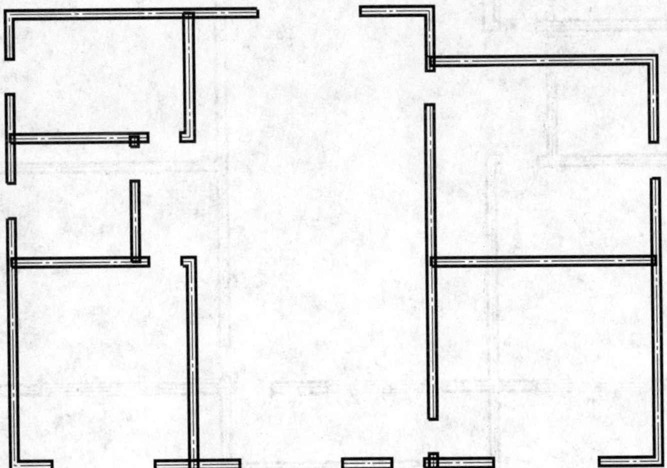

图7-21 绘制墙线

(4)用“多线编辑工具”编辑墙线,如图7-22所示。

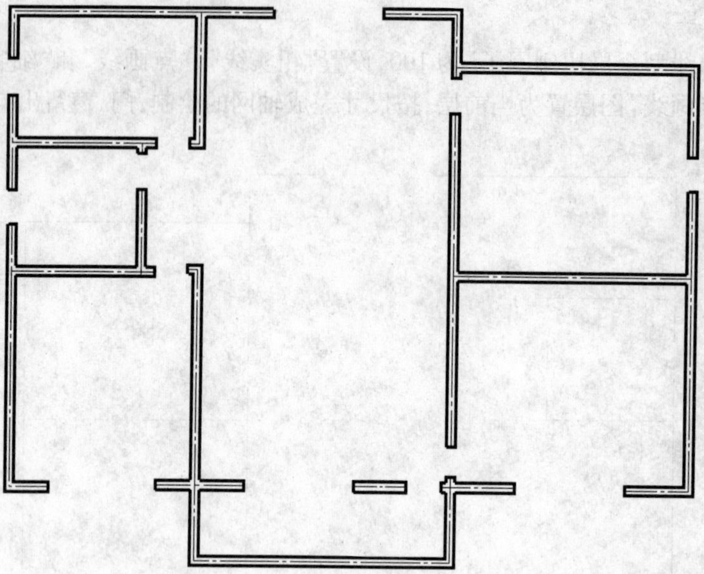

图 7-22　编辑墙线

(5)将"细实线"图层置为当前层,绘制"窗"的示意图形,复制到要求的位置,按尺寸绘出所有"门"的示意图,如图 7-23 所示。

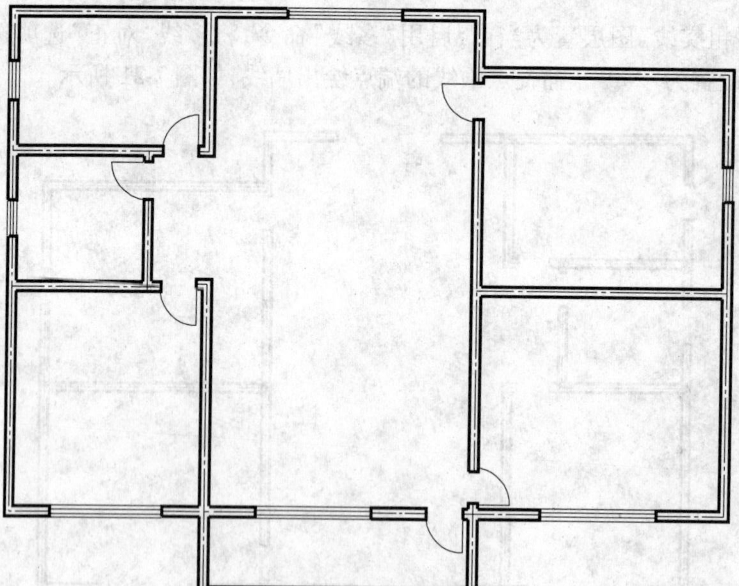

图 7-23　插入和绘制门、窗

(6)绘制矩形墙柱的单个图形,并填充,然后复制墙柱插入到墙轴线的交叉点,如图 7-24 所示。

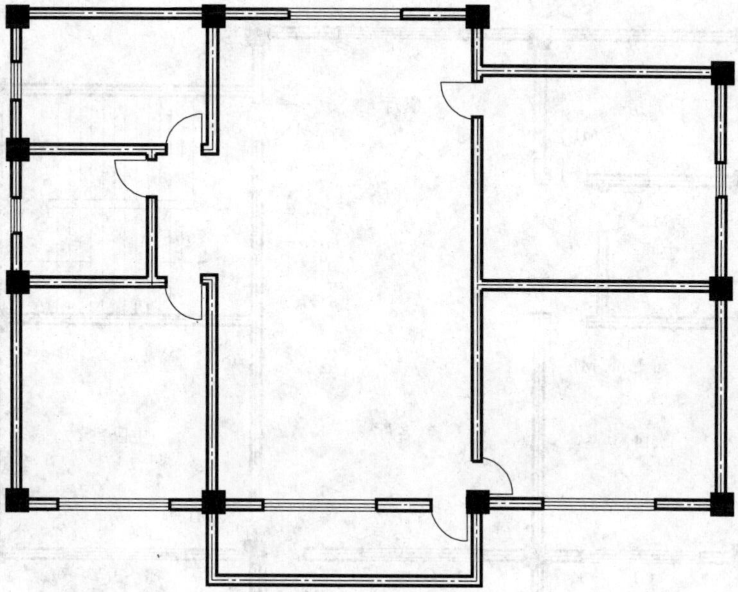

图 7-24　复制墙柱

（7）绘出楼梯图，如图 7-25 所示。

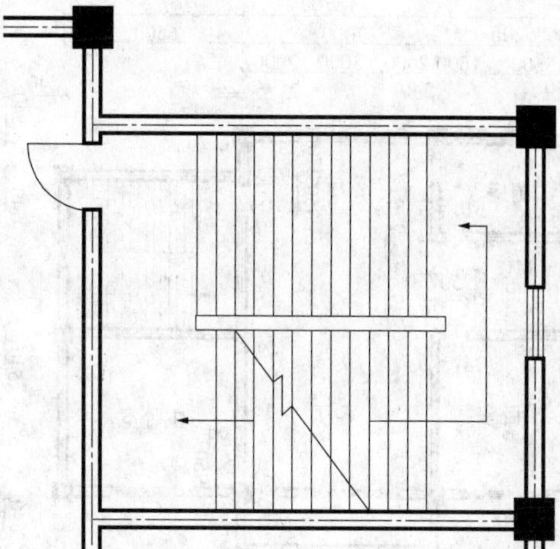

图 7-25　绘制楼梯图

（8）注写文字，如图 7-26 所示。

（9）修改尺寸标注样式：勾选固定长度的尺寸界线，长度设为 5；将箭头修改为建筑标记；“使用全局比例”设置为 100。依次对全图标注尺寸。

（10）调用 A3 图框线和标题栏。启用“缩放”命令，将图框与标题栏放大 100 倍；再启用“移动”命令，将图形移动到图框内完成布局，如图 7-27 所示。

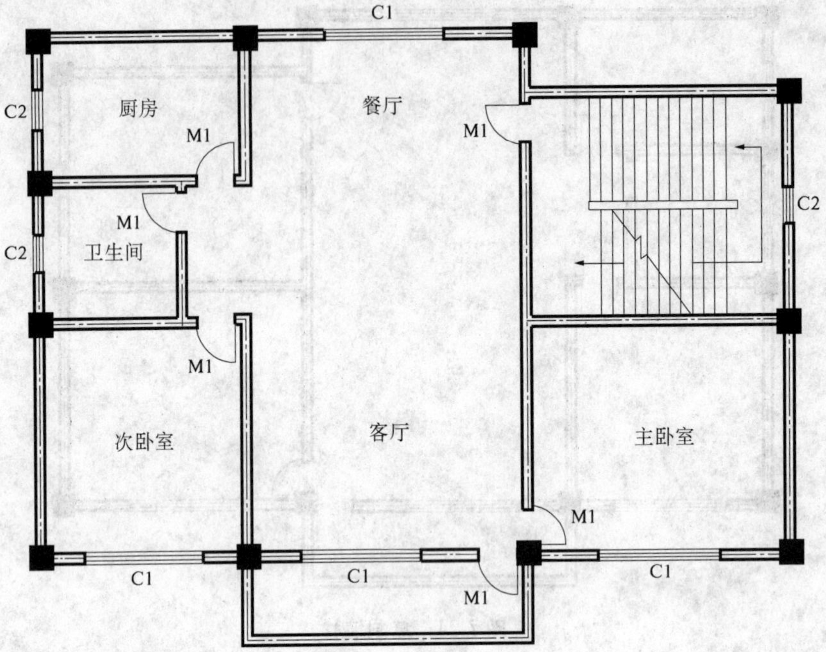

图 7-26　注写文字

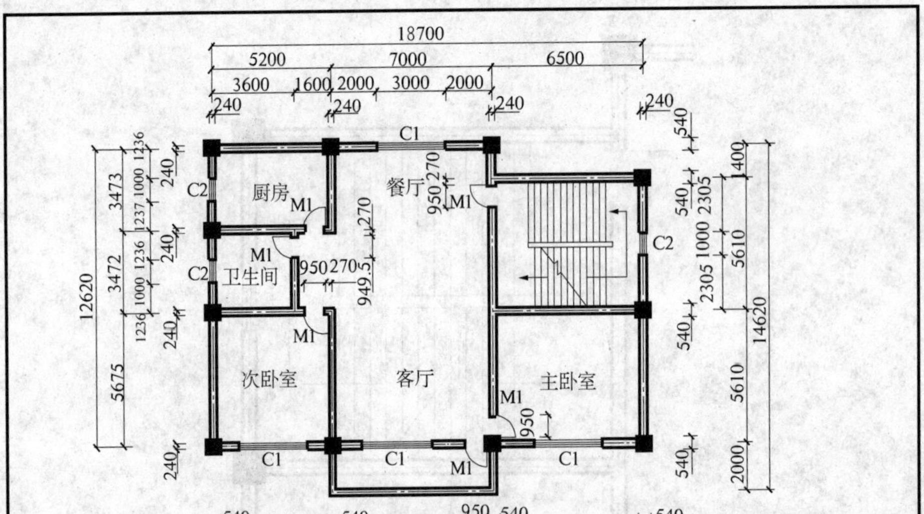

图 7-27　图形布局

(二)实训任务二

1. 实训任务

识读图 7-28 所示建筑平面图(大图见附图 4),用 AutoCAD 绘制该建筑平面图。

2. 实训要求

(1)正确进行绘图过程设计,使用命令恰当,图形绘制总时间不超过 100 min。

(2)正确设置尺寸标注样式,尺寸标注符合原图样式。

(3)按图示样式绘制图框线和标题栏,并对标题栏进行文字填写。

(4)图面布局清晰,A3 图纸打印。

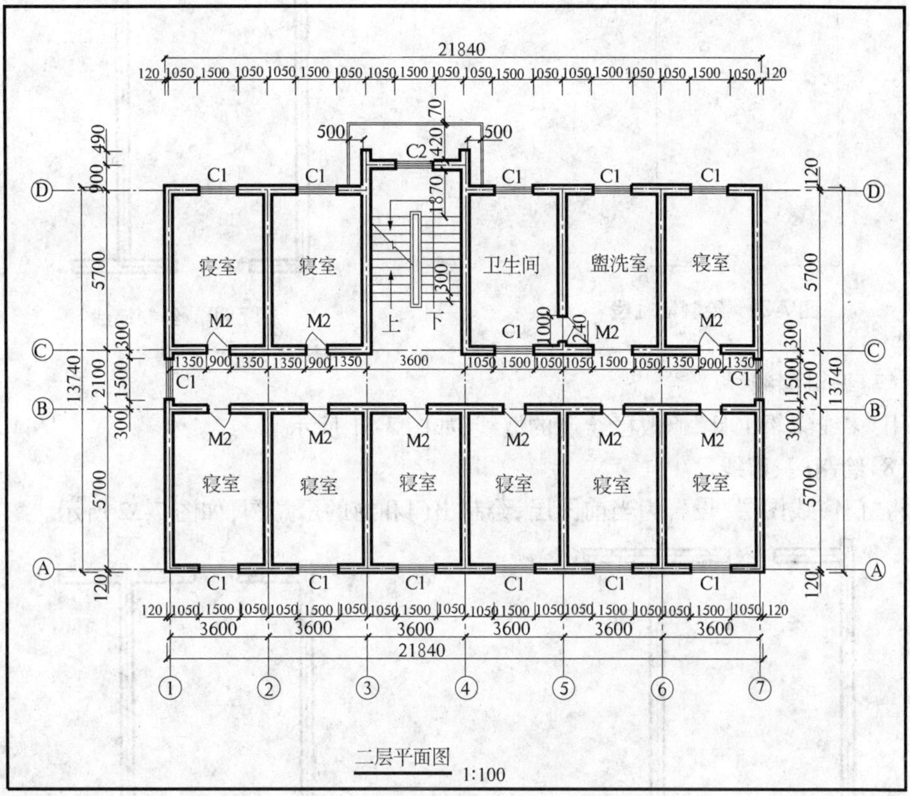

图 7-28　学生宿舍二层平面图

3. 实训指导

(1)图形界限设置。

图形总长为 21840,总宽为 15010,故设置图形界限为 22000、16000。

(2)图层设置。

新建三个图层,可命名为:墙线层、墙轴线层、尺寸层。其中墙线层线宽设为 0.6;墙轴线层线宽设为 0.15,线型设为 jis8 - 15;尺寸层线宽为 0.15。

(3)线型比例设置。

线型全局比例因子设置为 100。

(4)绘制墙轴线。

将墙轴线图层设为当前层,按尺寸绘出部分墙轴线,如图 7-29 所示。

(5)修改“多线样式”。

打开“新建多线样式”对话框,设置“封口”为起点和端点均为“直线”封口。

(6)绘制墙线。

将墙线设为当前层,用“多线”命令,设置“对正”为“无”;设置“比例”为240。先绘制部分墙线,如图7-30所示。

图7-29　绘制墙轴线

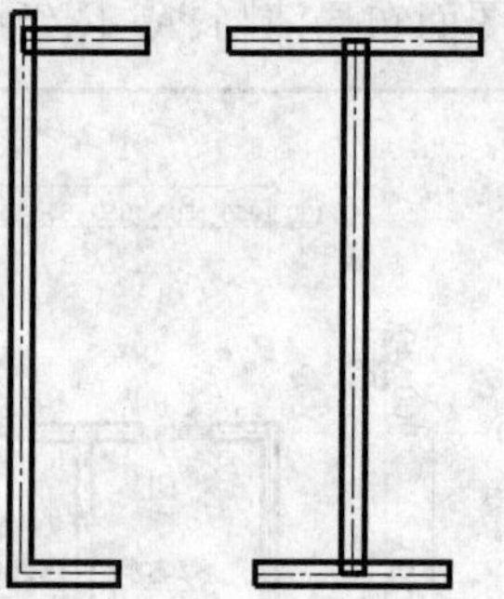

图7-30　绘制墙线

(7)编辑墙线。

用“多线编辑工具”修改已绘制的墙线,如图7-31所示。

(8)绘制门、窗线。

将“门窗线图层”设置为当前图层,绘制出门和窗的示意图,如图7-32所示。

图7-31　编辑墙线

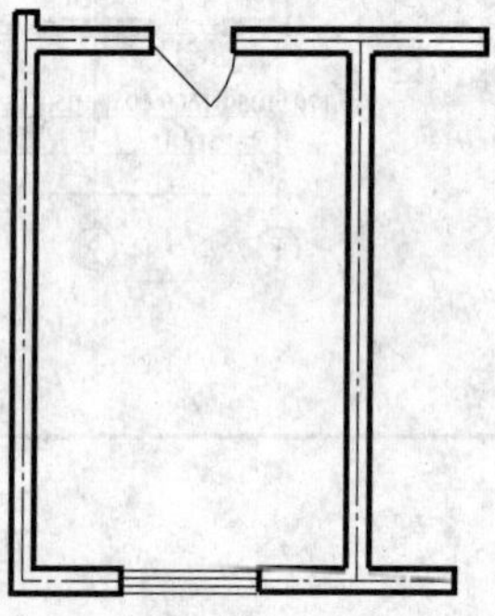

图7-32　绘制门、窗线

(9)阵列图形。

用“矩形阵列”命令,阵列已绘出的中间墙线和门窗线,如图7-33所示。

图7-33　阵列图形

(10)镜像边墙。

用“镜像”命令，镜像边墙线，并复制出最后一个房间的门窗线，如图 7-34 所示。

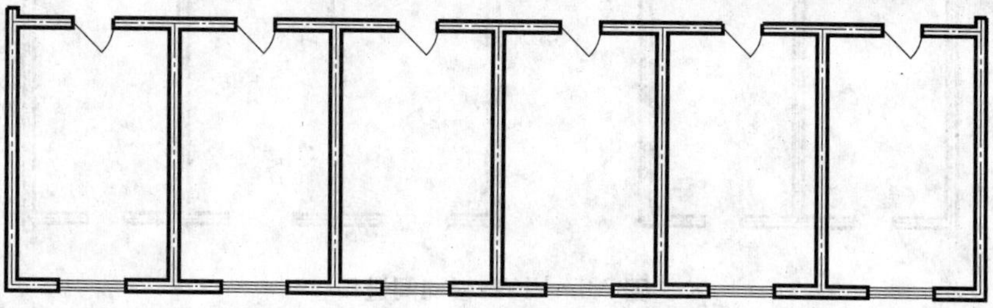

图 7-34　镜像边墙

(11)镜像已绘制图形。

用“镜像”命令，镜像已绘制的图形，如图 7-35 所示。

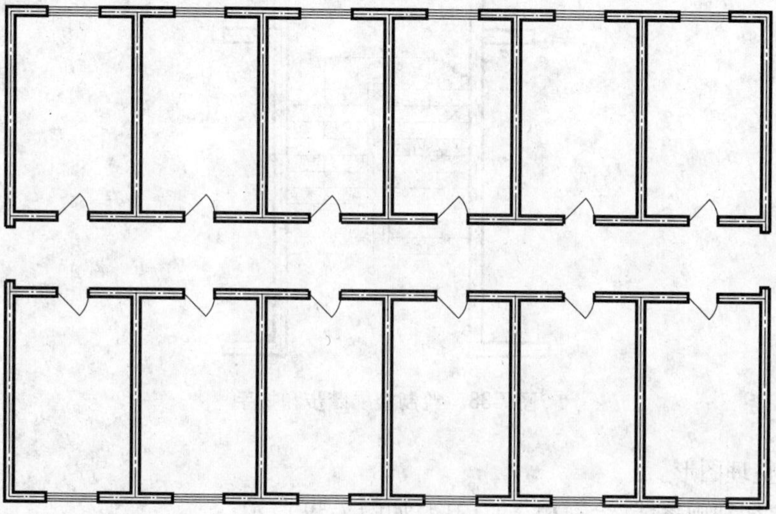

图 7-35　镜像图形

(12)拉伸修改。

用“拉伸”命令，修改楼梯、卫生间等处的多线，如图 7-36 所示。

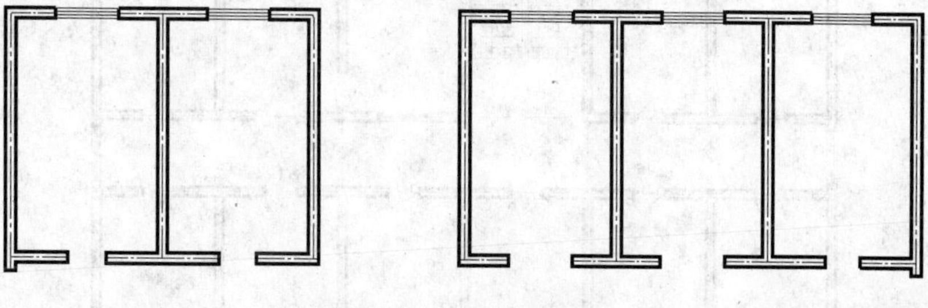

图 7-36　拉伸修改图形

(13)绘制楼梯间进口。

绘制并编辑楼梯间进口处的墙轴线、墙线和窗线，如图 7-37 所示。

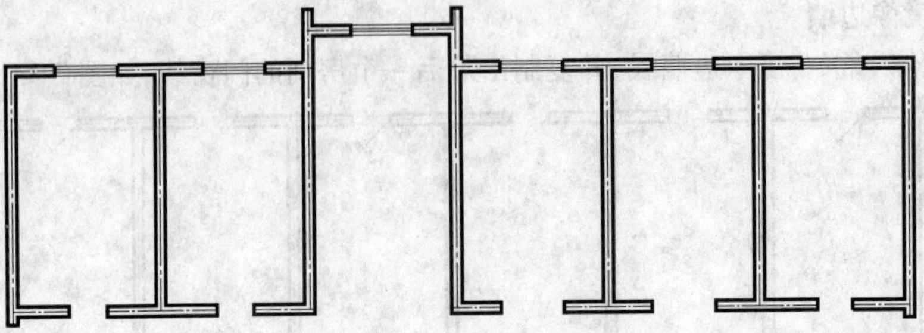

图 7-37　绘制楼梯间进口

(14)绘制踏步和扶手。

将“门、窗线图层”置为当前图层,绘制楼梯踏步和扶手等线,如图 7-38 所示。

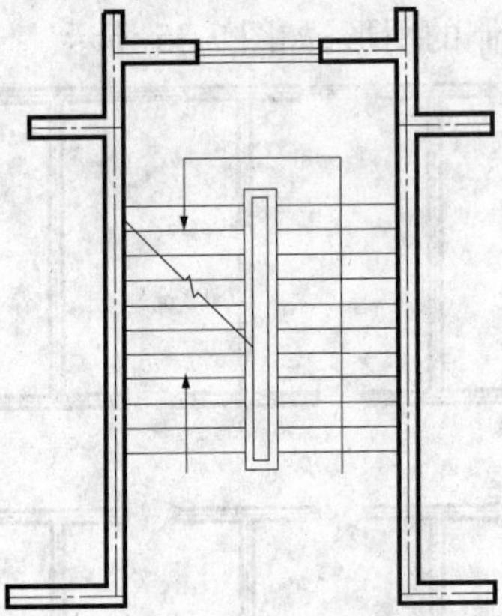

图 7-38　绘制楼梯踏步和扶手

(15)整理图形。

绘制窗线和雨篷线,绘制和复制内门,如图 7-39 所示。

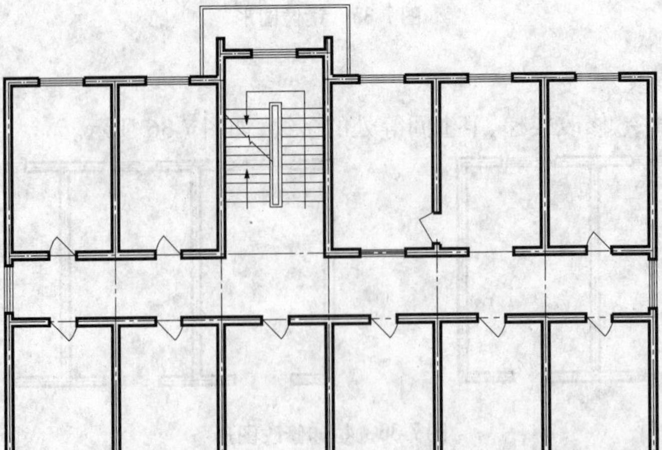

图 7-39　整理图形

(16)注写文字。

注写文字和门、窗代号(文字高度设为600,字母高度设为400),如图7-40所示。

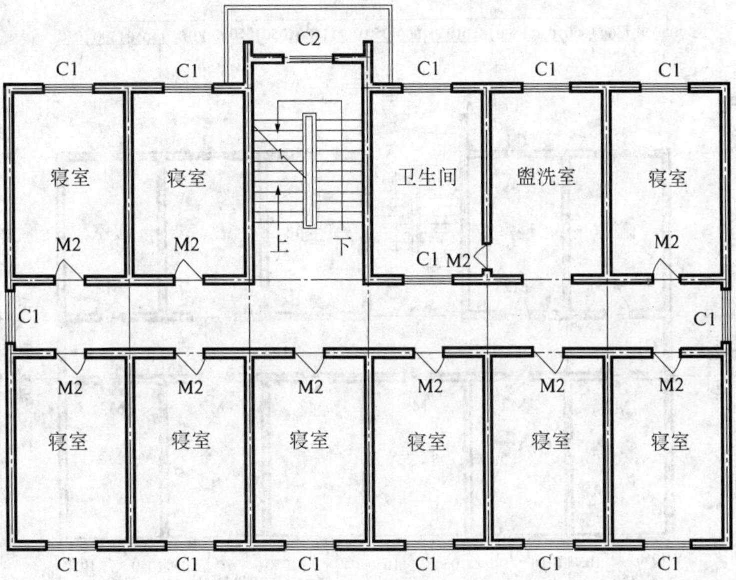

图7-40 注写文字

(17)标注尺寸。

调出"标注"工具栏,新建并设置"标注样式",标注全图尺寸,如图7-41所示。

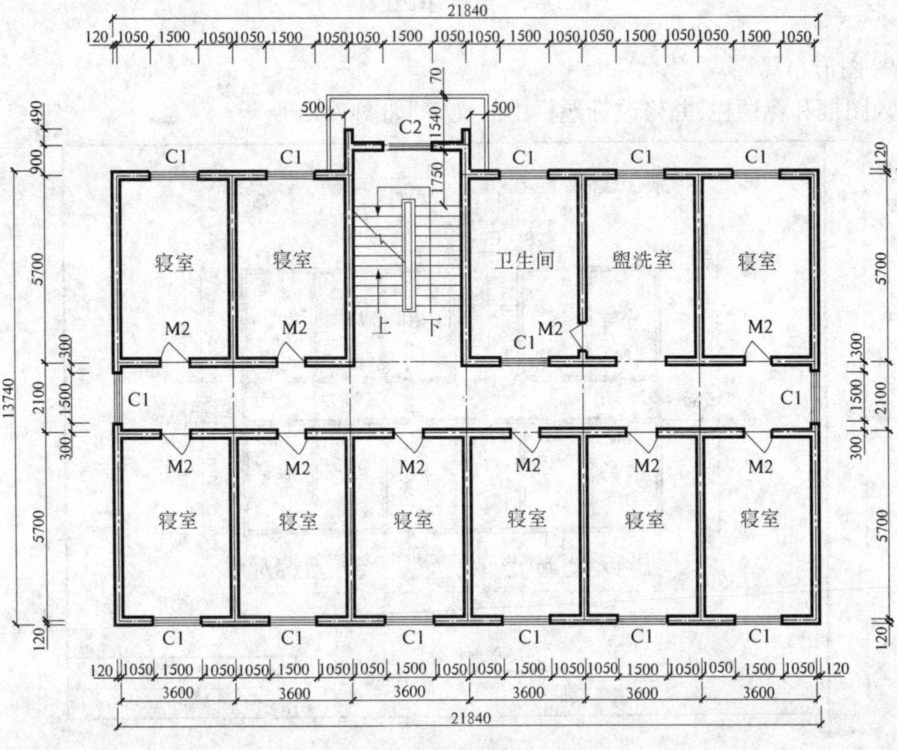

图7-41 标注尺寸

(18)绘制墙轴线符号。

绘制墙轴线符号(圆直径 800,字高 450),如图 7-42 所示。

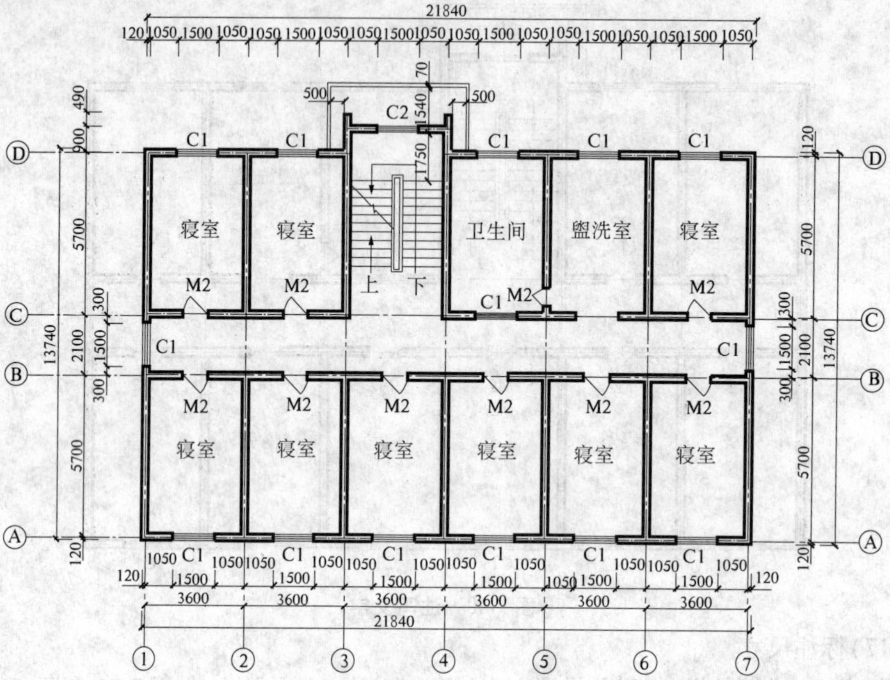

图 7-42　绘制墙轴线符号

(19)图形布局。

插入图框和标题栏,并修改标题栏中的文字,如图 7-43 所示。

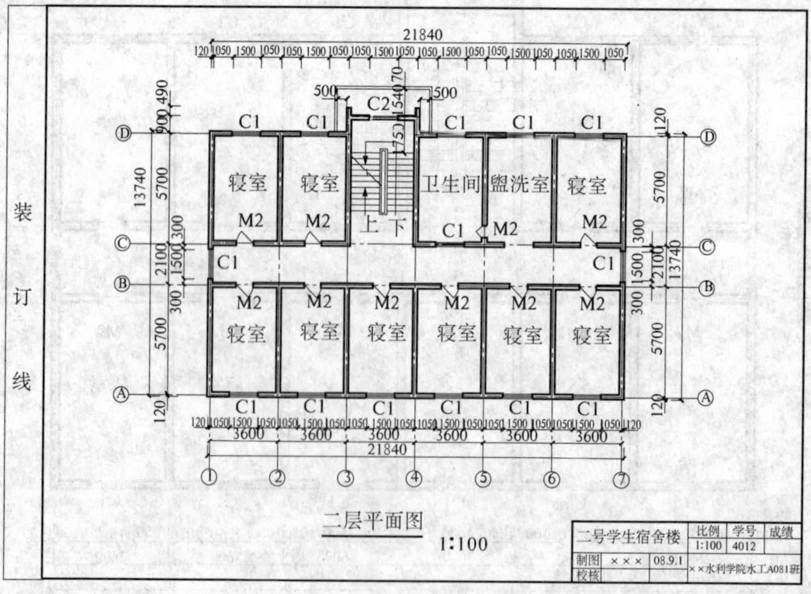

图 7-43　图形布局

(三)实训任务三

1. 实训任务

绘制如图 7-44 所示住宅楼建筑立面图(大图见附图 5,与附图 4 为同一建筑物)。

2. 标准要求

(1)建筑立面图绘图方法正确,图形绘制时间不超过 40 min。

(2)正确设置尺寸标注样式,正确进行高程尺寸标注,尺寸标注时间不超过 20 min。

(3)正确进行图形布局。

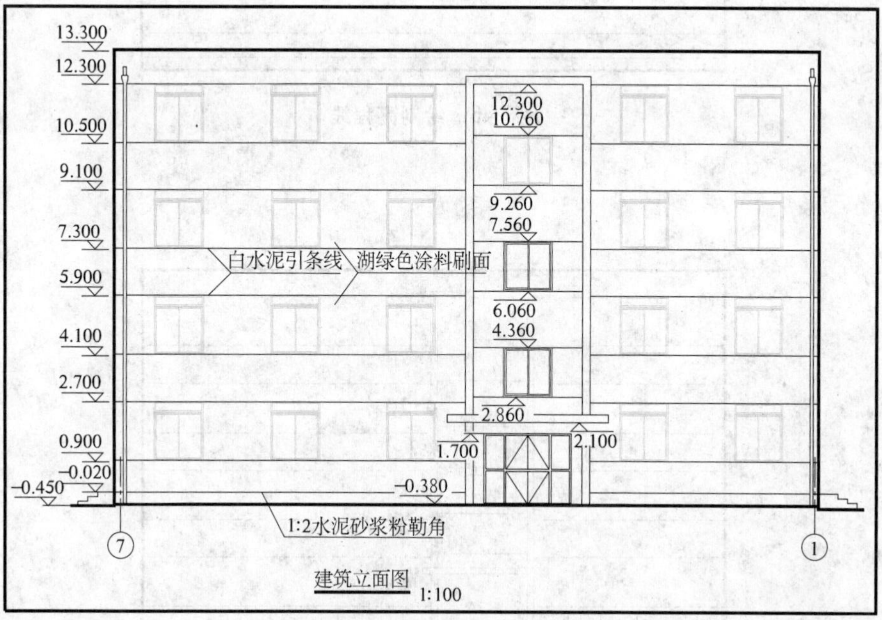

图 7-44　学生宿舍北立面图

3. 实训指导

(1)打开实训十任务二中绘制的建筑平面图 CAD 格式文件,在该建筑平面图上方,按长对正的关系画建筑立面图,这样能够节省读尺寸的时间。注意这时将图形“另存为”“建筑立面图”,以防止发生误操作时损坏原图形。

(2)在世界坐标系零高度的位置上,画出一条 0 高程的基准直线,用“复制”命令,绘制出所有的高程线,如图 7-45 所示。

(3)参照平面图的位置,绘制楼梯间部分高程线,如图 7-46 所示。

(4)插入或绘制窗子的立面图形,如图 7-47、图 7-48 所示。

(5)参照建筑平面图定位第一个窗子,再用“阵列”或“复制”命令,绘出所有的窗子,如图 7-49 所示。

(6)参照平面图中的尺寸,绘制楼门的图形,如图 7-50 所示。

(7)用“移动”命令,将门移动到中间位置,并绘出雨水管,如图 7-51 所示。

(8)用“镜像”命令将整个图形镜像,如图 7-52 所示。

图 7-45　绘制高程线

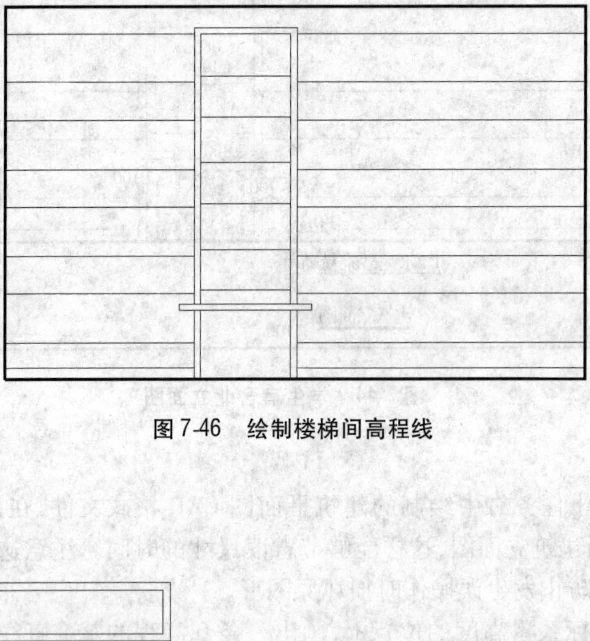

图 7-46　绘制楼梯间高程线

图 7-47　房间窗

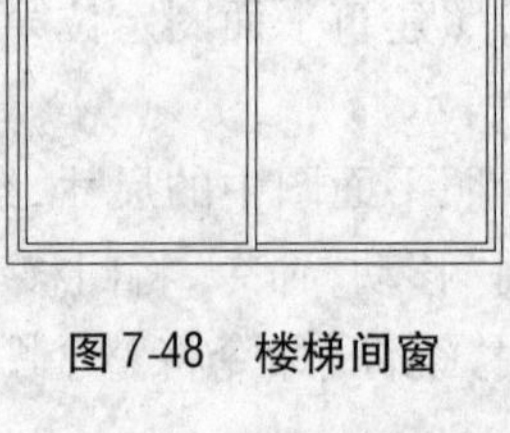

图 7-48　楼梯间窗

图 7-49　阵列或复制窗子

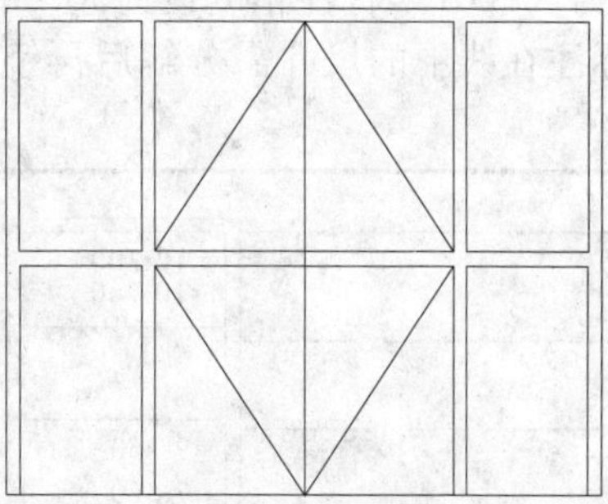

图 7-50　绘制楼门

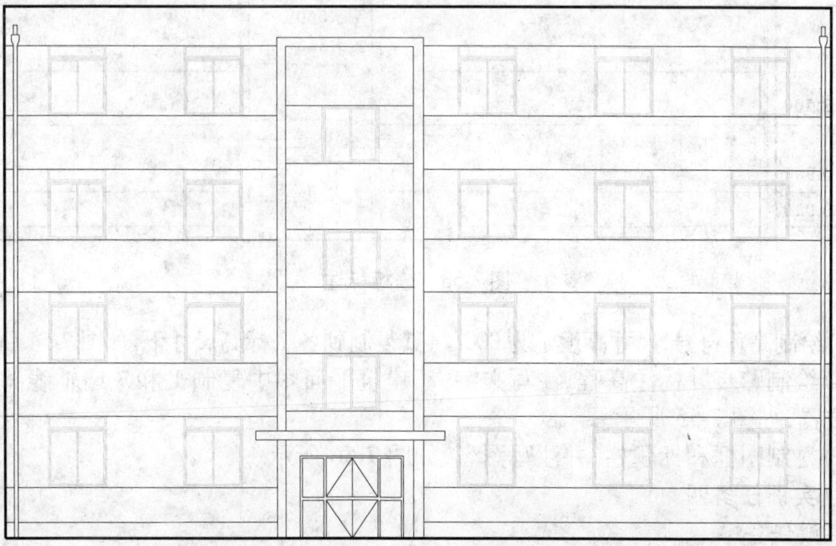

图 7-51　定位楼门

图 7-52　镜像立面图

(9)新建标注样式,设置“使用全局比例”为 80,设置“文字位置”“从尺寸线偏移”为 3.5,测量单位比例因子设置为“0.001”,标注精度设为“0.000”。应用“坐标标注”命令自动生成各处高程标高数值,标注在线下的尺寸需分解后再镜像或从右键菜单中移动其数字位置,如图 7-53 所示。

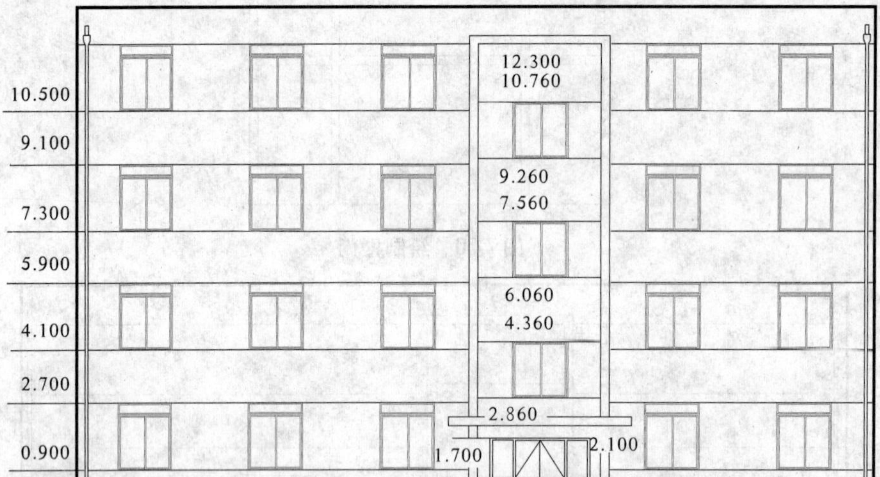

图 7-53　坐标标注

(10)绘制高程符号,尺寸高度定为 300,将其复制到各个标高尺寸下,如图 7-54 所示。

(11)绘制踏步并标注高程,注写文字,从建筑平面图中复制 1 和 7 墙轴线符号,插入到正确位置,如图 7-55 所示。

(12)复制图框和标题栏,并注写图名,如图 7-56 所示。

(四)实训任务四

1. 实训任务

绘制图 7-57 所示学生宿舍剖立面图(大图见附图 6,与附图 4、附图 5 为同一建筑物)。

2. 标准要求

(1)绘图方法正确,正确进行剖面材料符号填充,图形绘制时间不超过 60 min。

(2)正确进行高程尺寸标注,尺寸标注时间不超过 30 min。

3. 实训指导

(1)在世界坐标系零高度的位置上,画出一条 0 高程的基准直线,用"复制"命令,复制出各高程直线和墙轴线,如图 7-58 所示。

(2)用"多线"命令绘制墙线和梁,如图 7-59 所示。

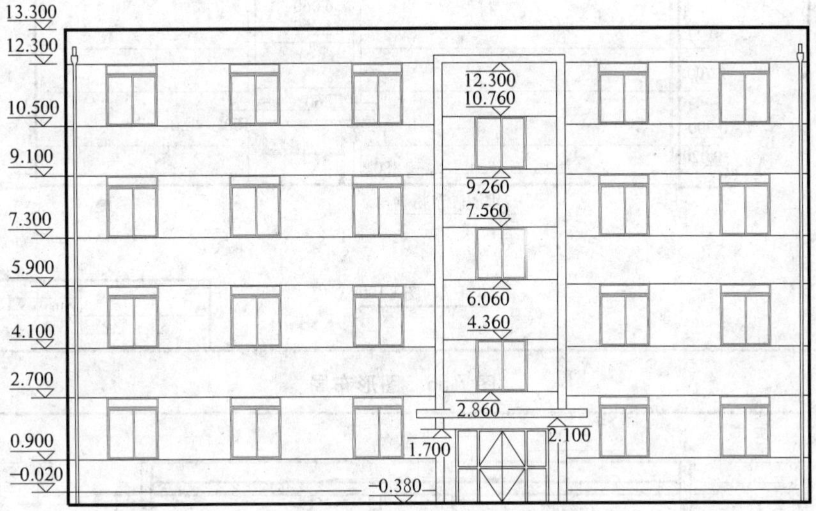

图 7-54 添加高程符号

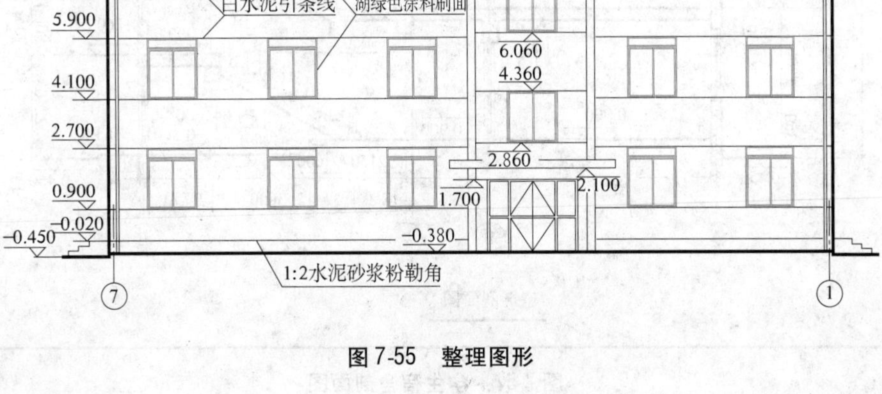

图 7-55 整理图形

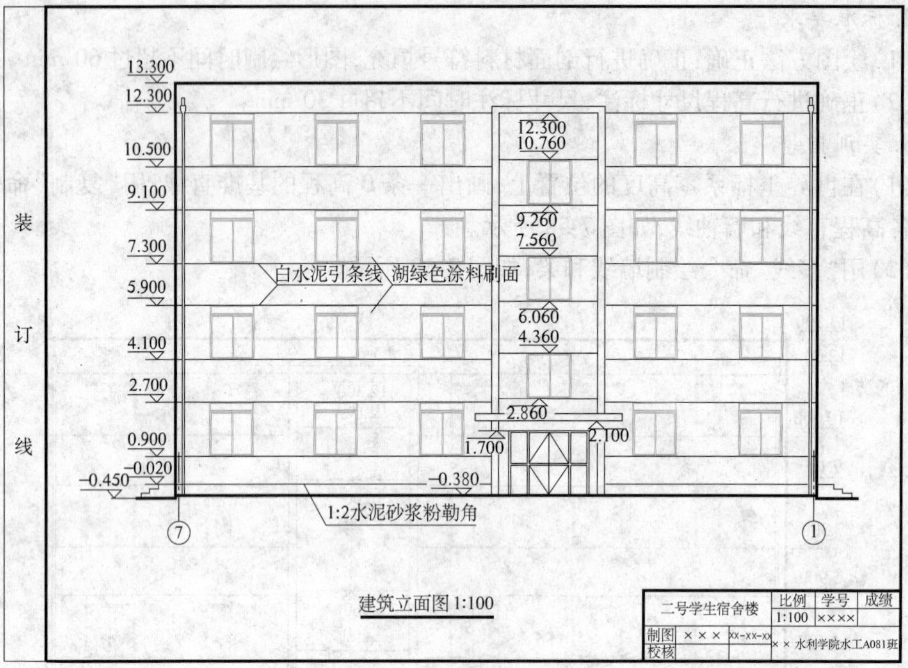

图 7-56　图形布局

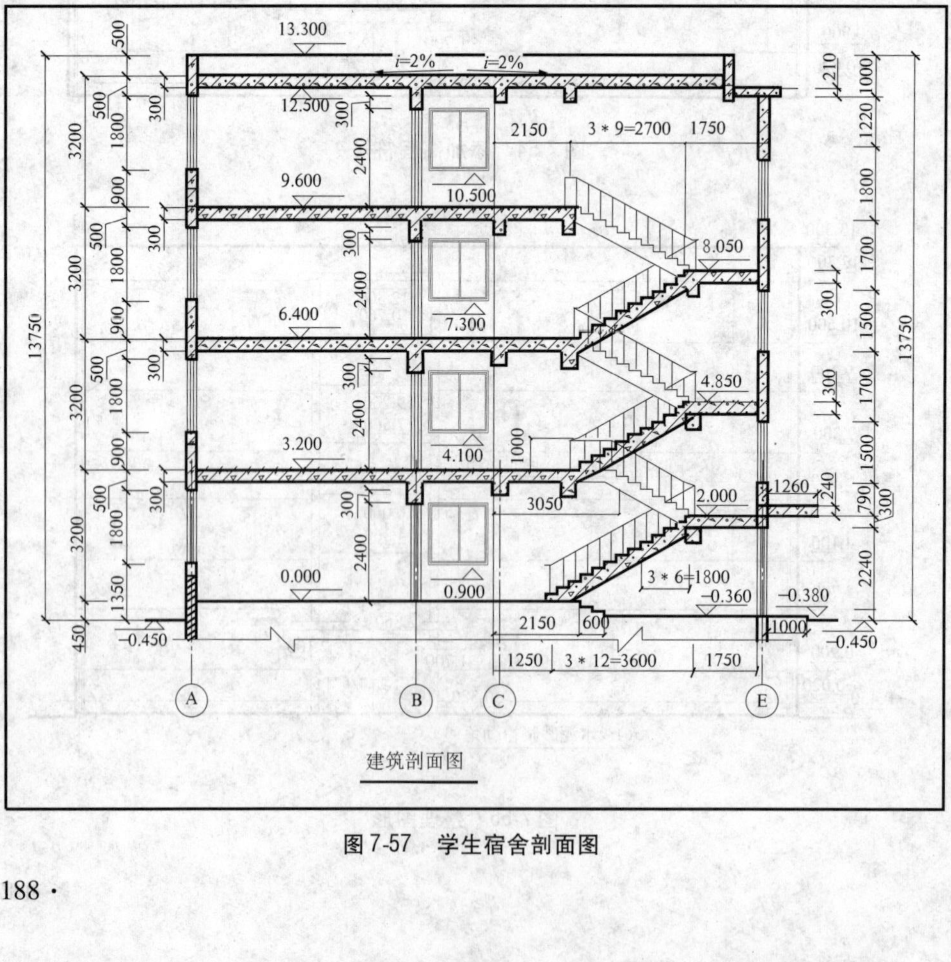

图 7-57　学生宿舍剖面图

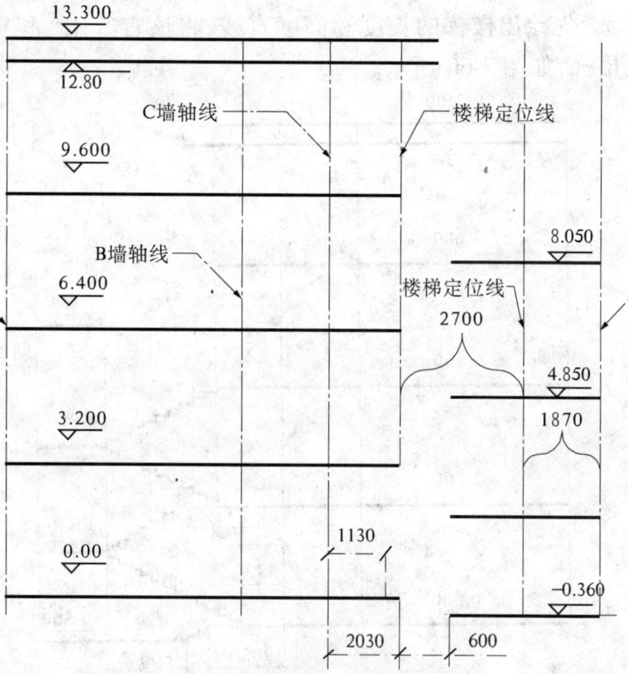

图 7-58 绘制高程线和墙轴线

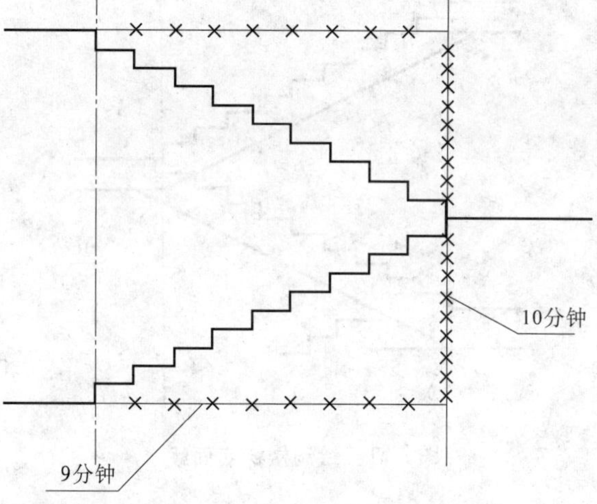

图 7-59 绘制墙线和梁线

(3)绘制楼梯。先绘出楼梯的长度和高度直线，将该直线用“点”命令 10 等分，然后追踪等分点画出楼梯，如图 7-60 所示。

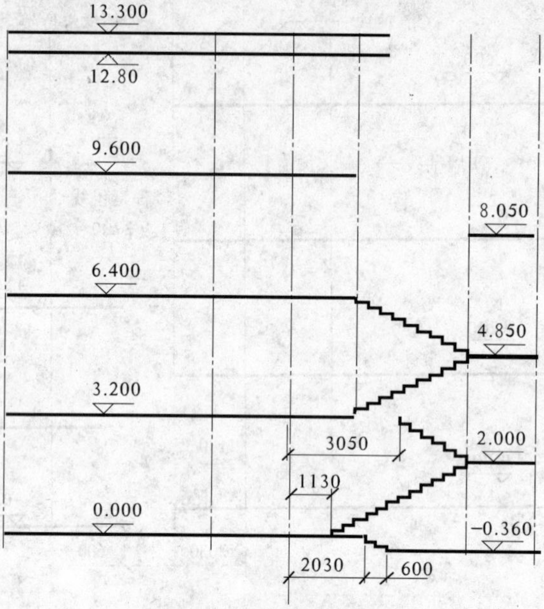

图 7-60　绘制楼梯台阶

(4)定位楼梯底面线的起点，绘出与楼梯台阶平行的楼梯底面直线，如图 7-61 所示。

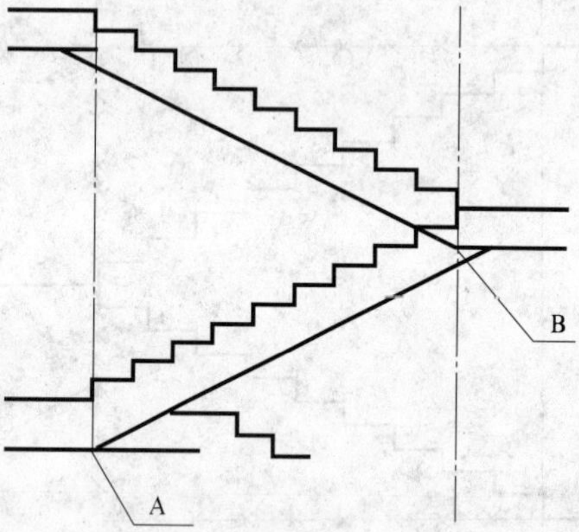

图 7-61　绘制楼梯底面线

(5)用同样的方法绘出一楼的楼梯图形，“复制”出三楼的楼梯图形，如图 7-62 所示。

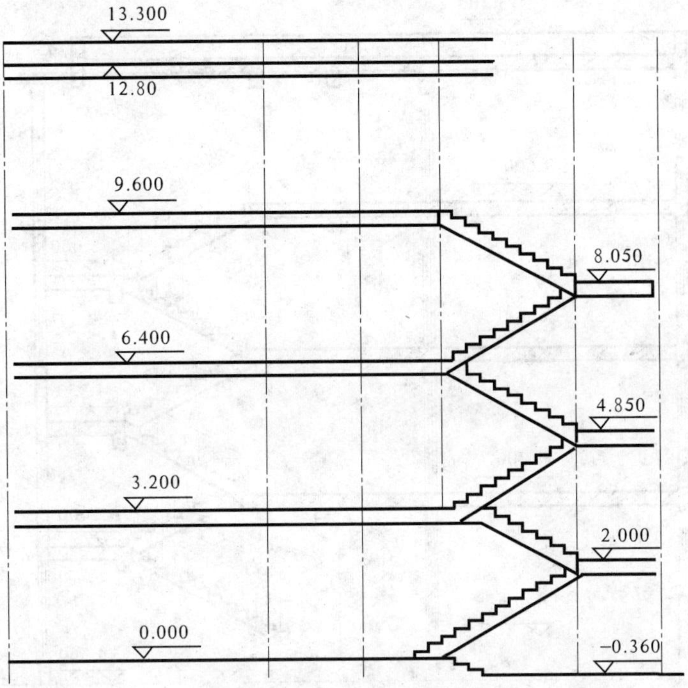

图 7-62　绘制和复制楼梯

(6)用“阵列”或“复制”的方法,绘制扶手栏杆;用“多线”命令绘制扶手,如图 7-63 所示。(尺寸目测)

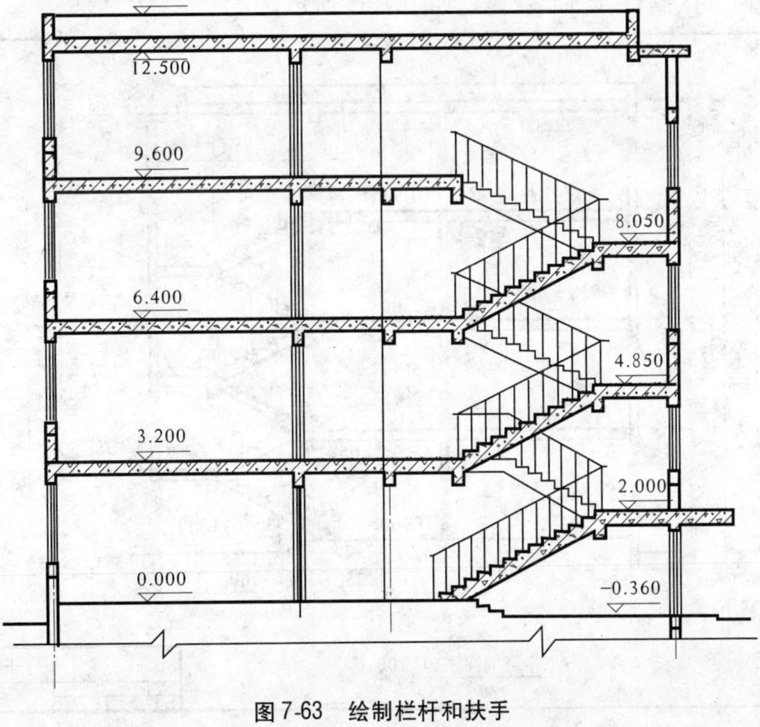

图 7-63　绘制栏杆和扶手

(7)绘出窗子的图形,如图 7-64 所示。

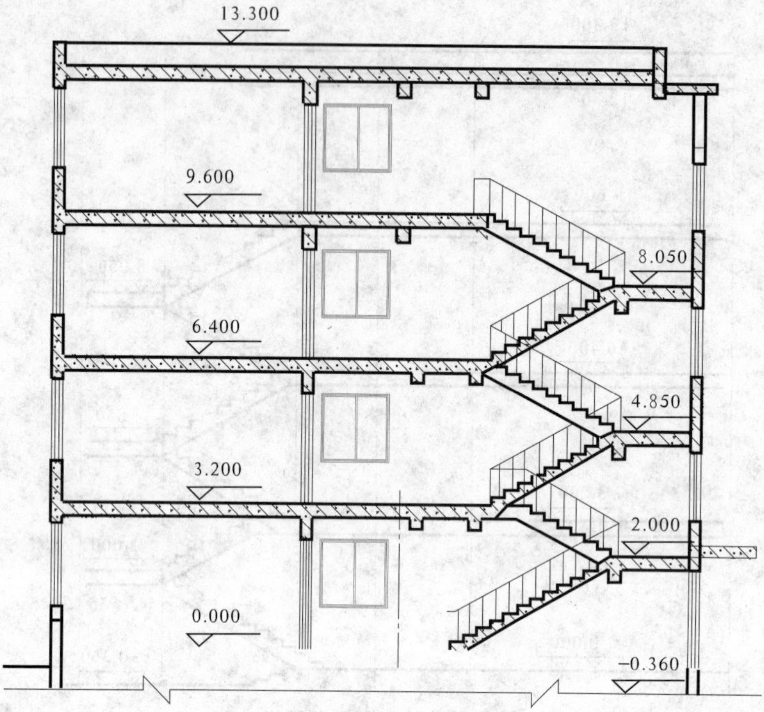

图 7-64　绘制窗子

（8）标注尺寸、高程、墙轴线符号，如图 7-65 所示。

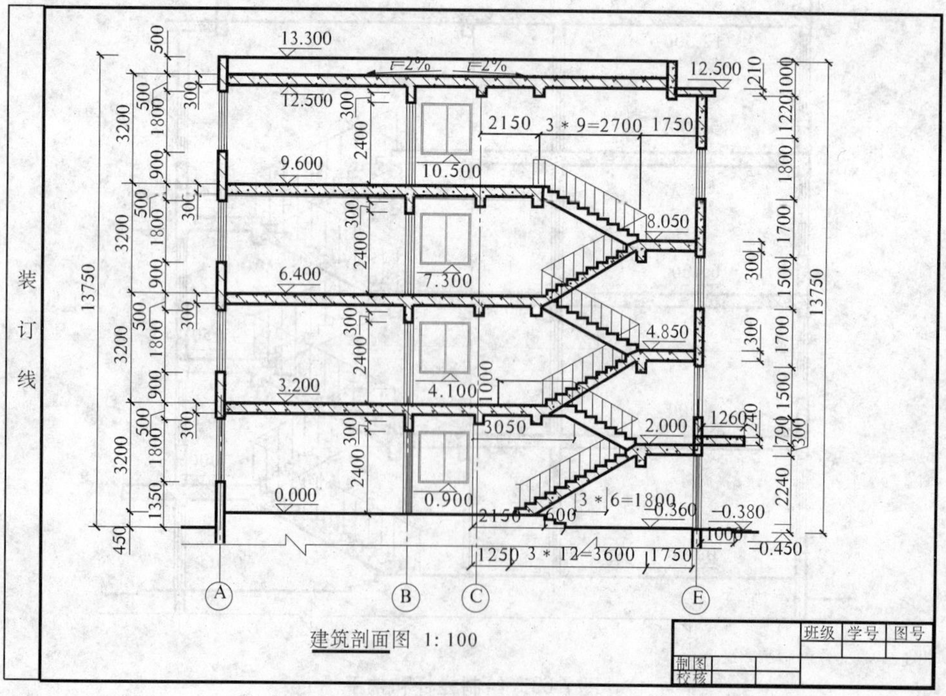

图 7-65　标注尺寸和符号

三、课外拓展练习

(1)如图7-66所示的尺寸连续标注,在"尺寸标注样式管理器"中如何进行设置?( )

A.在"直线选项卡"中选择固定长度的尺寸线

B.在"直线选项卡"中选择固定长度的尺寸界线

C.在"直线选项卡"中设置合适的起点偏移量

D.在"直线选项卡"中设置合适的超出尺寸线长度

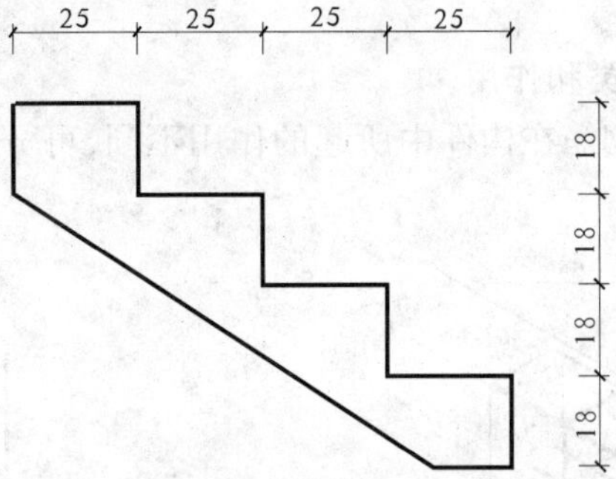

图7-66

(2)定位轴线的编号注在直径为( )的圆内。

A. 3 ~ 5 mm   B. 5 ~ 7 mm   C. 8 ~ 10 mm   D. 12 ~ 14 mm

(3)索引符号以细实线绘制,圆的直径为( ),详图符号应以粗实线绘制,直径为( )。

A. 10, 14   B. 8, 10   C. 12, 12   D. 10,10

(4)指北针用细实线绘制,圆的直径为( ),指北针尾部宽为( ),指针尖端指向北。

A. 24,5   B. 15, 3   C. 24, 3   D. 15, 5

任务二十二　AutoCAD绘制房屋结构施工图

一、房屋结构施工图基本知识

在房屋建筑中,很多结构都是由钢筋混凝土构成的。用钢筋混凝土制成的板、梁、柱、基础、桁架和支撑等称为钢筋混凝土结构。用来表达房屋钢筋混凝土结构的图样称为房屋结构施工图。

(一)钢筋的种类及代号

钢筋按生产工艺和抗拉强度的不同可以分为多种强度等级,根据《混凝土结构设计规范》(GB 50010—2002),常用的钢筋种类和代号如表7-4所示,供标注与识别之用。

表 7-4　钢筋的种类及代号

种类	符号	d(mm)
HPB235(Q235)	Φ	8 ~ 20
HRB335(20MnSi)	Φ	6 ~ 50
HRB400(20MnSiV、20MnSiNb、20MnTi)	Φ	6 ~ 50
RRB400(K20MnSi)	Φ_R	8 ~ 40

注:HPB 235 为光圆钢筋;HRB335、HRB400 为人字纹钢筋;RRB400 为光圆或螺纹钢筋,其中 235、335、400 为强度值。

(二)构件中钢筋的分类和作用

如图 7-67 所示,根据钢筋在构件中所起的作用不同,可分为受力钢筋、架立钢筋、箍筋、分布钢筋和其他钢筋。

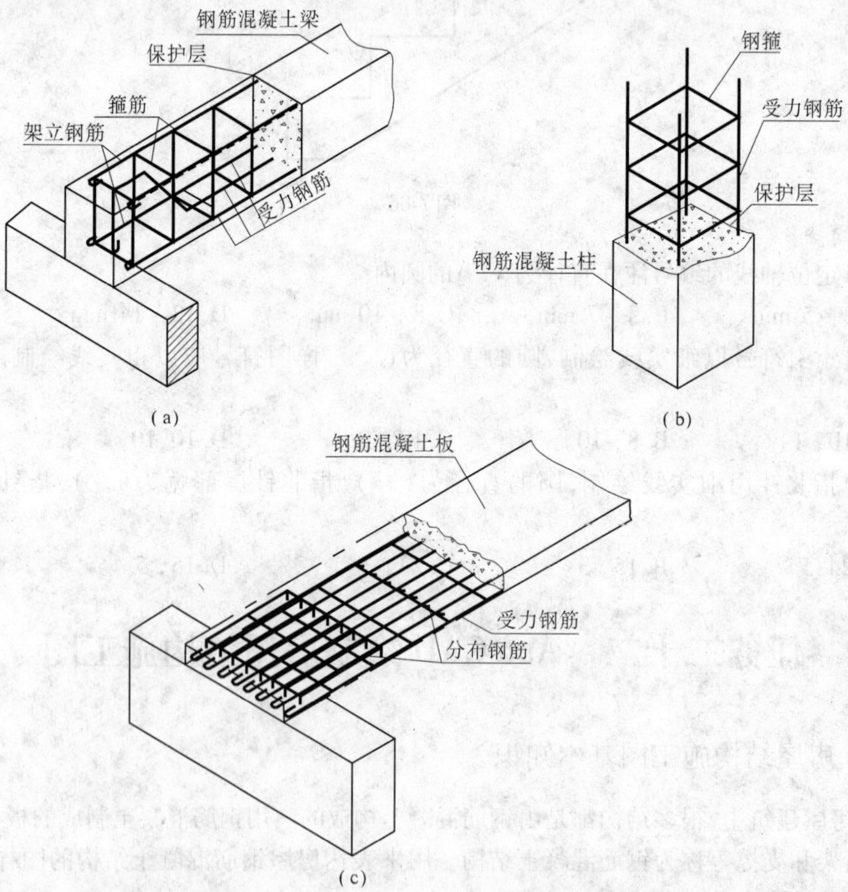

图 7-67　梁、柱、板构件中钢筋分类示意图

(1)受力钢筋。在构件中主要用来承受拉力,有时也承受压力和剪力的钢筋。

(2)架立钢筋。在构件中主要用来固定受力钢筋和箍筋的位置,一般用于钢筋混凝土梁中。

(3)箍筋(也称钢箍)。在构件中主要用来固定钢筋的位置,承受部分拉力和剪力,使钢筋形成坚固的骨架,这种钢筋多用在梁、柱中。

(4)分布钢筋。这种钢筋多用在板中,与受力钢筋垂直布置,将所受外力均匀的传给受力钢筋,并固定受力钢筋的位置,使受力钢筋和分布钢筋组成一个共同受力的钢筋网。

(5)其他钢筋。如吊钩、锚筋以及施工中常用的支撑等。

(三)钢筋的弯钩

为了增强钢筋与混凝土之间的黏结力,不至于使钢筋与混凝土之间发生相对滑动,常将光圆钢筋的两端做成弯钩。弯钩的形式和尺寸有多种,可查有关规定和规范。如采用人字纹钢筋或螺纹钢筋,一般不做弯钩。如图 7-68 所示为几种弯钩的图示尺寸。

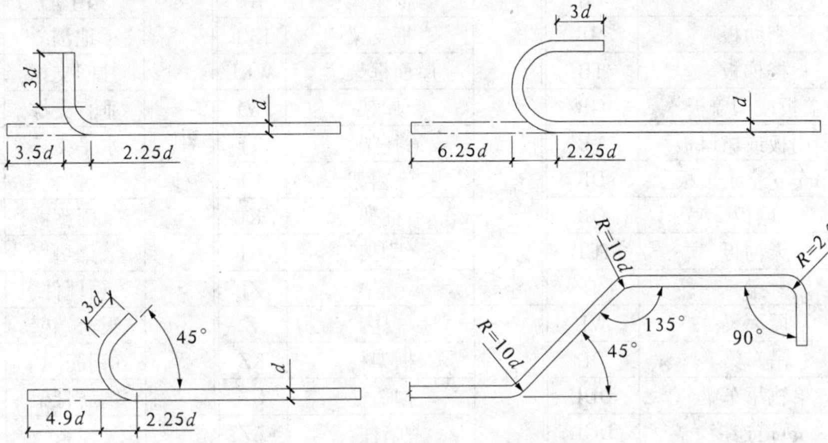

图 7-68　钢筋的弯钩形式示意图

(四)钢筋的保护层

为防止钢筋受环境影响而产生锈蚀,保证钢筋与混凝土的有效黏结,钢筋边缘到混凝土表面应留有一定厚度的混凝土,称为钢筋的保护层。混凝土保护层的最小厚度视结构的不同而异。在《钢筋混凝土设计规范》(GB 50010—2002)中对构件的保护层厚度作了如下规定,如表 7-5 所示。

表 7-5　混凝土保护层厚度

钢筋种类	构件名称		保护层厚度(mm)
受力筋	板和墙	截面厚度≤100 mm	10
		截面厚度>100 mm	15
	梁和柱		25
	基础	有垫层	35
		无垫层	70
箍筋	梁和柱		15
分布筋	板和墙		10

（五）常用构件代号

为了读图、绘图方便，对基础、板、梁、柱等钢筋混凝土构件的名称用代号表示。常用的构件代号见表 7-6。

表 7-6　常用构件代号（GB/T 50105—2001）

类别	名称	代号	类别	名称	代号	类别	名称	代号
板	板	B	梁	过梁	GL	其他	设备基础	SJ
	屋面板	WB		连系梁	LL		承台	CT
	空心板	KB		基础梁	JL		阳台	YT
	槽形板	CB		楼梯梁	TL		桩	ZH
	折板	ZB		框架梁	KL		挡土墙	DQ
	密肋板	MB		框支梁	KZL		地沟	DG
	楼梯板	TB		屋面框架梁	WKL		柱间支撑	ZC
	盖板或沟盖板	GB	架	屋架	WJ		垂直支撑	CC
	挡雨板或檐口板	YB		托架	TJ		水平支撑	SC
	吊车安全走道板	DB		天窗架	CJ		梯	T
	墙板	QB		框架	KJ		雨篷	YP
	天沟板	TGB		刚架	GJ		梁垫	LD
梁	梁	L		支架	ZJ		预埋件	M－
	屋面梁	WL	柱	柱	Z		天窗端壁	TD
	吊车梁	DL		框架柱	KZ		钢筋网	W
	单轨吊车梁	DDL		构造柱	GZ		钢筋骨架	G
	轨道连接	DGL		暗柱	AZ		檩条	LT
	圈梁	QL	其他	基础	J		车挡	CD

如图 7-69 所示，6－YKB5－36－2 表示 6 块预应力空心板，板长 3600 mm，板宽 500 mm，荷载等级为Ⅱ级。

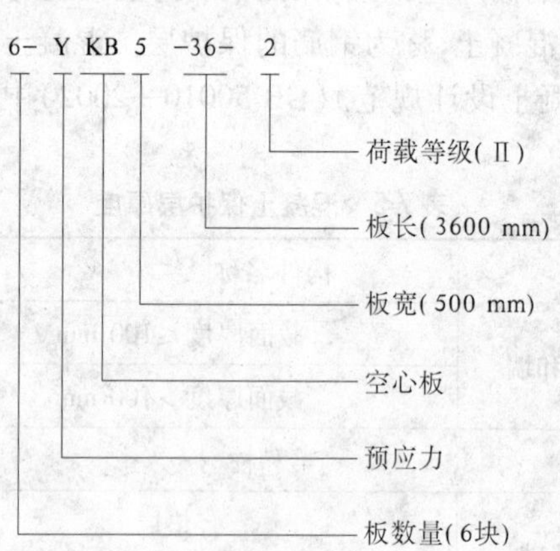

图 7-69　预应力空心板标注示意图

二、钢筋混凝土结构的图示方法

（一）图线规定

在绘制房屋结构施工图时，可以假设混凝土为透明体，在轮廓线内将钢筋布置情况画出,这类图也称为配筋图。为了突出钢筋的表达,制图标准规定:图内不画混凝土剖面材料符号,钢筋用粗实线,钢筋的截面用小黑点,构件的轮廓线用细实线,钢筋常见的表示法如表 7-7 所示。

表 7-7　一般钢筋常用图例

序号	名称	图例	说明
1	钢筋横断面		
2	无弯钩的钢筋端部		下图表示长、短钢筋投影重叠时,短钢筋的端部用 45°斜画线表示
3	带半圆形弯钩的钢筋端部		
4	带直钩的钢筋端部		
5	带丝扣的钢筋端部		
6	无弯钩的钢筋搭接		
7	带半圆弯钩的钢筋搭接		
8	带直钩的钢筋搭接		
9	花篮螺丝钢筋接头	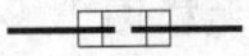	
10	机械连接的钢筋接头		用文字说明机械连接的方式(或冷挤压或锥螺纹等)

(二)钢筋的编号

在钢筋混凝土构件的配筋图中,为了区分各种类型和不同直径的钢筋,钢筋必须进行编号,每类钢筋(即型式、规格、长度相同的钢筋)无论根数多少只编一个号。编号顺序应有规律,一般为自下而上,自左至右,先受力筋,后架立筋、箍筋和构造筋,有多少种同类型钢筋就编多少个号。编号采用阿拉伯数字,注写在引出线端直径为 6 mm 的细实线圆中。

除对同种类型的钢筋进行编号外,还应在引出线上注明该种钢筋的直径、间距和根数。下面通过图 7-70 所示示例说明钢筋的编号方式和标注含义。

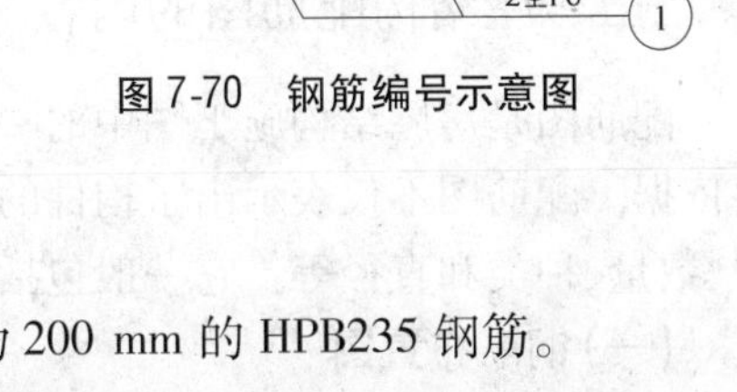

图 7-70　钢筋编号示意图

图 7-70 例中:

受力筋有两种,包括编号为"1"的两根直径为 16 mm 的 HRB335 钢筋和编号为"2"的一根直径为 18 mm 的 HPB235 钢筋。

架立筋一种,编号为"3"的两根直径为 12 mm的 HPB235 钢筋。

箍筋有一种,编号为"4"的直径为 8 mm、间距为 200 mm 的 HPB235 钢筋。

(三)钢筋的画法规定

在表达房屋结构施工图中的钢筋时,画法还应符合表 7-8 的规定。

表 7-8　钢筋的画法

序号	说明	图例
1	在结构平面图中配置双层钢筋时，底层钢筋的弯钩应向上或向左，顶层钢筋的弯钩则向下或向右	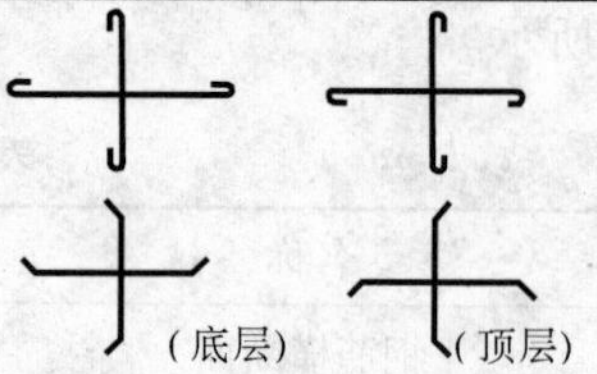
2	钢筋混凝土墙体配双层钢筋时，在配筋立面图中，远面钢筋的弯钩应向上或向左，而近面钢筋的弯钩向下或向右（JM 为近面，YM 为远面）	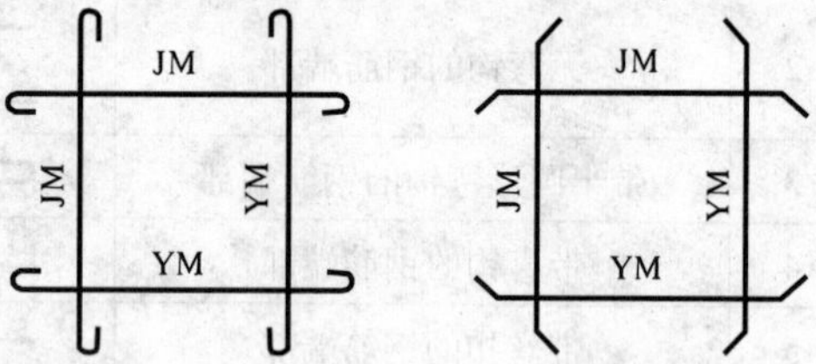
3	若在断面图中不能表达清楚的钢筋布置，应在断面图外增加钢筋大样图（如：钢筋混凝土墙、楼等）	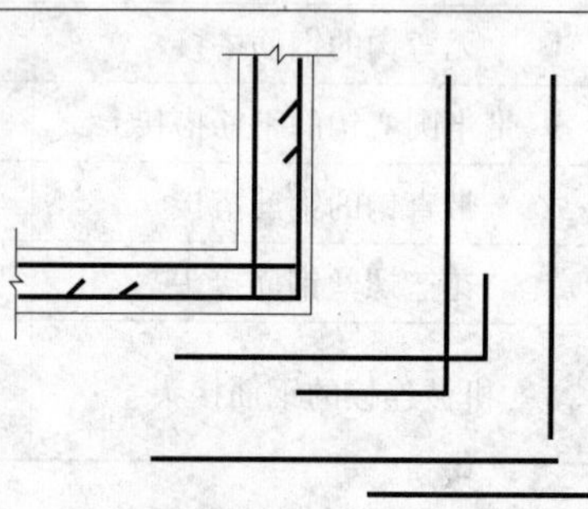
4	图中所表示的箍筋、环筋等若布置复杂，可加画钢筋大样及说明	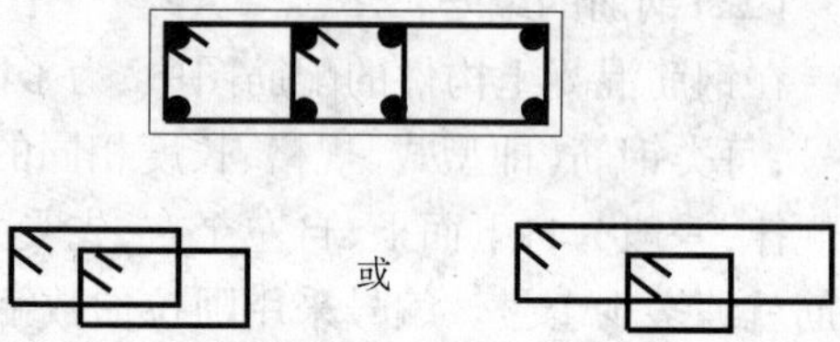
5	每组相同的钢筋、箍筋或环筋，可用一根粗实线表示，同时用一两端带斜短画线的横穿细线，表示其余钢筋及起止范围	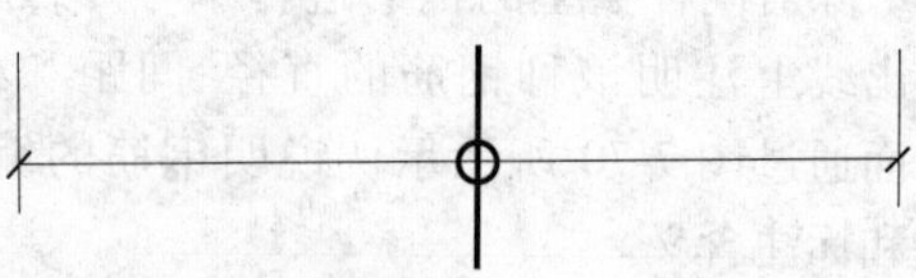

三、房屋结构配筋图的内容

配筋图是房屋结构施工图中的一种重要图样。它是构件施工和加工、绑扎钢筋的主要依据。配筋图不仅表示出了构件的外部形状和尺寸，而且表示出了钢筋在构件中的位置、数量、种类和直径等。它一般包括钢筋布置图、钢筋成型图、钢筋表等内容。

（一）钢筋布置图

钢筋布置图主要表明构件内部钢筋的分布情况，一般选用视图、断面图综合表达。图 7-71所示的钢筋混凝土梁是用立面图和断面图来表示钢筋布置的。

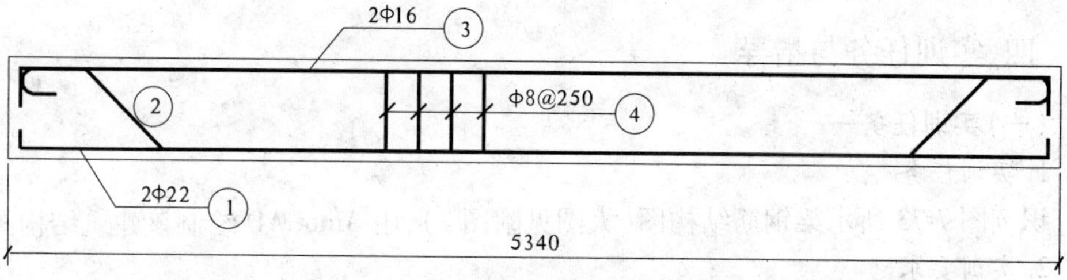

图 7-71　钢筋布置图

(二)钢筋成型图

钢筋成型图用来表达构件中每根钢筋加工成型后的形状和尺寸,如图 7-72 所示。在图上直接标注钢筋各部分的实际尺寸,并注明钢筋的编号、根数、直径以及单根钢筋的断料长度,它是钢筋加工和断料加工的依据。

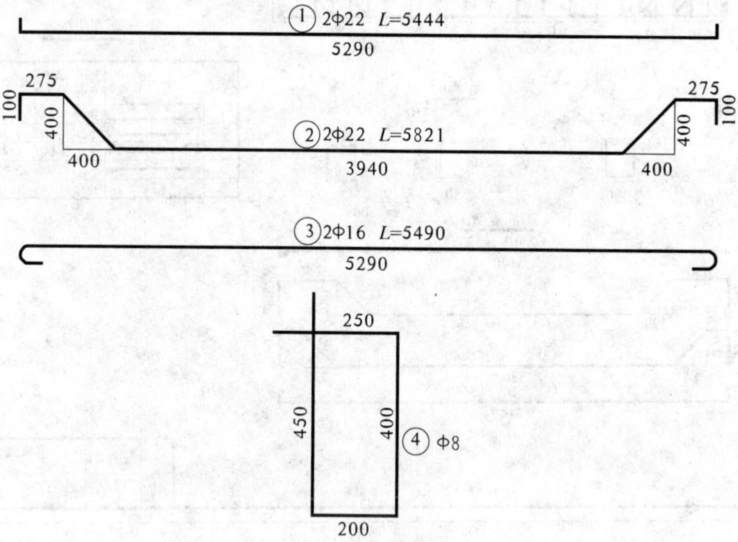

图 7-72　钢筋成型图

(三)钢筋表

钢筋表是将构件中钢筋的编号、型式、规格、根数、单根数、总长度、重量和备注等内容列成表格的形式,是备料、加工以及做材料预算的依据,如表 7-9 所示。

表 7-9　钢筋表

编号	规格	简图	单根长度(mm)	根数	质量(kg)
①	Φ16		5444	2	7.53
②	Φ14		5821	1	5.83
③	ф6		5490	2	1.58
④	ф6		1300	22	6.32

四、实训任务与指导

(一)实训任务一

1. 实训任务

识读图 7-73 所示梁钢筋结构图(大图见附图 7),用 AutoCAD 绘制该建筑结构图。

2. 实训要求

(1)正确进行绘图过程设计,尺寸标注符合原图样式。

(2)图面布局清晰,A3 图纸打印。

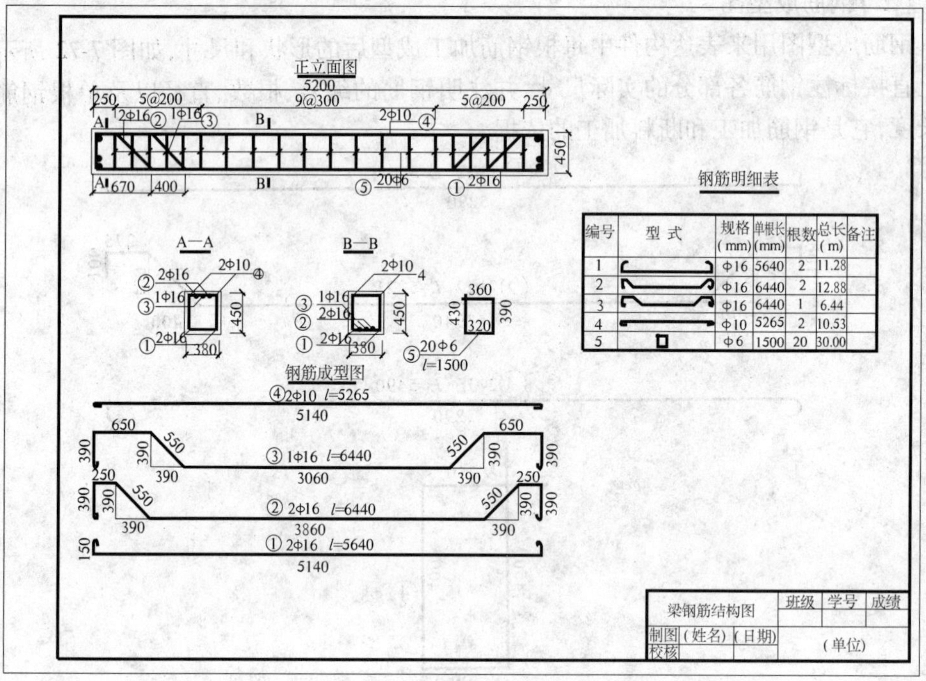

图 7-73　梁钢筋结构图

3. 实训指导

(1)钢筋结构轴测图如图 7-74 所示。

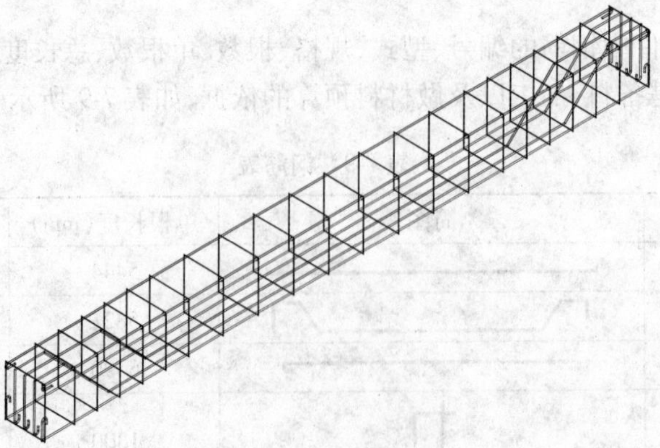

图 7-74　钢筋模型图

(2)先按尺寸绘制受力筋和架立筋成型图,如图 7-75 所示。

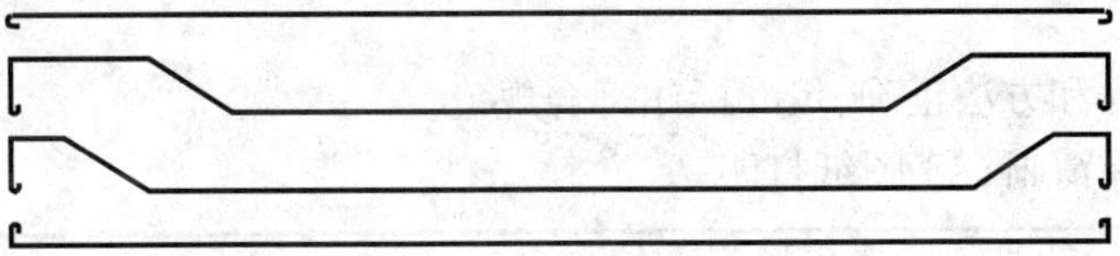

图 7-75　绘钢筋成型图

(3)复制受力筋和架立筋成型图,按结构位置叠加,再绘制保护层,如图 7-76 所示。

图 7-76　绘受力筋和架立筋

(4)绘制和复制箍筋,如图 7-77 所示。

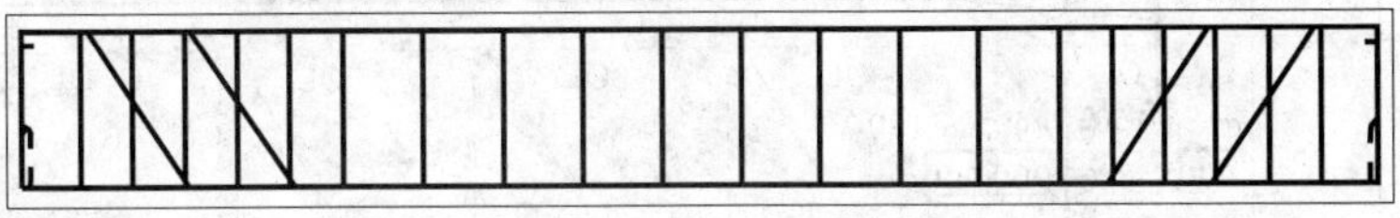

图 7-77　绘箍筋

(5)绘制箍筋成型图和断面图,如图 7-78 所示。表示钢筋的黑点用“圆环”命令内径设为零绘制。

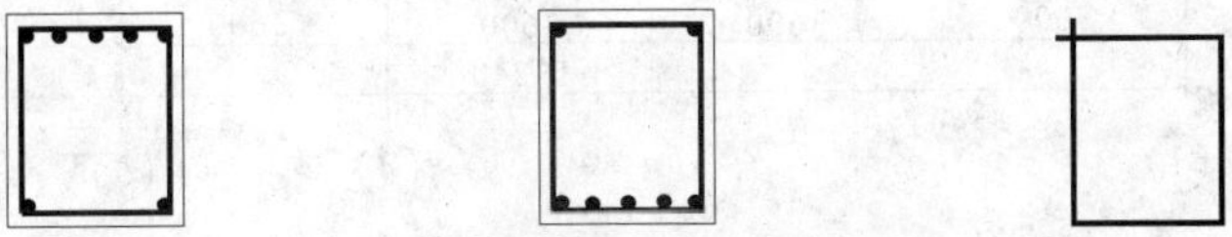

图 7-78　绘箍筋成型图和断面图

(6)绘制表格,缩放和复制钢筋成型图置于表格,填写文字,如图 7-79 所示。

编号	型式	规格（mm）	单根长（mm）	根数	总长（mm）	备注
1		φ16	5640	2	11.28	
2		φ16	6440	2	12.88	
3		φ16	6440	1	6.44	
4		φ10	5265	2	10.53	
5		φ6	1500	20	30.00	

图 7-79　绘钢筋表

(7)标注钢筋符号和尺寸,调入 A3 图框和标题栏,布图并打印。

(二)实训任务二

1. 实训任务

识读图 7-80 所示楼面板钢筋结构平面图(大图见附图 8),并用 AutoCAD 抄画该建筑结构图。

2. 实训要求

(1)绘图过程和方法正确,尺寸标注符合规范。

(2)图面布局清晰,A3 图纸打印。

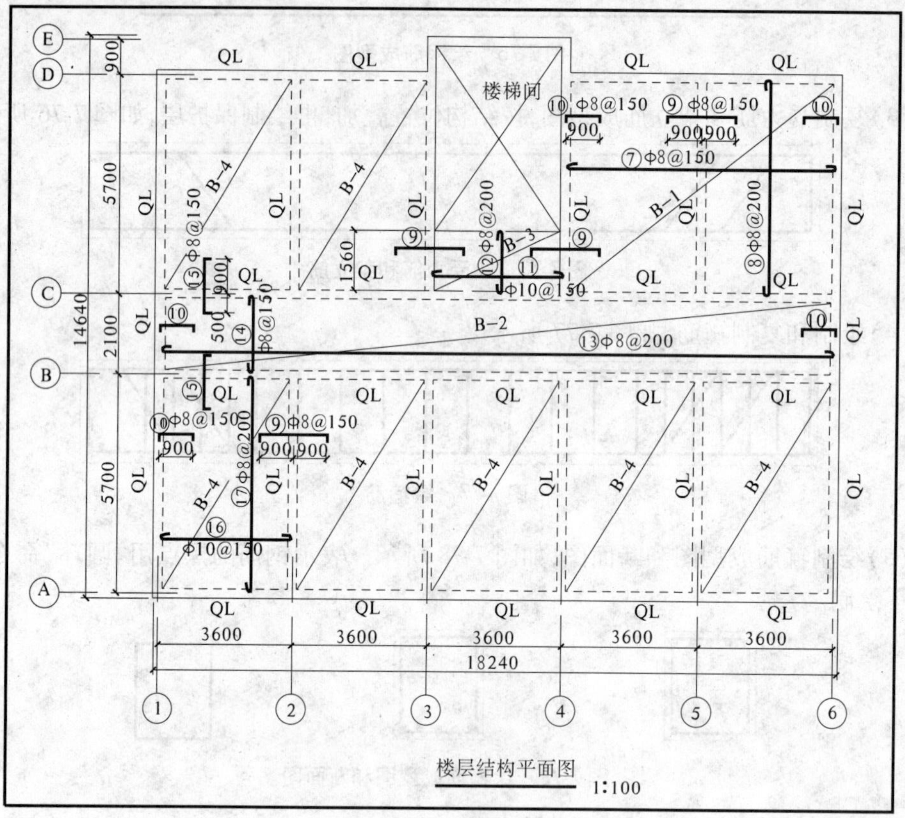

图 7-80 楼面板钢筋结构平面图

3. 实训指导

(1)楼面板钢筋结构轴测(局部)图如图 7-81 所示。

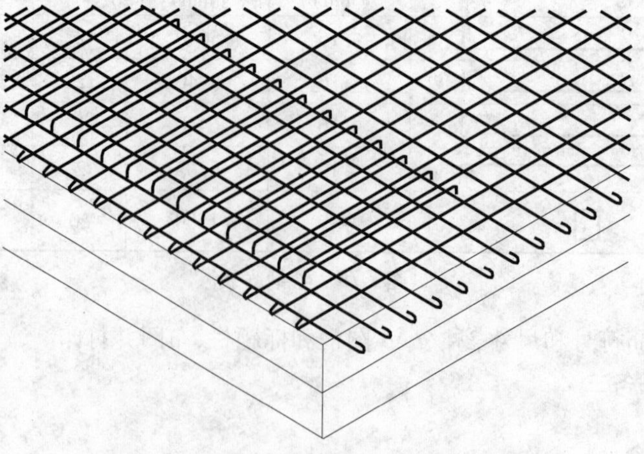

图 7-81 楼面板钢筋结构轴测(局部)图

(2)绘制楼板钢筋基础墙体,如图 7-82 所示。

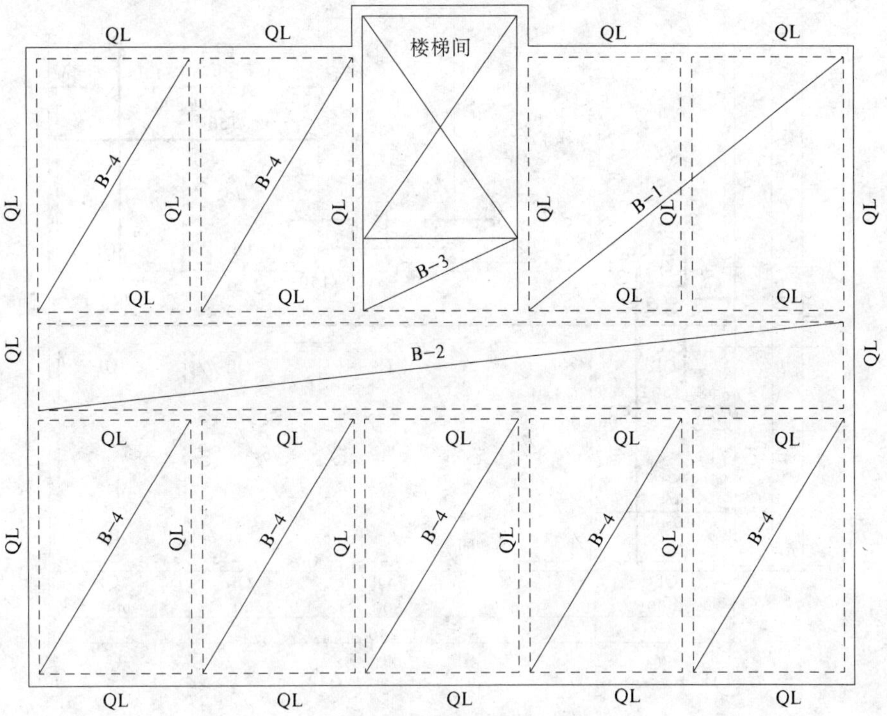

图 7-82　绘制楼板钢筋基础墙体

(3)绘制平面钢筋布置图,如图 7-83 所示。

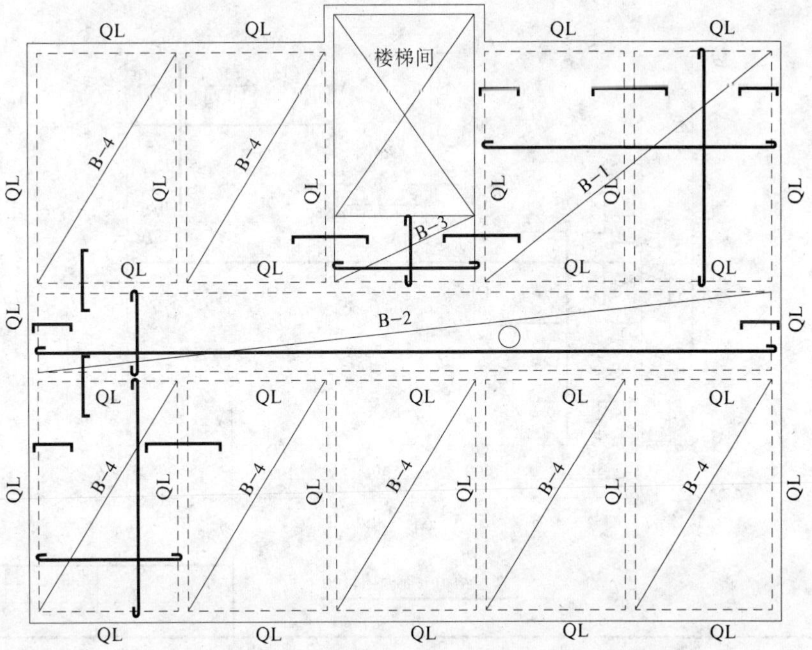

图 7-83　绘制平面钢筋布置图

(4)标注钢筋符号和基础尺寸,如图7-84所示。

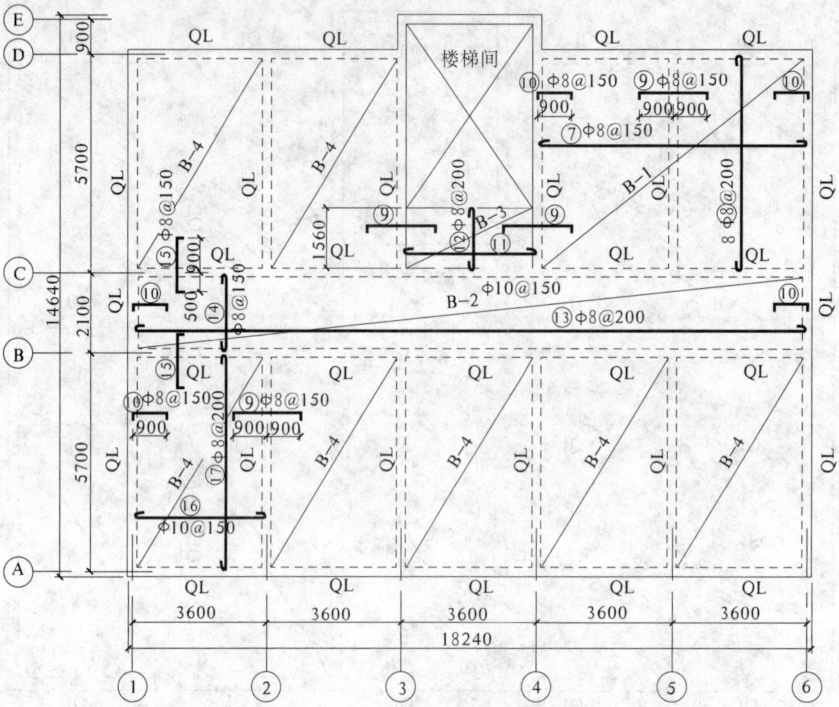

图7-84　标注钢筋符号和基础尺寸

(5)调用图框和标题栏,布图准备打印,如图7-85所示。

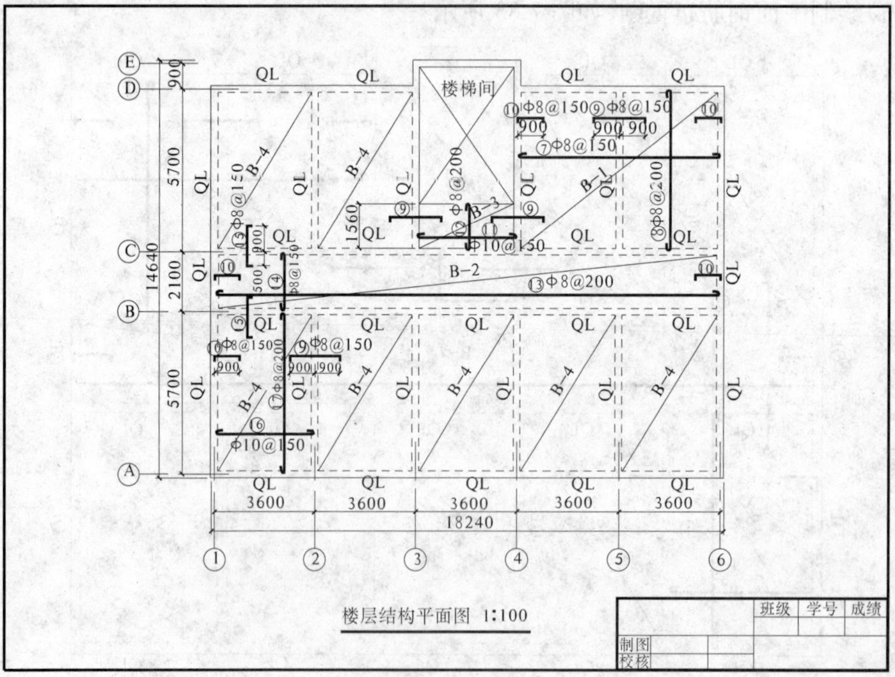

图7-85　图纸布局

五、课外拓展练习

(1)梁和柱子的保护层厚度一般为(　　)。

A. 15 mm　　B. 25 mm　　C. 35 mm　　D. 10 mm

(2)结构施工图包括(　　)等。

A. 总平面图、平立剖、各类详图　　B. 基础图、楼梯图、屋顶图

C. 基础图、结构平面图、构件详图　　D. 配筋图、模板图、装修图

(3)在结构平面图中,YTB 代表构件(　　)。

A. 楼梯板　　B. 预制板　　C. 阳台板　　D. 预应力板

(4)现浇钢筋混凝土板的配筋图中,底层钢筋的弯钩应(　　)。

A. 向上或向右　　B. 向上或向左

C. 向下或向右　　D. 向下或向左

参考文献

[1] 张多峰. 建筑工程制图[M]. 北京：中国水利水电出版社,2006.
[2] 倪化秋. 工程制图[M]. 北京：中国水利水电出版社,2009.
[3] 张多峰. AutoCAD 工程制图实训教程[M]. 北京：中国水利水电出版社,2010.
[4] 白丽红. 建筑工程制图与识图[M]. 北京：北京大学出版社,2009.
[5] 孙世青. 建筑制图[M]. 北京:科学出版社,2008.

立交平面图 1:4000

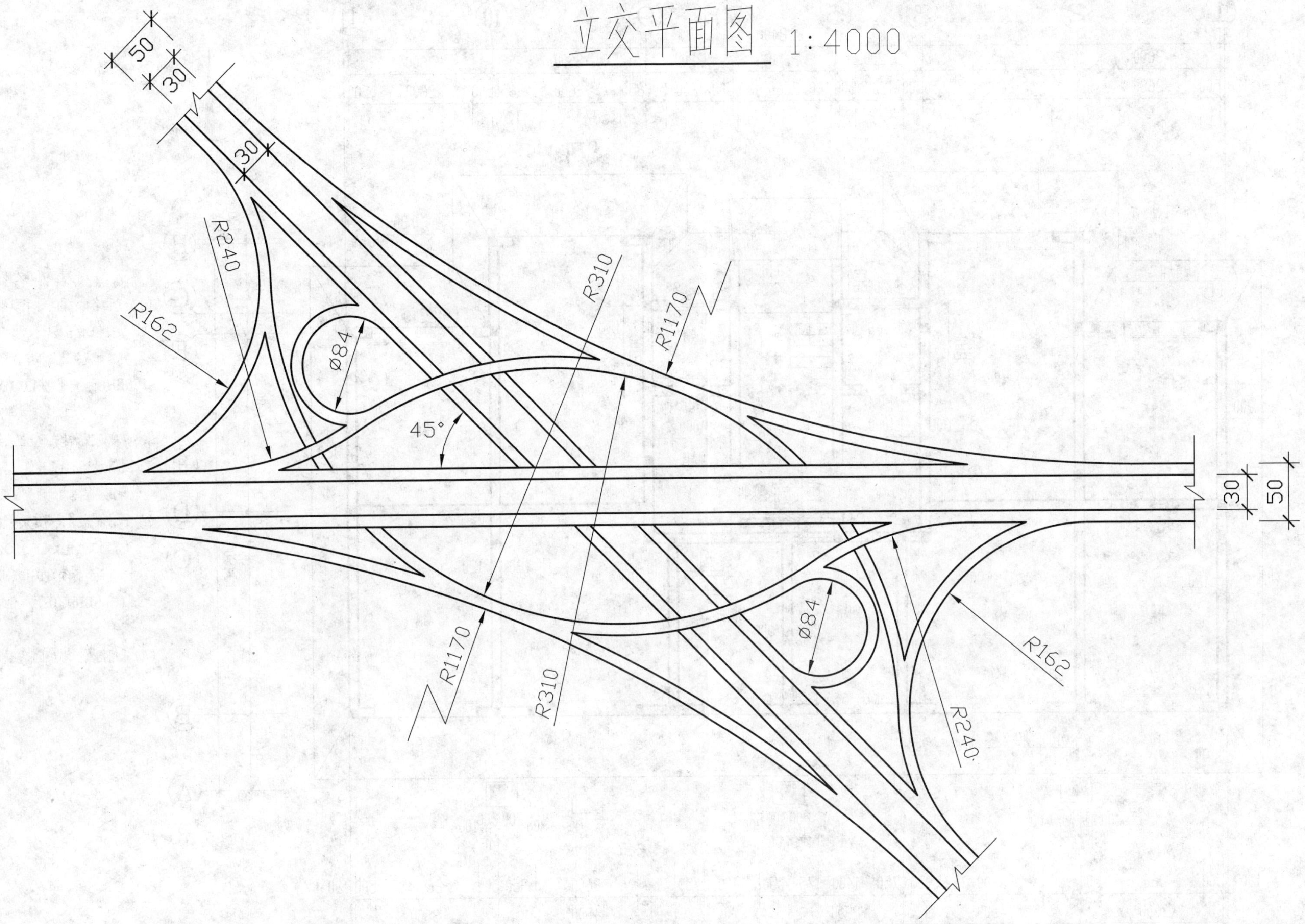

立交平面图		班级	学号	成绩
制图	(姓名)	(日期)	(单位)	
校核				

附图1　图1-90 大图

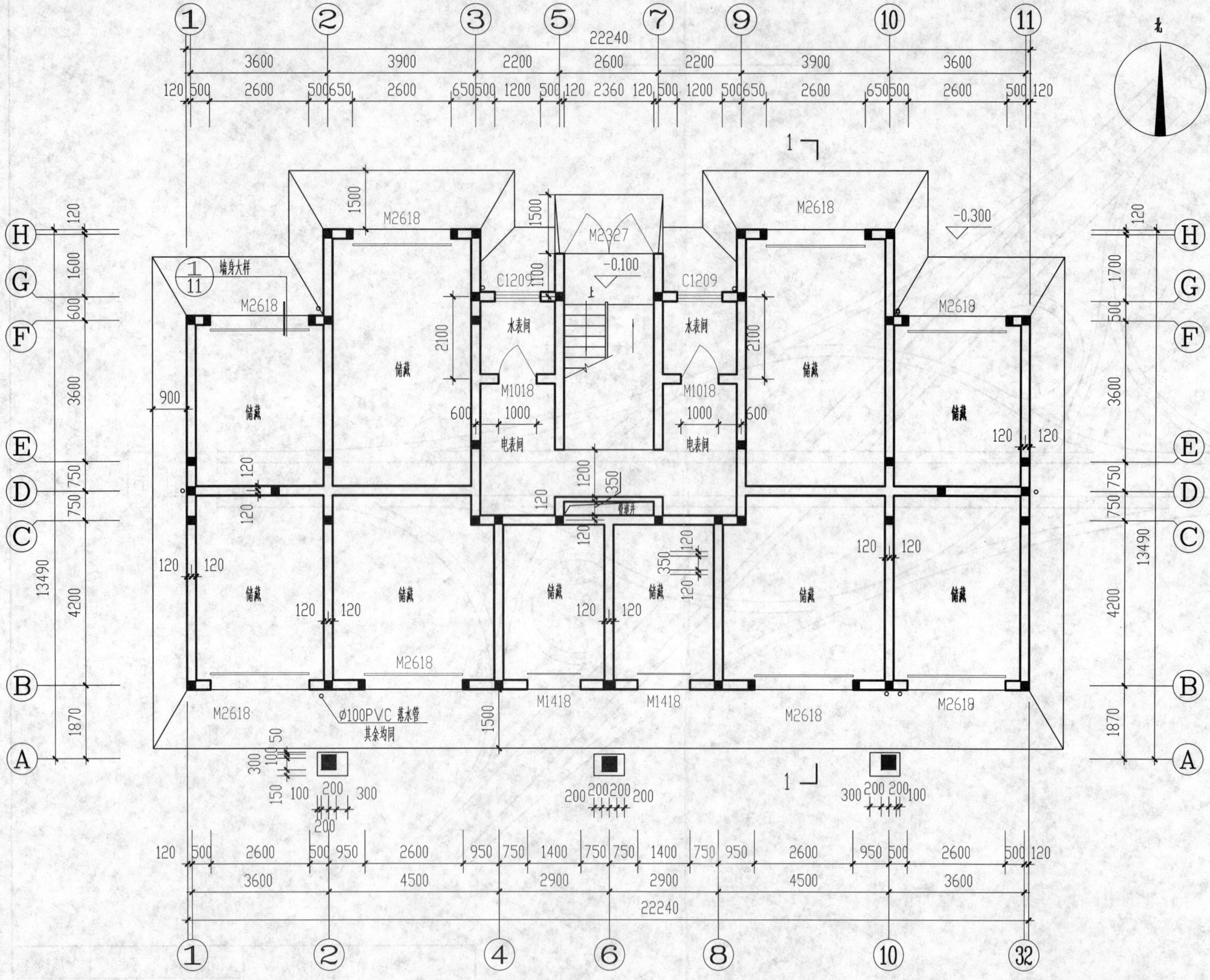

建筑设计说明

(1) 工程名称：山东水利职业学院日照生活区一期工程E楼。

(2) 建筑概况：建筑高度 20.60 m，建筑东西长 66.550 m，南北长 13.490 m，总建筑面积 3905 m²。建筑等级为二级，耐久年限为二级，抗震设计按7度设防。建筑地上五层半，砖混结构，屋面防水等级为3级，建筑合理使用年限为50年。设计标高半层室内地面为0高程，室内外高差为0.3 m。

(3) 设计依据：《民用建筑设计通则》(GB 50352-2005)，《屋面工程技术规范》(GB 50345-2004)，《民用建筑节能设计标准》(JGJ 26-95)，《建筑设计防火规范》(GB 50016-2006)，《住宅设计规范》(GB 50096-1999)。

(4) 采用图集：均为山东省通用标准图集。

附图 2

储藏室平面图 1:100

日照市 建筑设计研究院	山东水利职业学院日照生活区一期工程 E楼	审定		专业负责人	图号	E-01
	储藏室平面图	院审		复核	专业	建筑
资质证书编号 1501291		室(所)审		设计	日期	2003.05
计册编号 1501291-007		项目负责人		绘图	第1张	共16张

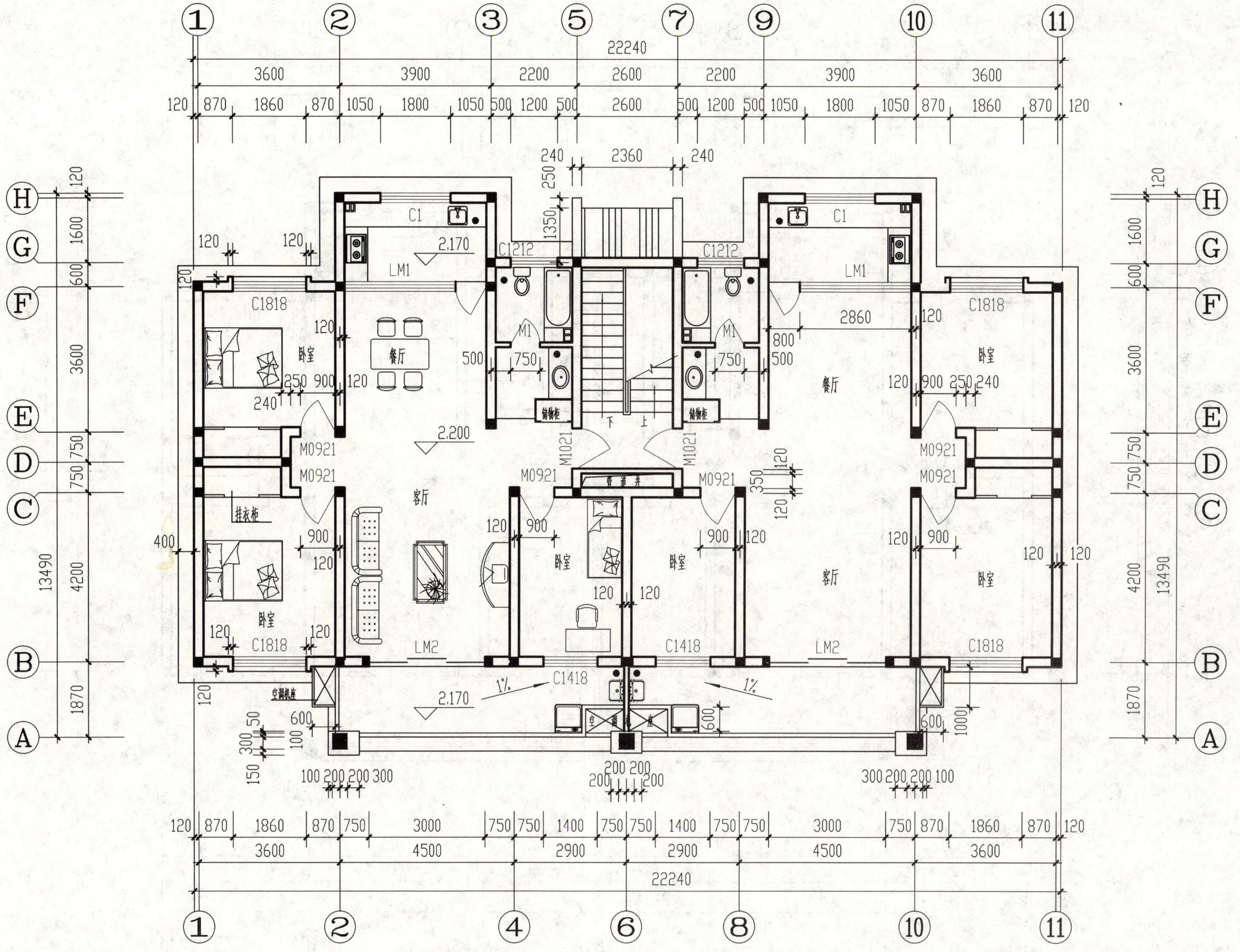

一层平面图 1:100

续附图 2

日照市建筑设计研究院		山东水利职业学院日照校区生活区一期工程 楼 E	审定		专业负责人		图号	E-02
		一层平面图	院审		复核		专业	建筑
资质证书编号	1501291		室(所)审		设计		日期	2003.05
注册师印章编号	1501291-007		项目负责人		绘图		第 2 张	共 16张

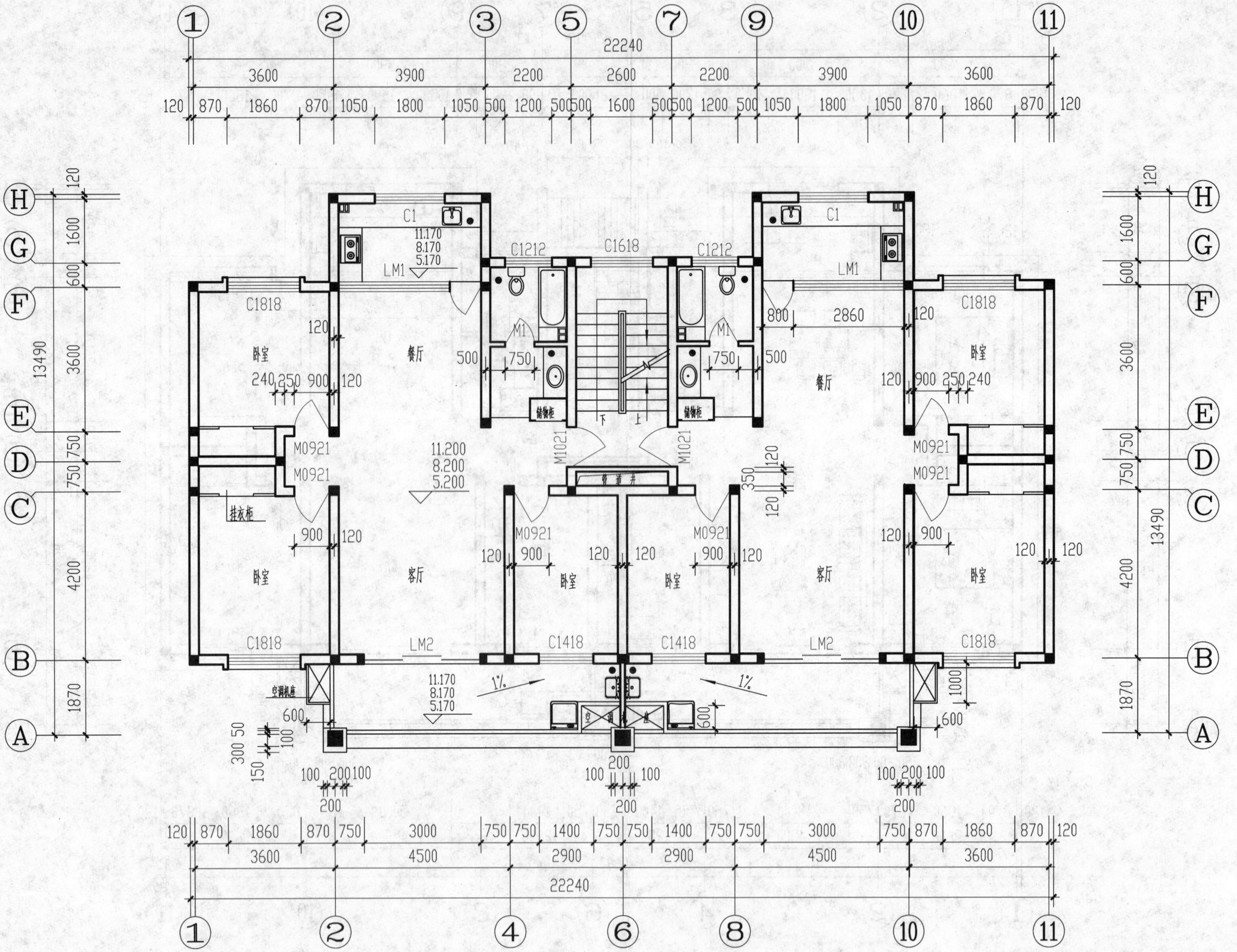

二～四层平面图 1:100

续附图 2

日照市 建筑设计研究院		山东水利职业学院日照校区生活区一期工程 楼 E	审定		专业负责人		图号	E-03
		二一四层平面图	院审		复核		专业	建筑
资质证书编号	1501291		室(所)审		设计		日期	2003.05
注册师印章编号	1501291-007		项目负责人		绘图		第 3 张	共 16张

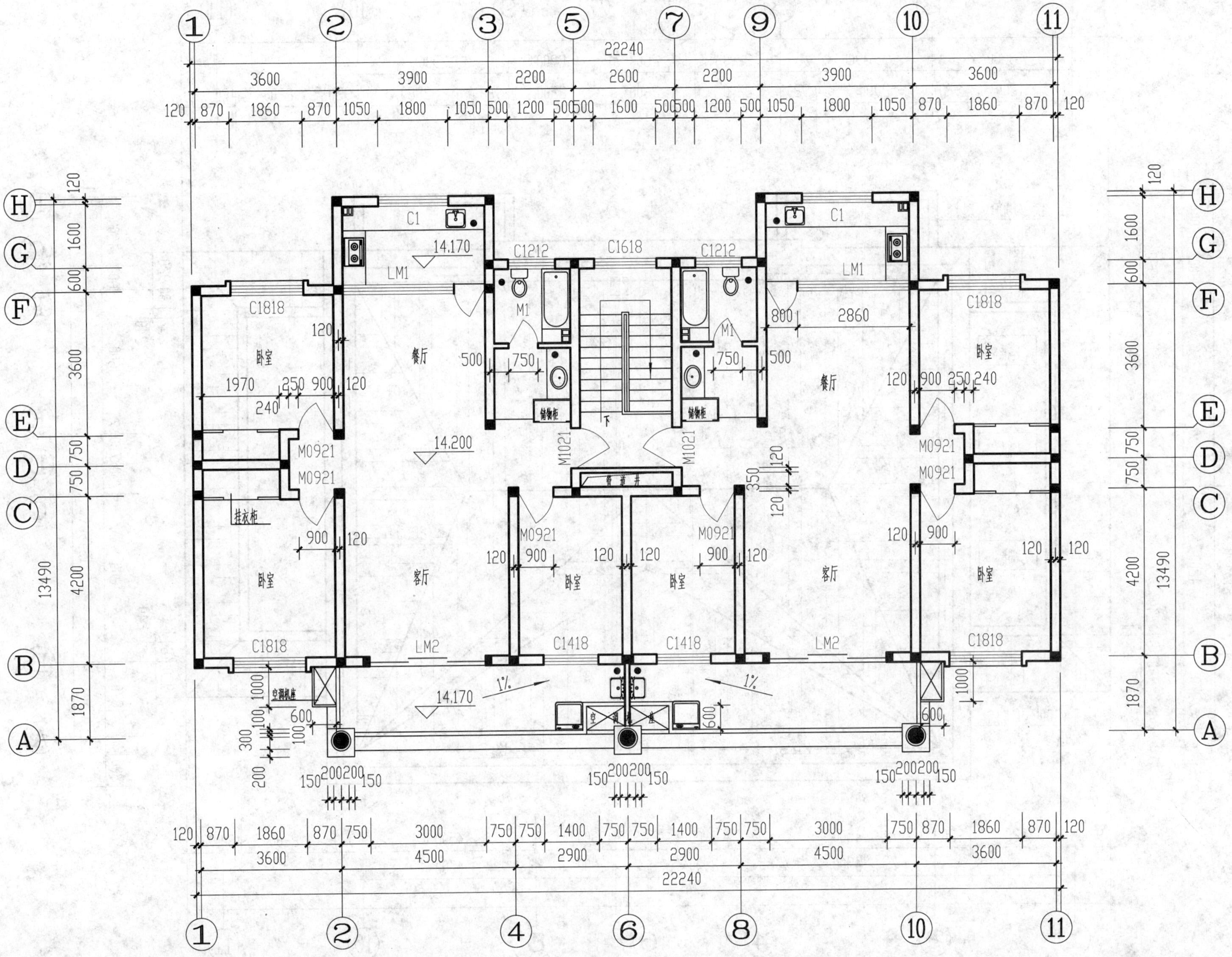

五层平面图 1:100

续附图 2

日照市 建筑设计研究院		山东水利职业学院日照校区生活区一期工程 楼 E	审定		专业负责人	图号	04
		五层平面图	院审		复核	专业	建筑
资质证书编号	1501291		室(所)审		设计	日期	2003.05
注册师印章编号	1501291-007		项目负责人		绘图	第 4 张	共 16张

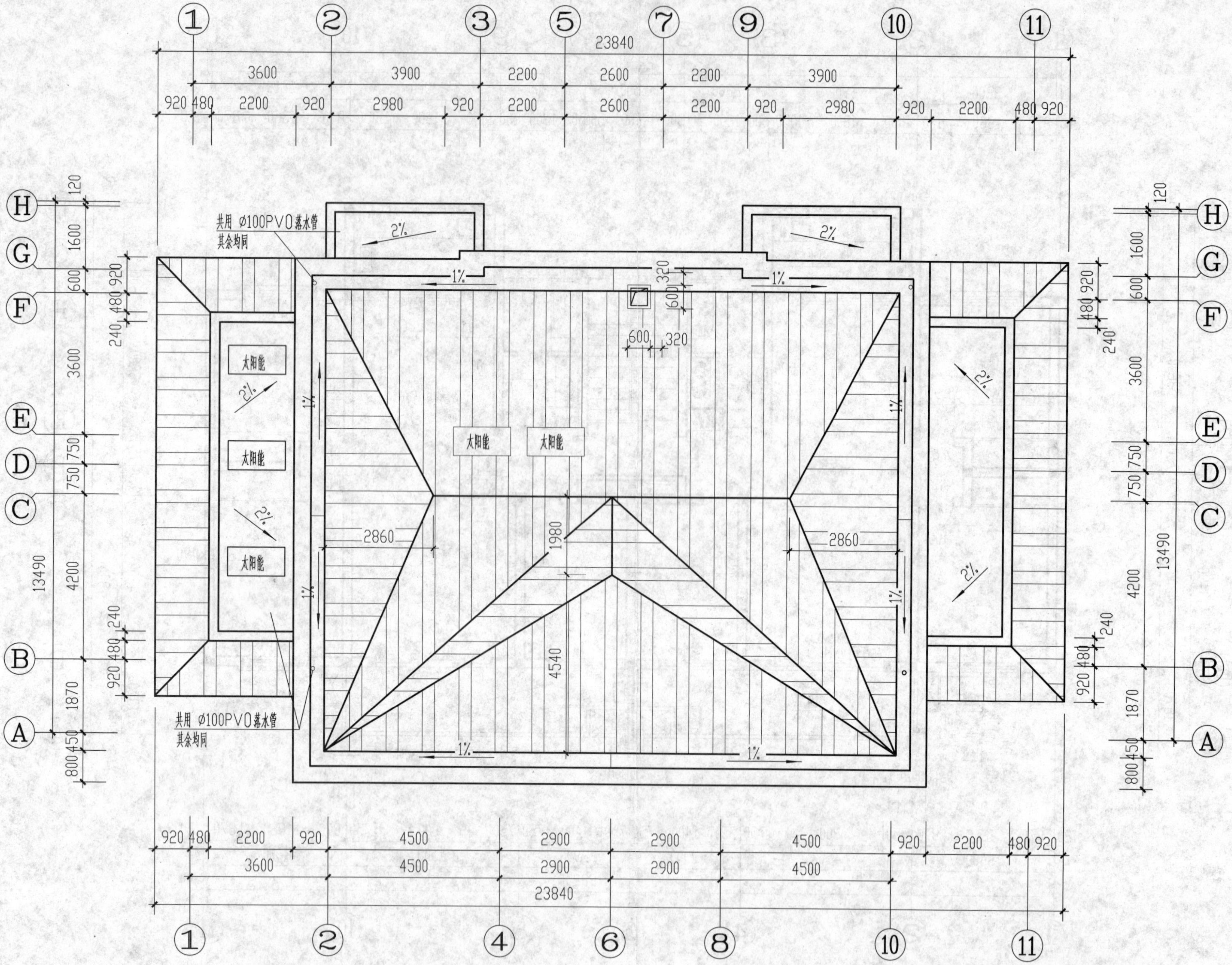

屋顶平面图 1:100

日照市 建筑设计研究院		山东水利职业学院日照校区生活区一期工程　楼　E	审定		专业负责人		图号	05
		屋顶平面图	院审		复核		专业	建筑
资质证书编号	1501291		室(所)审		设计		日期	2003.05
注册师印章编号	1501291-007		项目负责人		绘图		第5张	共16张

续附图 2

南立面图 1:100

续附图 2

日照市 建筑设计研究院		山东水利职业学院日照校区生活区一期工程 楼 E	审定		专业负责人		图号	06
		南立面图	院审		复核		专业	建筑
资质证书编号	1501291		室(所)审		设计		日期	2003.05
注册师印章编号	1501291-007		项目负责人		绘图		第 6 张	共 16张

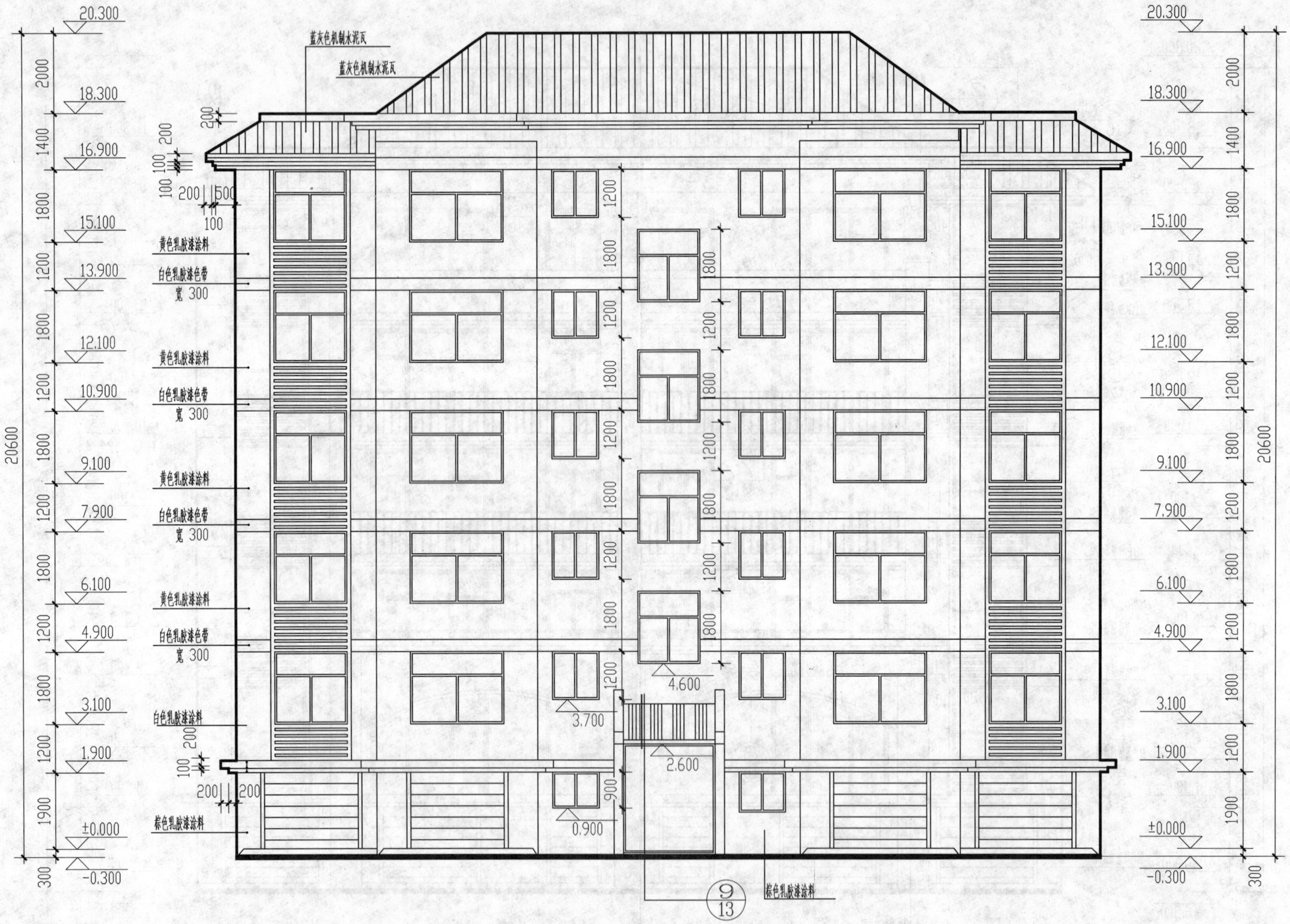

北立面图 1:100

续附图 2

日照市建筑设计研究院		山东水利职业学院日照校区生活区一期工程 楼 E	审定		专业负责人	图号	07
		北立面图	院审		复核	专业	建筑
资质证书编号	1501291		室(所)审		设计	日期	2003.05
计期师口章编号	1501291-007		项目负责人		绘图	第 7 张	共 16张

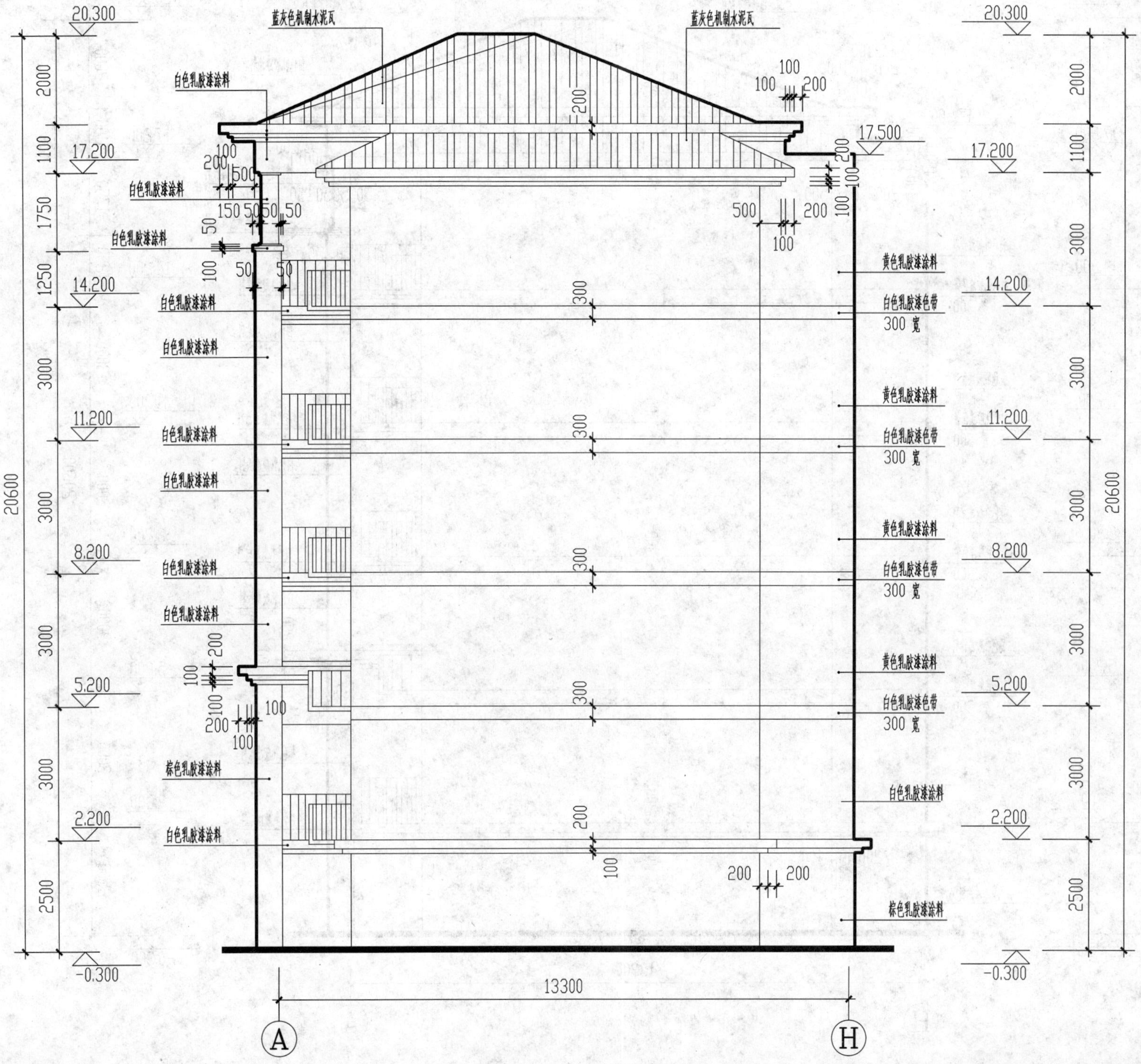

东立面图 1:100

续附图 2

日照市 建筑设计研究院		山东水利职业学院日照校区生活区一期工程 楼 E	审定		专业负责人		图号	08
		东立面图	院审		复核		专业	建筑
资质证书编号	1501291		室(所)审		设计		日期	2003.05
注册师印章编号	1501291-007		项目负责人		绘图		第 8 张	共 16张

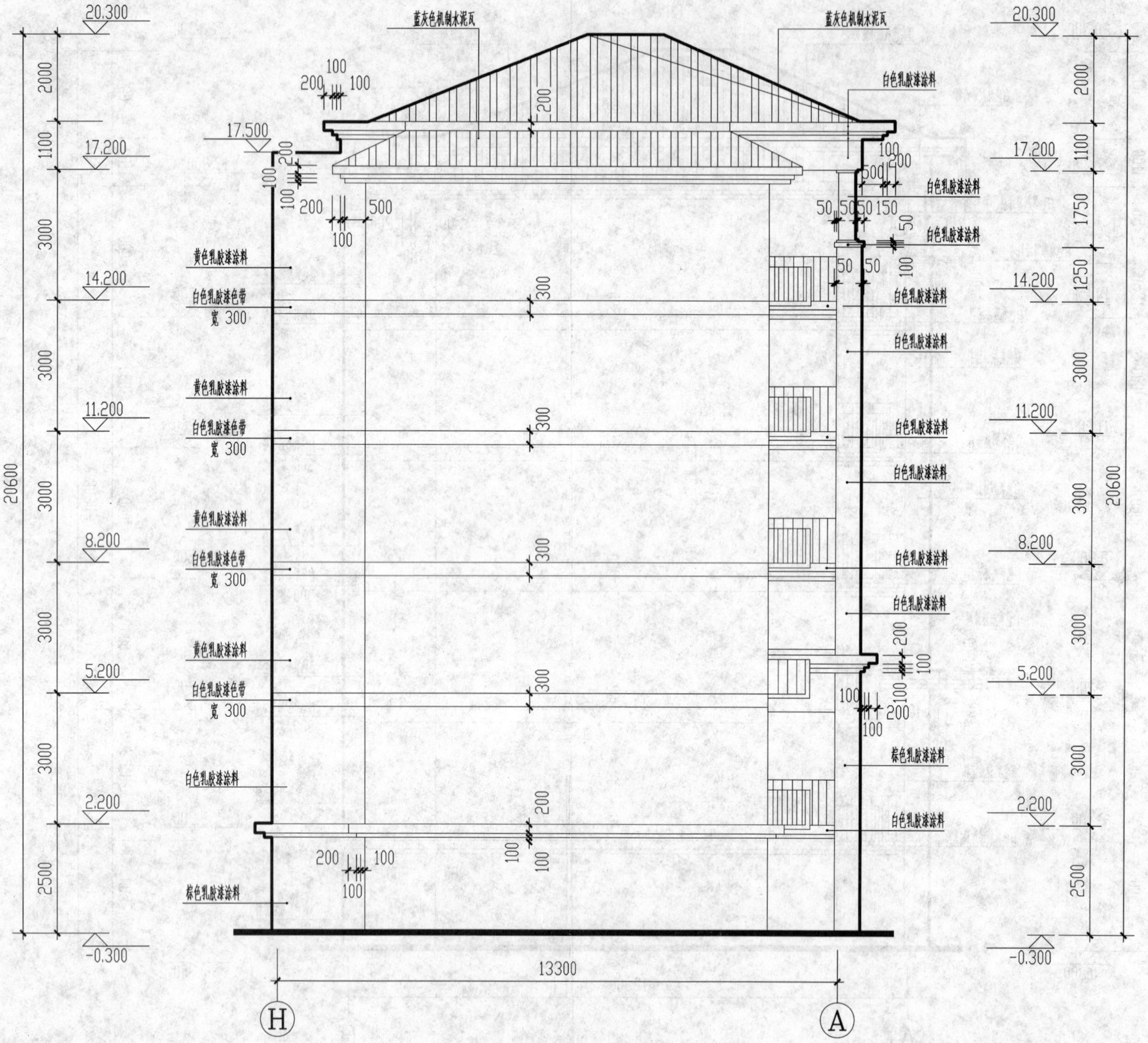

西立面图 1:100

续附图 2

日照市建筑设计研究院		山东水利职业学院日照校区生活区一期工程 楼 E	审定		专业负责人		图号	09
		西立面图	院审		复核		专业	建筑
资质证书编号	1501291		室(所)审		设计		日期	2003.05
注册师印章编号	1501291-007		项目负责人		绘图		第 9 张	共 16张

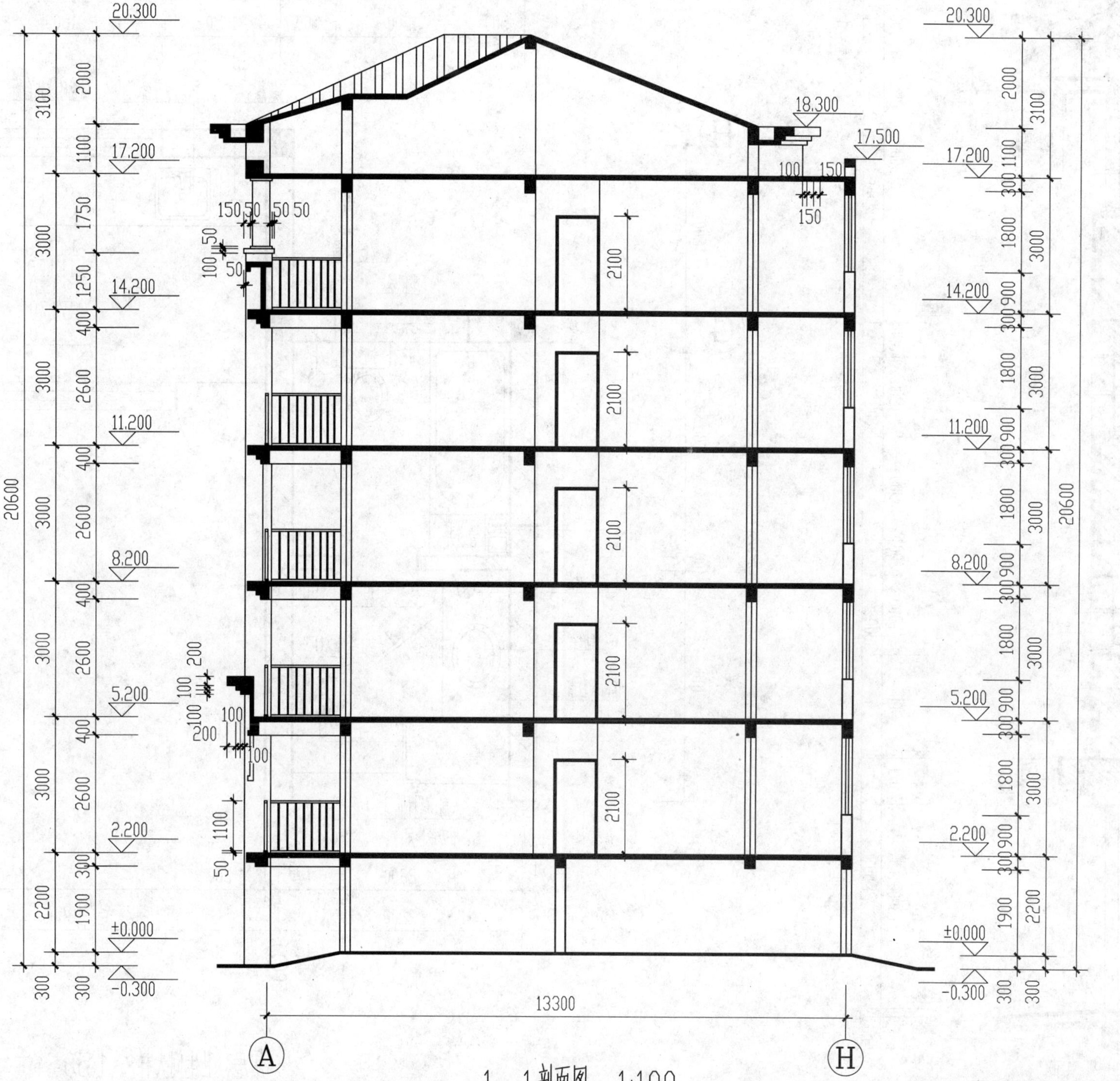

1—1剖面图 1:100

日照市建筑设计研究院		山东水利职业学院日照校区生活区一期工程 楼 E	审定		专业负责人		图号 10
		剖立面图	院审		复核		专业 建筑
资质证书编号	1501291		室(所)审		设计		日期 2003.05
注册师印章编号	1501291-007		项目负责人		绘图		第10张 共16张

续附图 2

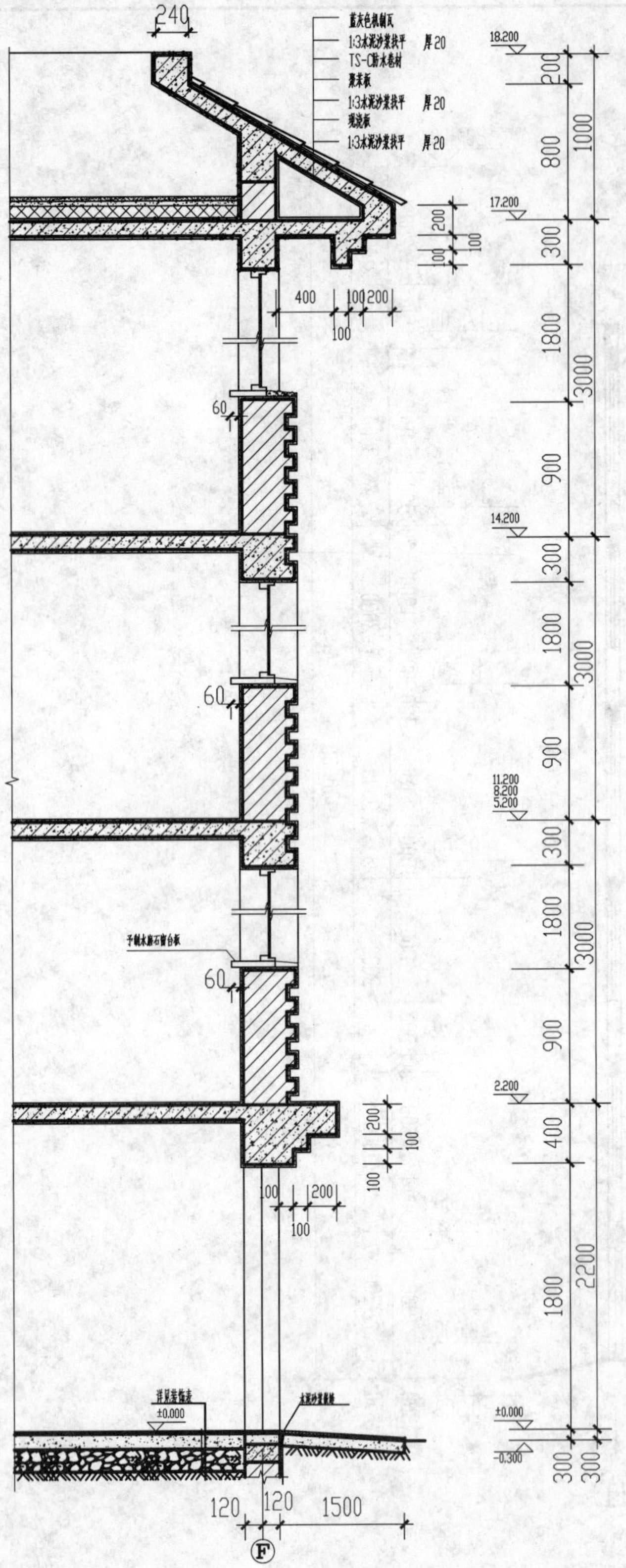

墙身大样 1:20

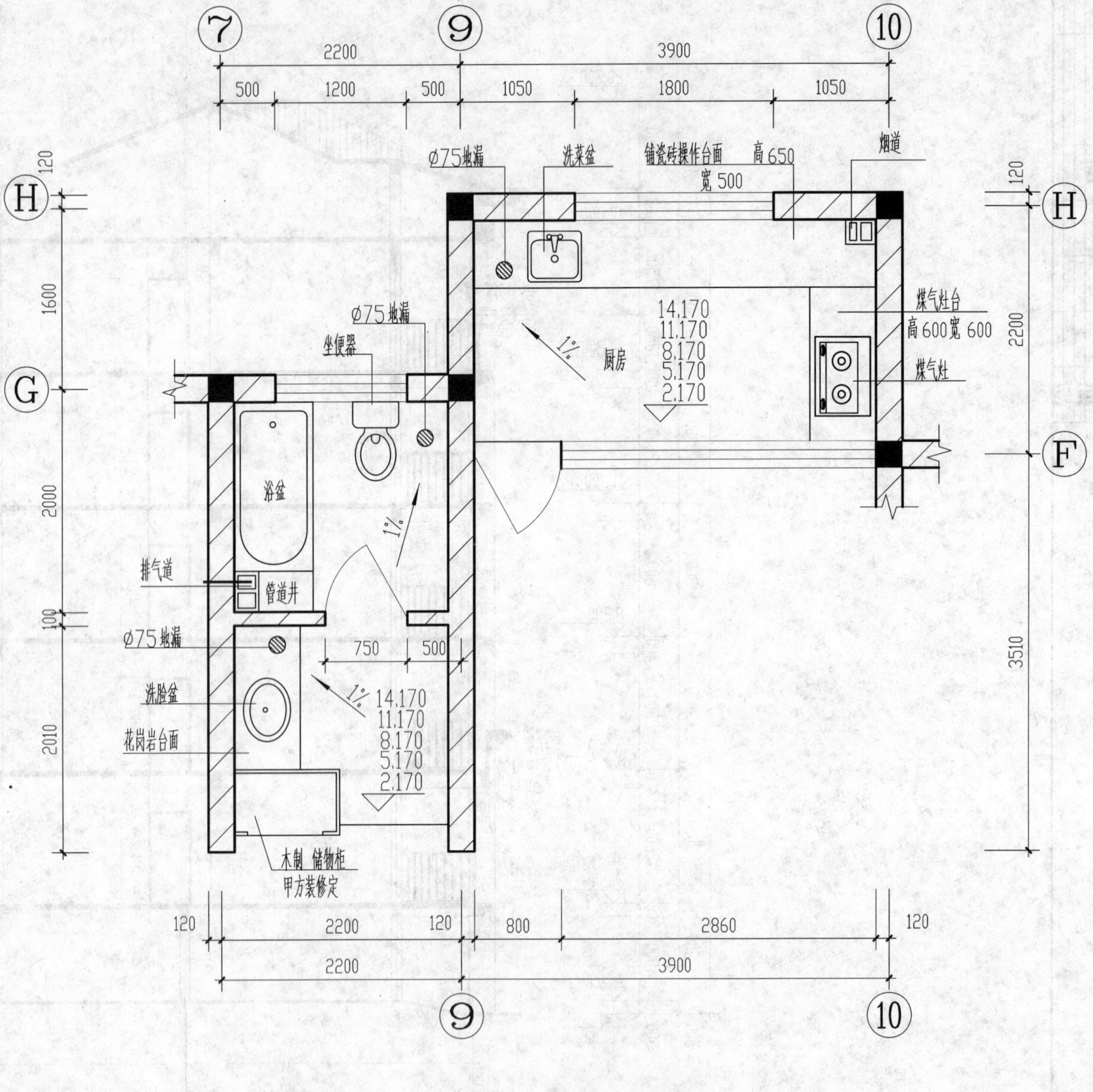

厨房、卫生间大样 1:50

续附图 2

日照市建筑设计研究院		山东水利职业学院日照校区生活区一期工程 楼 E	审定		专业负责人		图号	11
		详图	院审		复核		专业	建筑
资质证书编号	1501291		室(所)审		设计		日期	2003.05
注册师印章编号	1501291-007		项目负责人		绘图		第11张	共16张

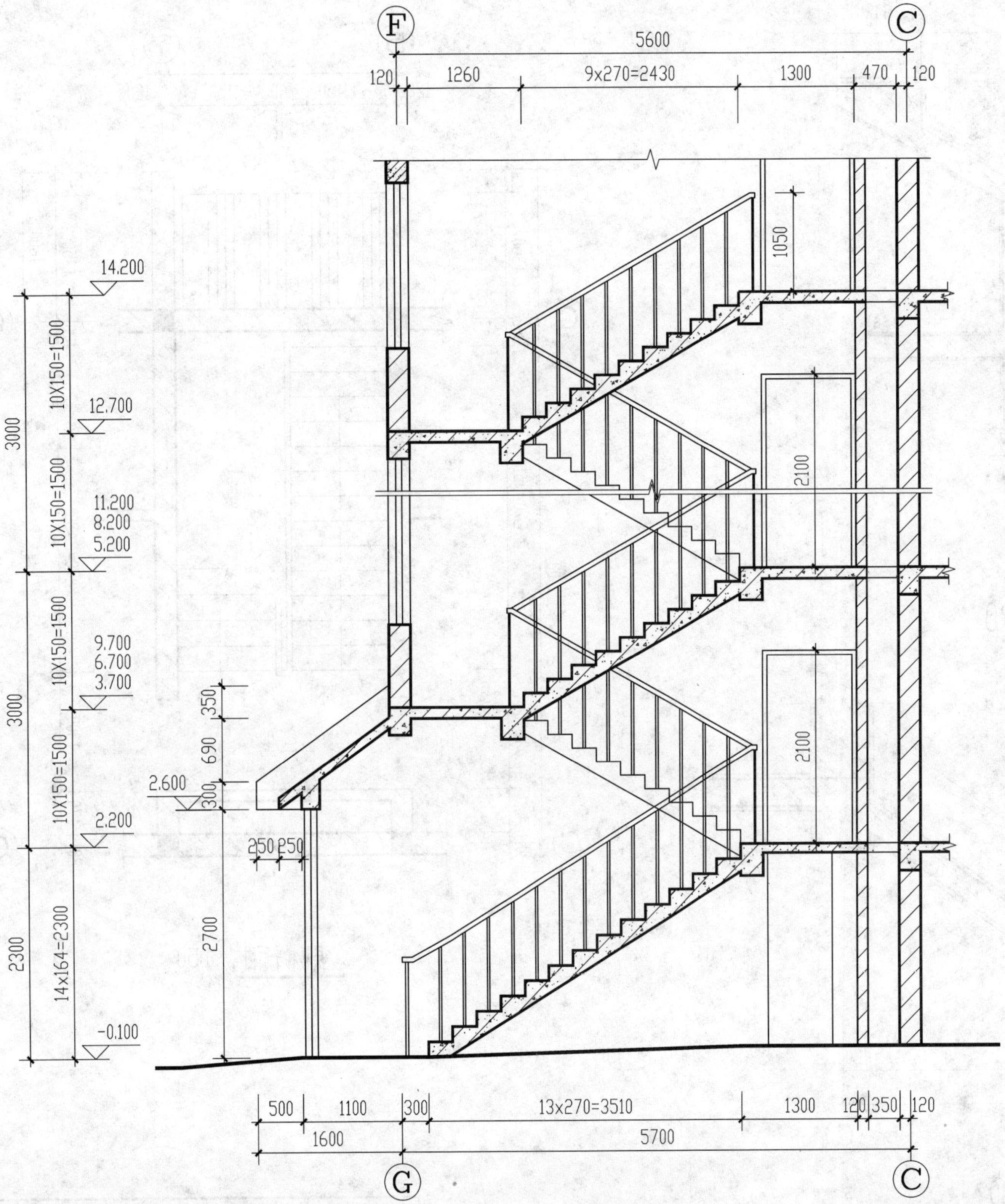

A—A剖面图 1:50

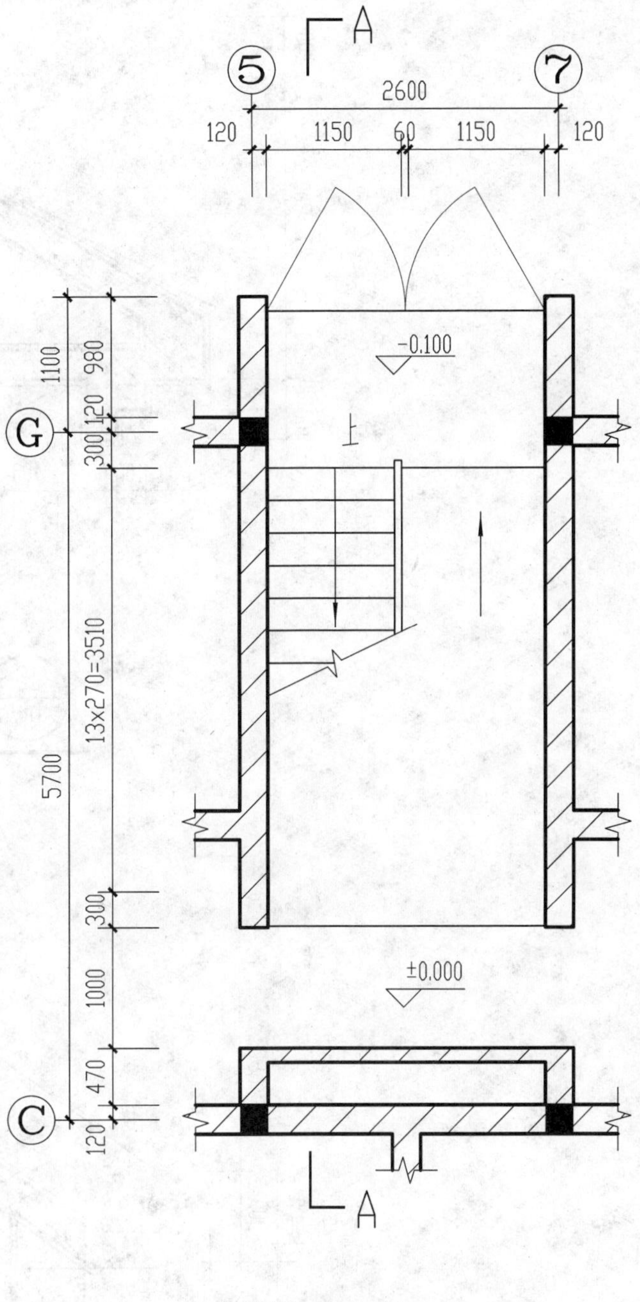

储藏室楼梯平面图 1:50

续附图 2

日照市 建筑设计研究院		山东水利职业学院日照校区生活区一期工程 楼 E	审定		专业负责人	图号	12
		剖立面图 楼梯平面图	院审		复核	专业	建筑
资质证书编号	1501291		室(所)审		设计	日期	2003.05
注册师印章编号	1501291-007		项目负责人		绘图	第12张	共16张

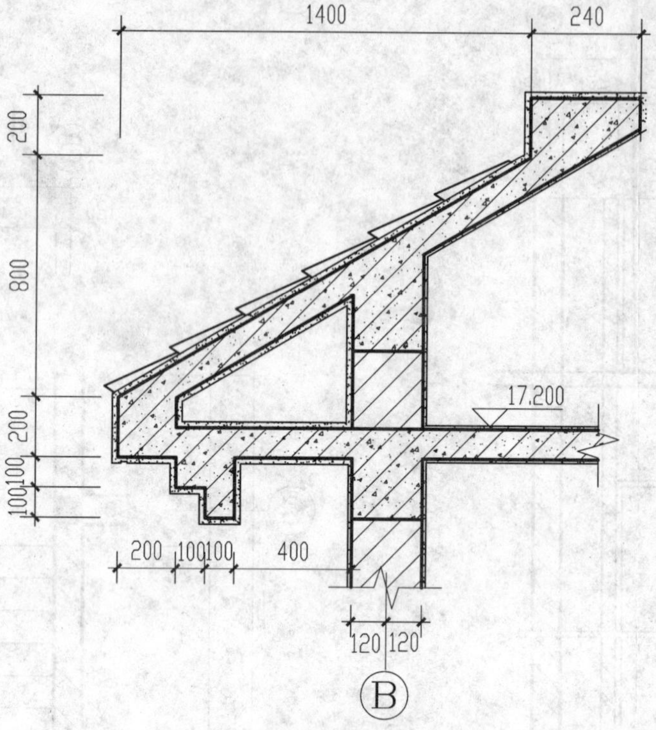

10/06 1:20

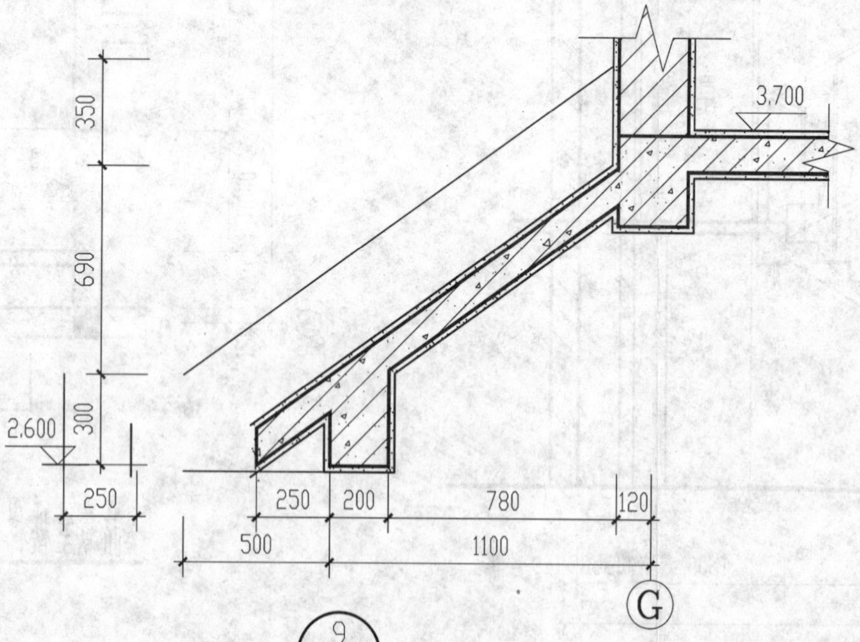

9/07 1:20

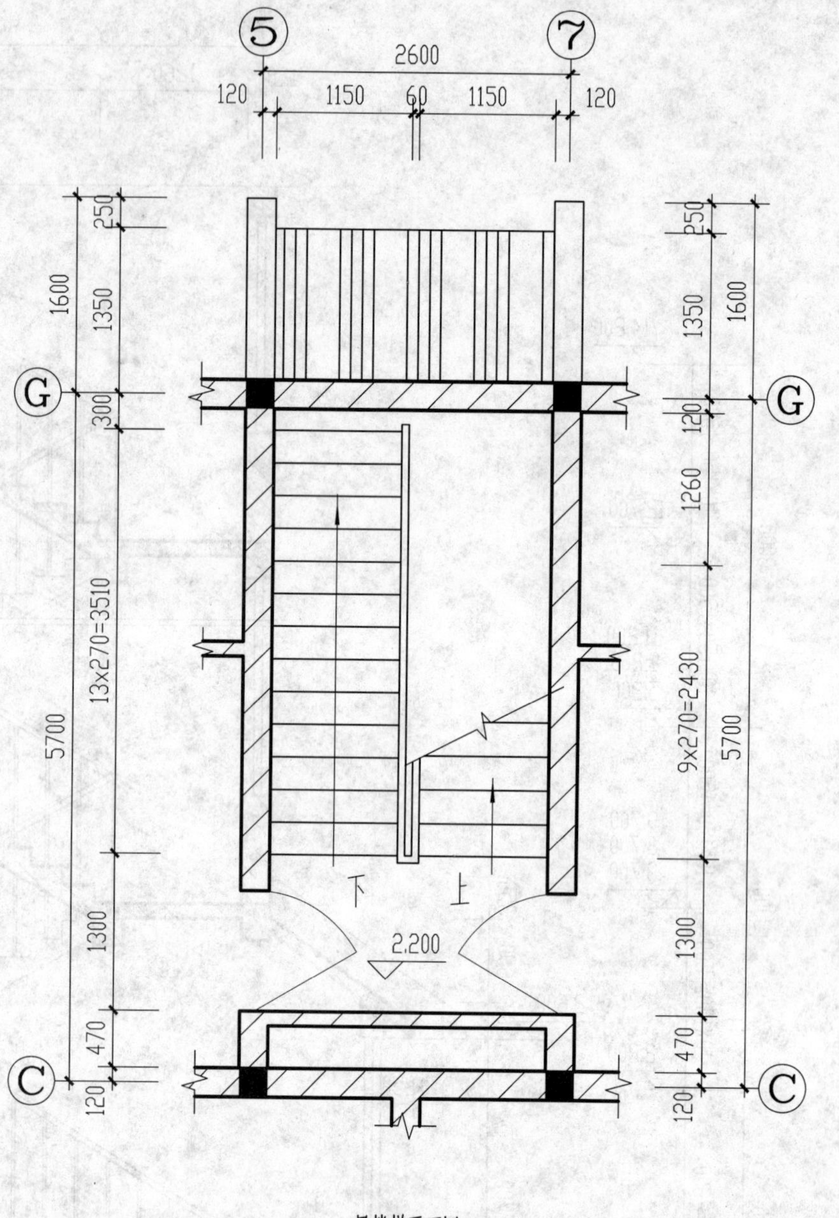

一层楼梯平面图 1:50

续附图 2

日照市 建筑设计研究院	山东水利职业学院日照校区生活区一期工程 楼 E	审定		专业负责人		图号	13
	楼梯平面图 详图	院审		复核		专业	建筑
资格证书编号 1501291		室(所)审		设计		日期	2003.05
注册印章编号 1501291-007		项目负责人		绘图		第13张	共16张

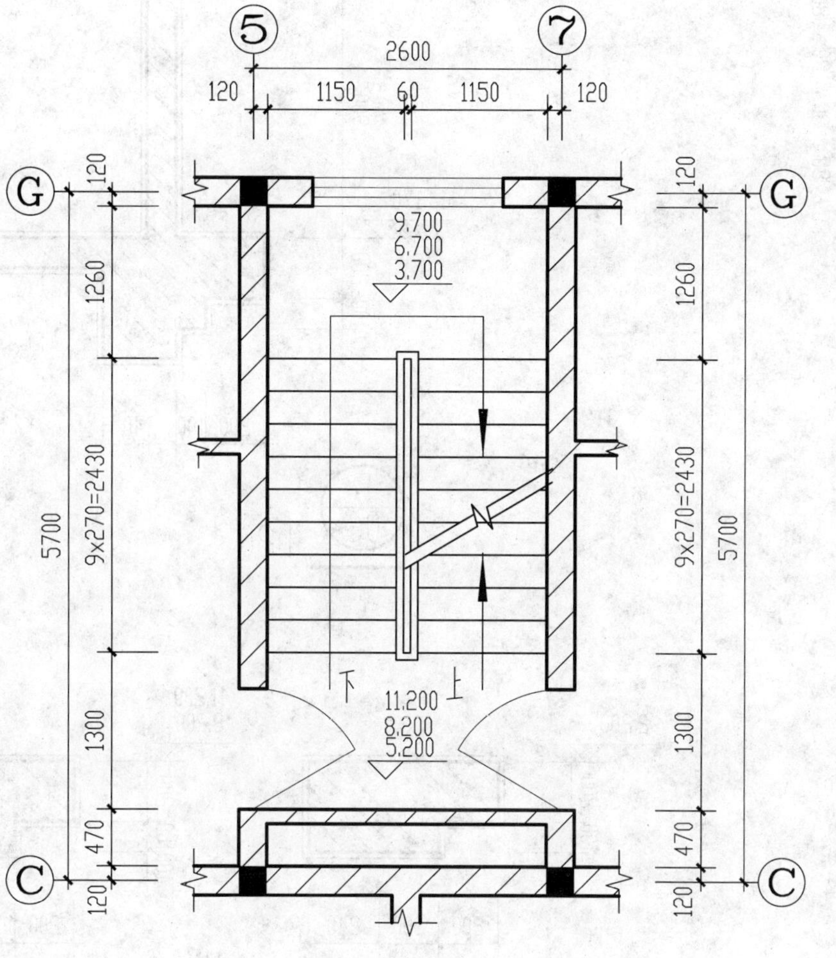

二~四层楼梯平面图 1:50

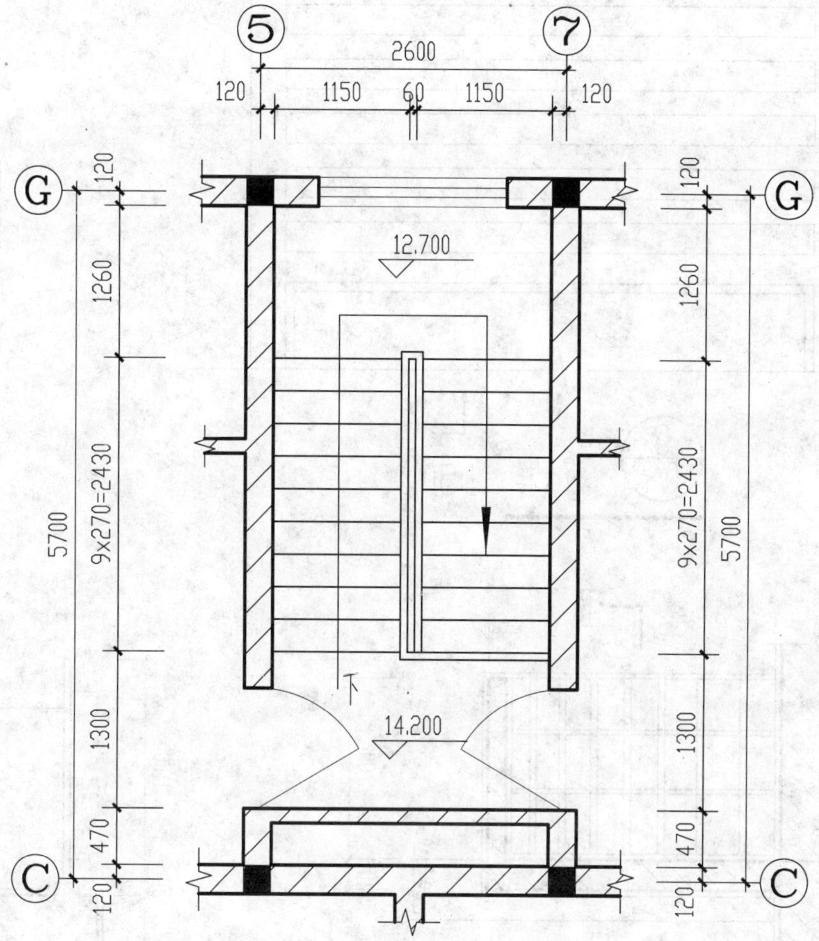

五层楼梯平面图 1:50

续附图 2

日照市建筑设计研究院		山东水利职业学院日照校区生活区一期工程 楼 E	审定		专业负责人	图号	14
		楼梯平面图	院审		复核	专业	建筑
资质证书编号	1501291		室(所)审		设计	日期	2003.05
注册师印章编号	1501291-007		项目负责人		绘图	第 14张	共 16张

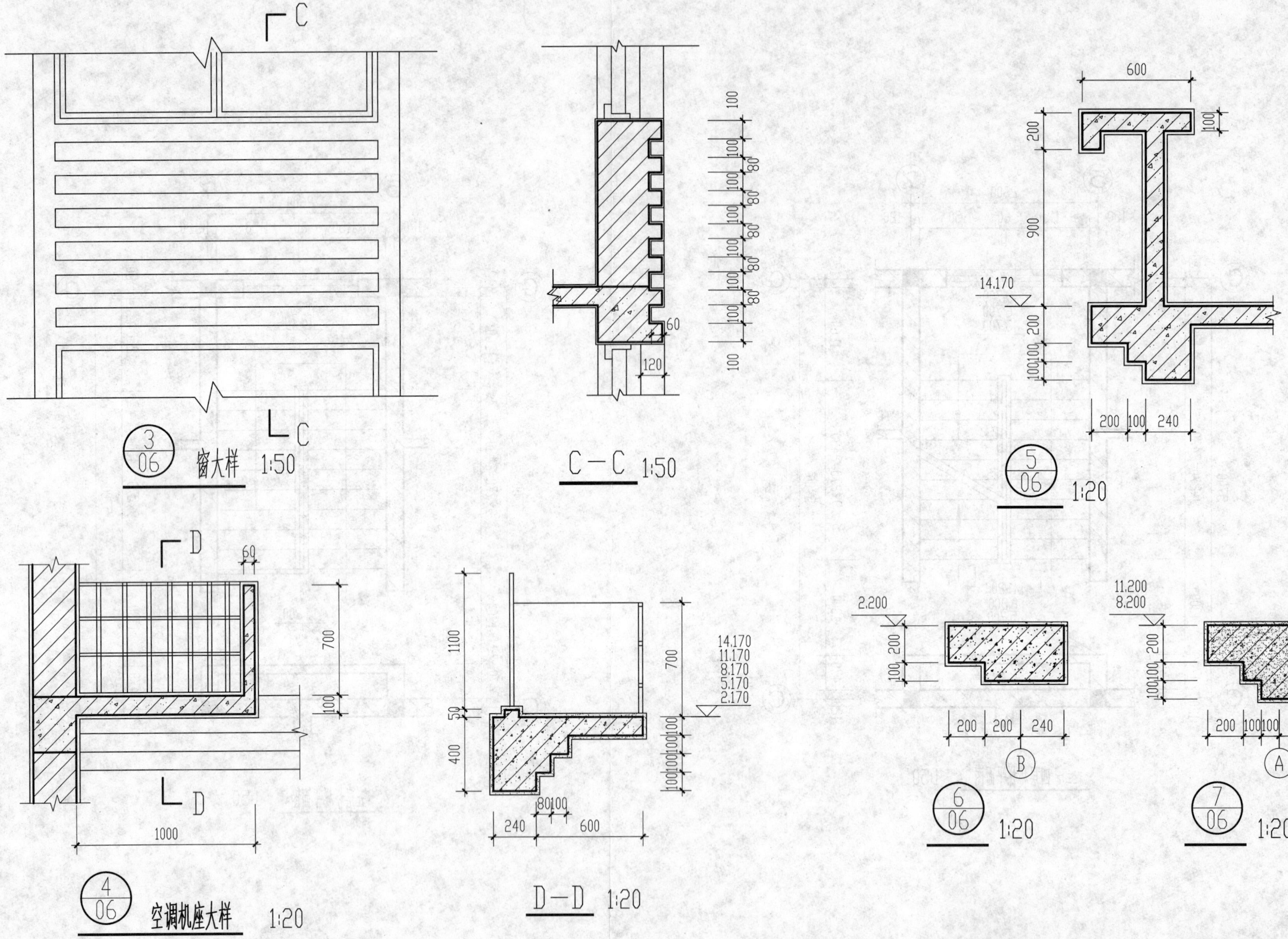

续附图 2

日照市建筑设计研究院		山东水利职业学院日照校区生活区一期工程 楼	审定		专业负责人		图号	15
		详图	院审		复核		专业	建筑
资质证书编号	1501291		室(所)审		设计		日期	2003.05
注册师印章编号	1501291-007		项目负责人		绘图		第15张	共16张

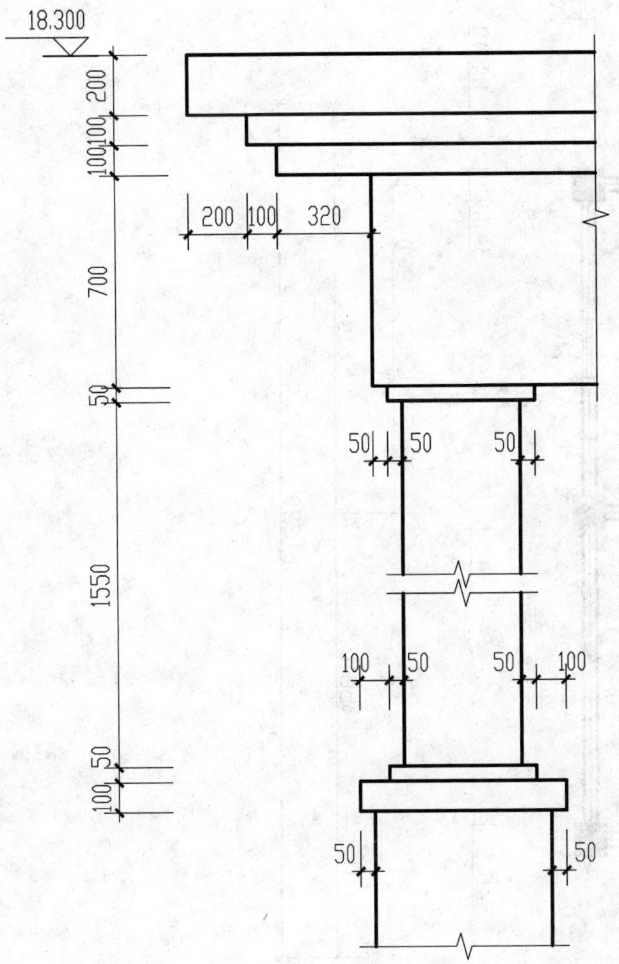

2/06 南立面 1:20

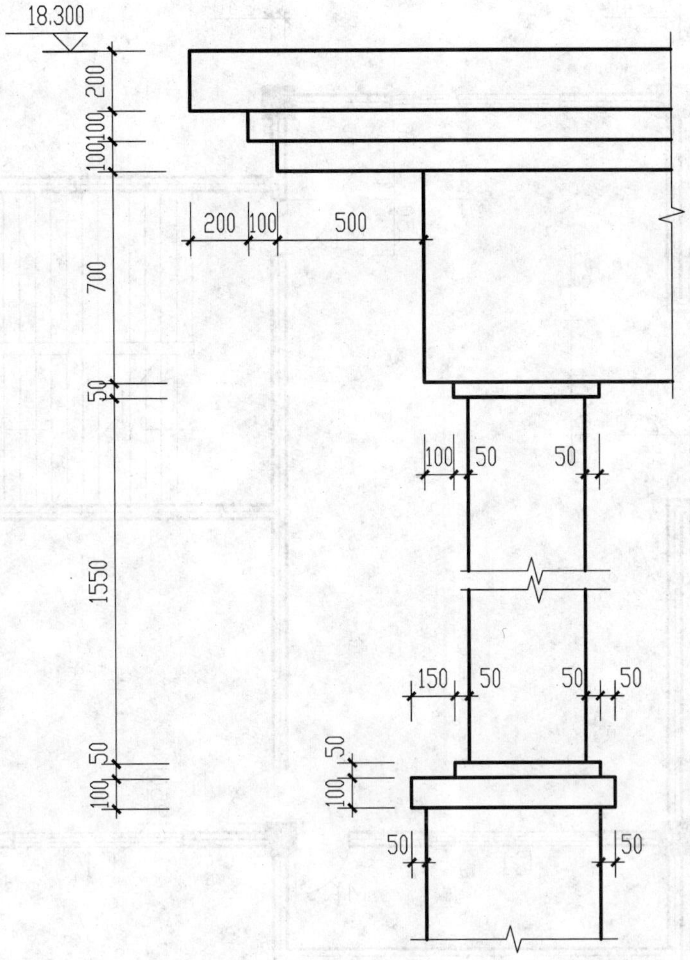

2/06 东立面 1:20

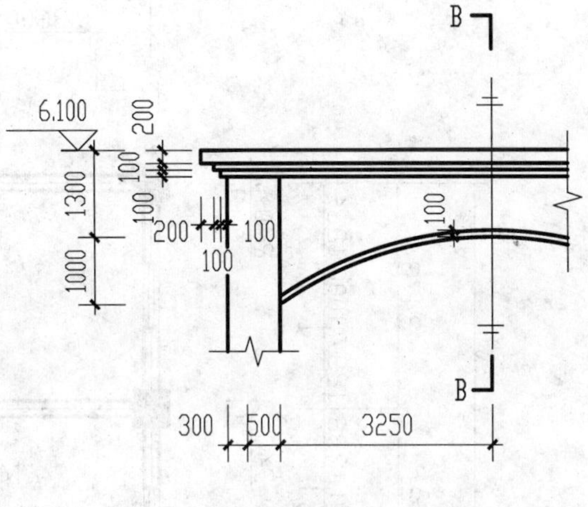

8/06 1:100

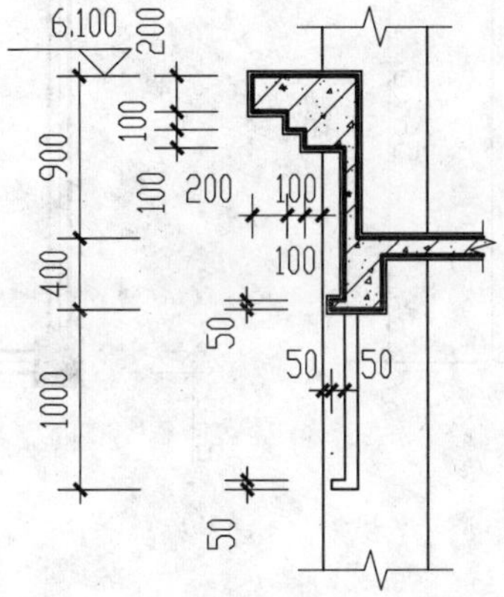

B—B 1:50

续附图 2

日照市建筑设计研究院		山东水利职业学院日照校区生活区一期工程 楼 E	审定		专业负责人	图号	16
		详图	院审		复核	专业	建筑
资质证书编号	1501291		室(所)审		设计	日期	2003.05
注册师印章编号	1501291-007		项目负责人		绘图	第16张	共16张

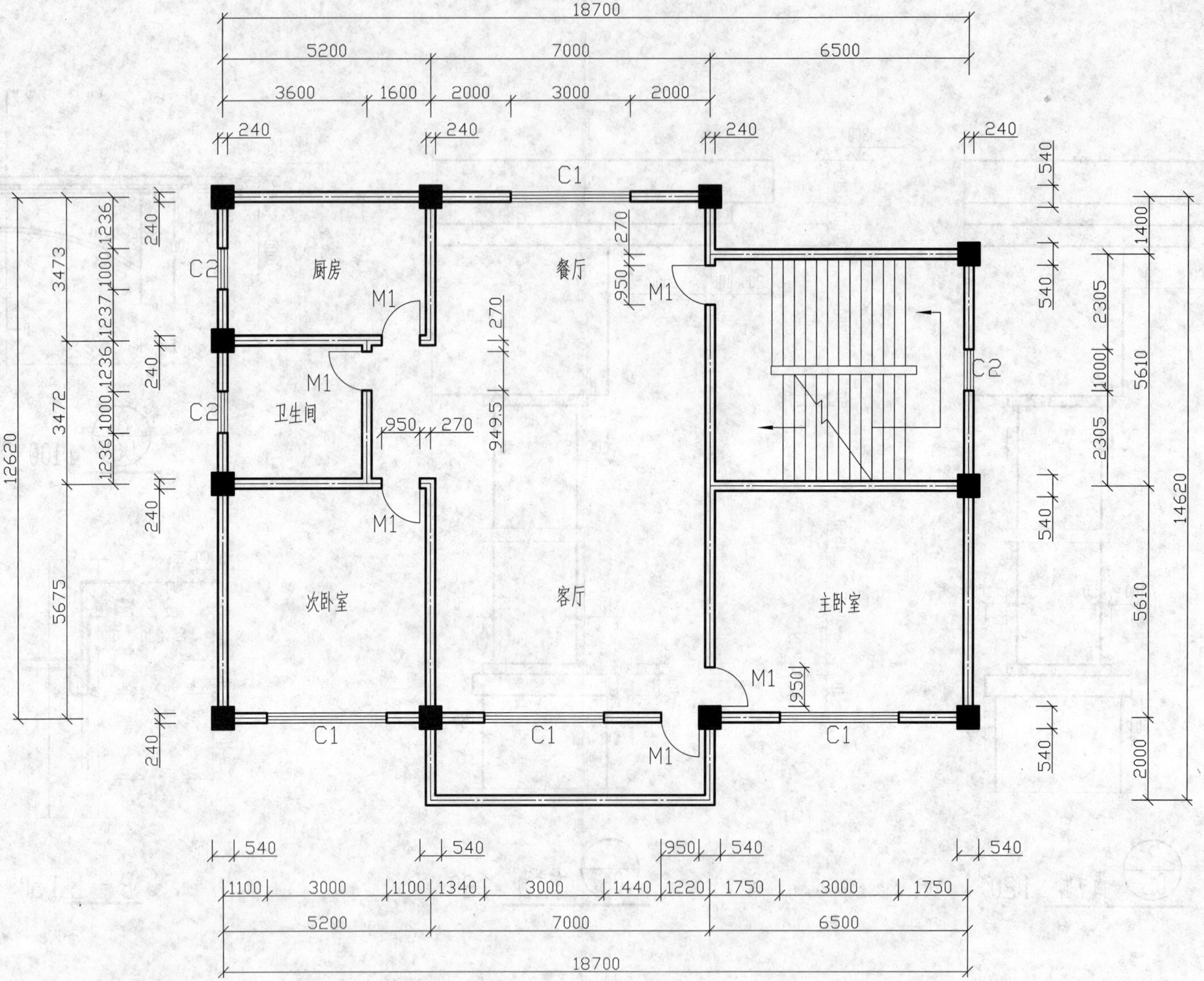

二层平面图 1:100

建筑平面图	比例	学号	成绩
	1:100		
制图 〔姓名〕 〔日期〕	〔单位〕		
校核			

附图3 图7-19 大图

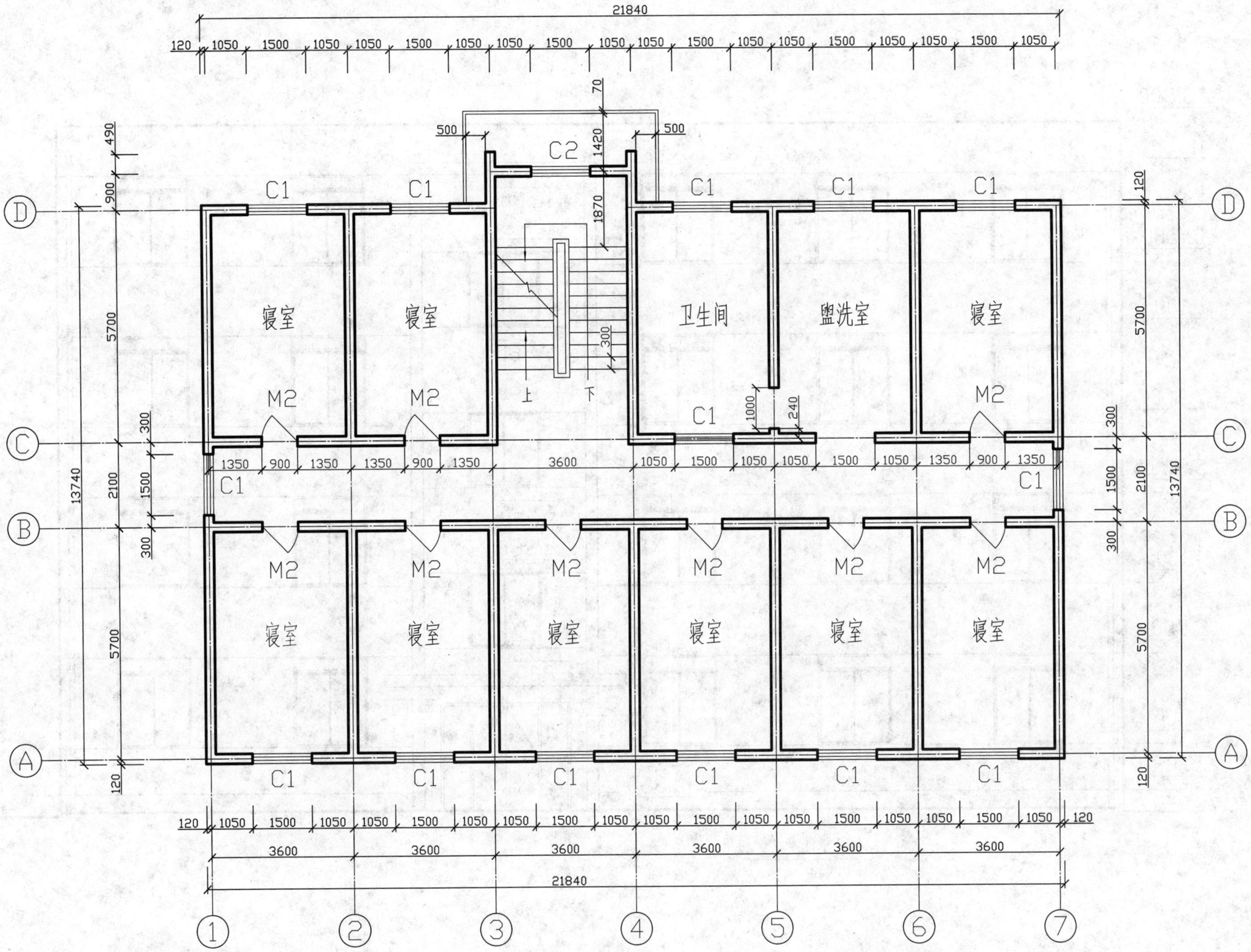

二层平面图 1:100

二号学生宿舍楼		比例	学号	成绩
		1:100		
制图	（姓名）	（日期）	（单位）	
校核				

附图4 图7-28 大图

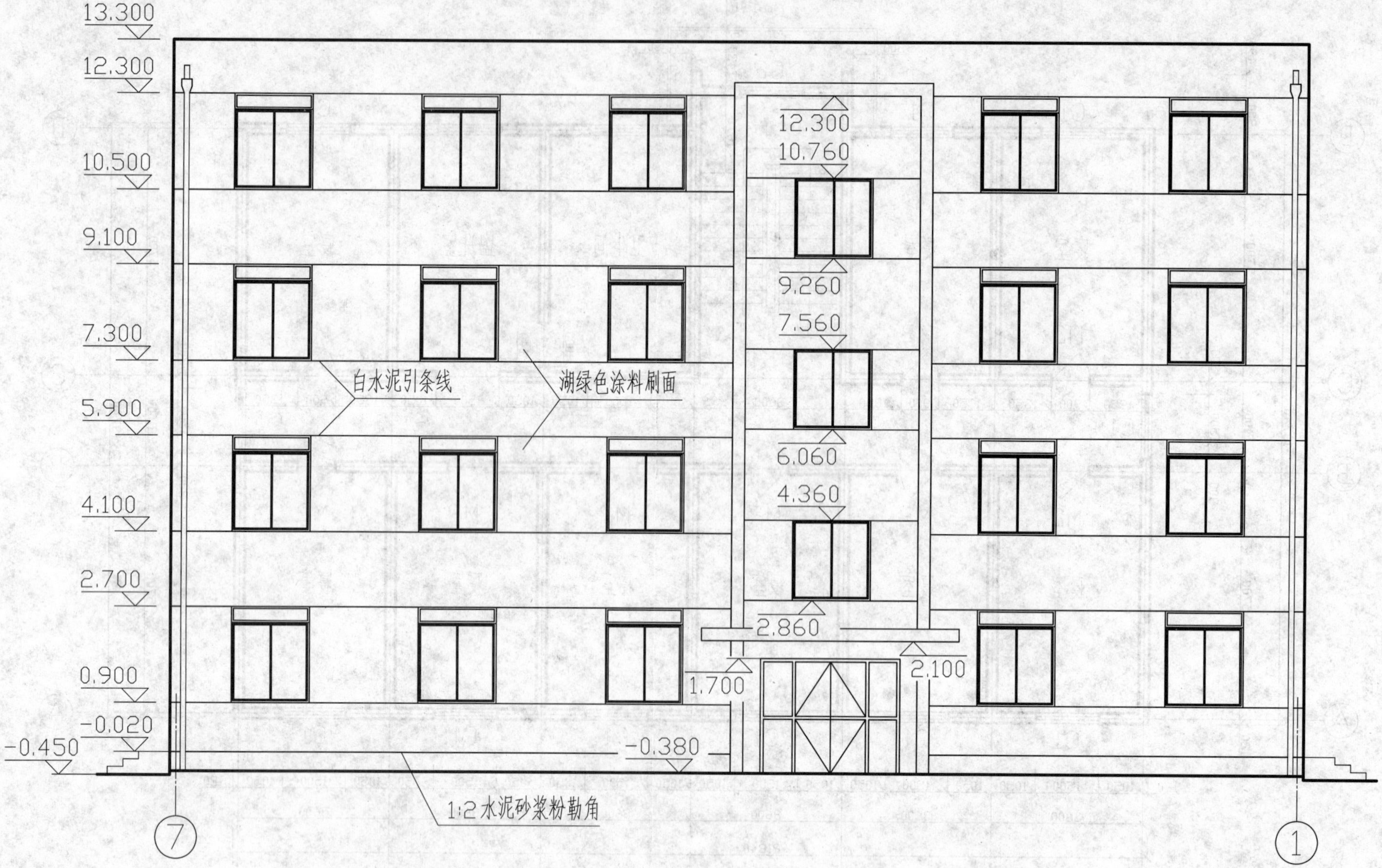

建筑立面图 1:100

二号学生宿舍楼		比例	学号	成绩
		1:100	4012	
制图	(姓名)	(日期)	(单位)	
校核				

附图5 图7-44 大图

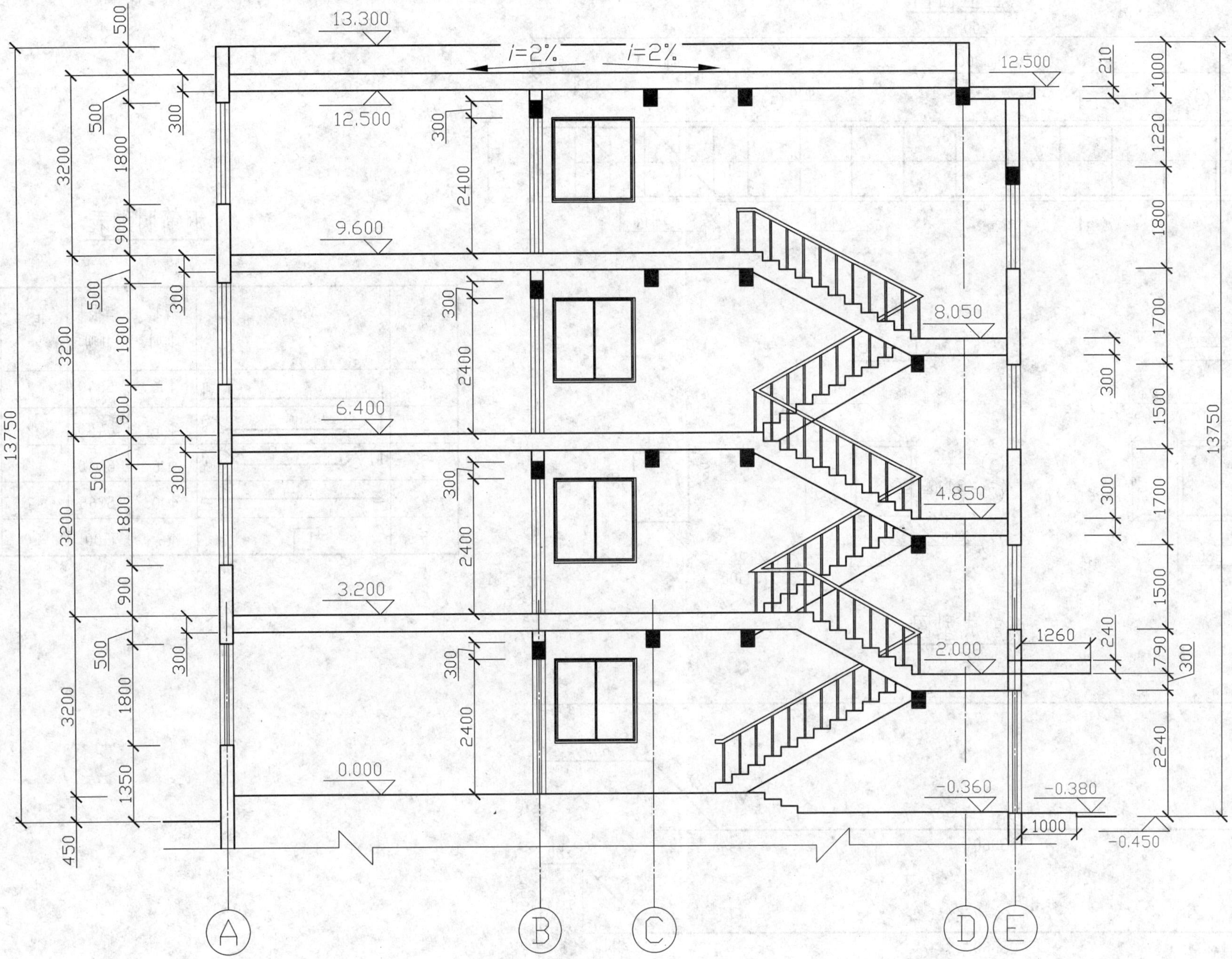

建筑剖立面图　1:100

二号学生宿舍楼			比例	学号	成绩
			1:100		
制图	（姓名）	（日期）	（单位）		
校核					

附图6　图7-57 大图

正立面图

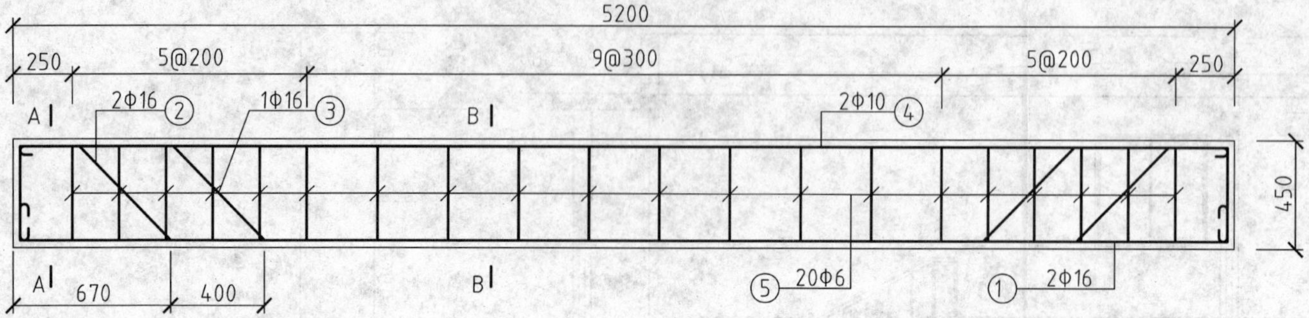

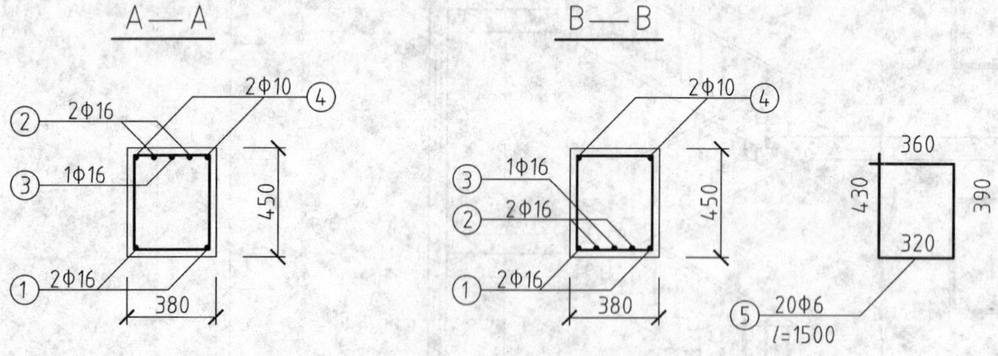

钢筋成型图

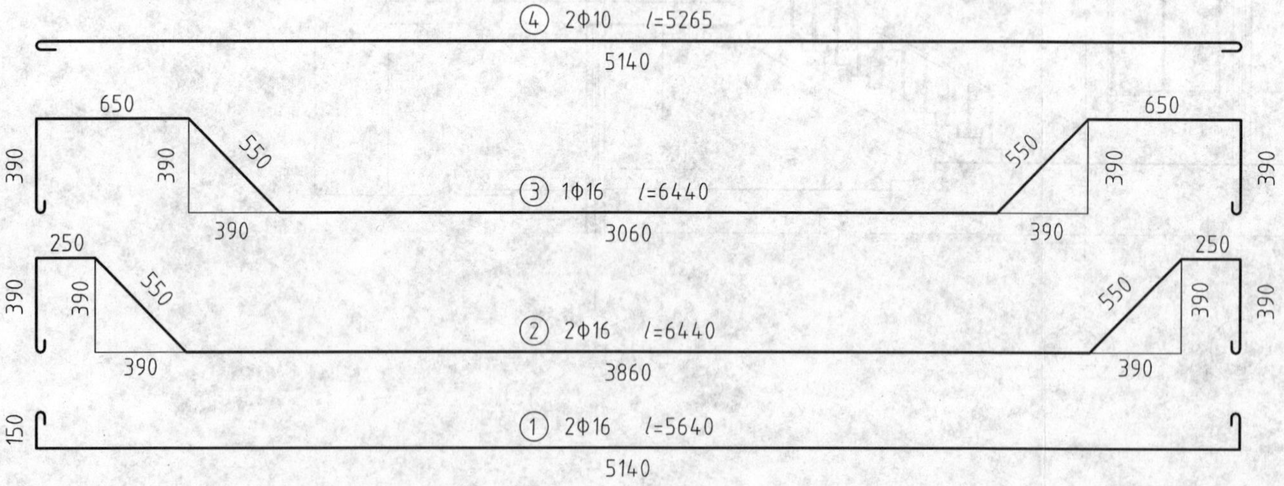

钢筋明细表

编号	型式	规格 (mm)	单根长 (mm)	根数	总长 (mm)	备注
1		Φ16	5640	2	11.28	
2		Φ16	6440	2	12.88	
3		Φ16	6440	1	6.44	
4		Φ10	5265	2	10.53	
5		Φ6	1500	20	30.00	

梁钢筋结构图			班级	学号	成绩
制图	（姓名）	（日期）	（单位）		
校核					

附图7 图7-73 大图

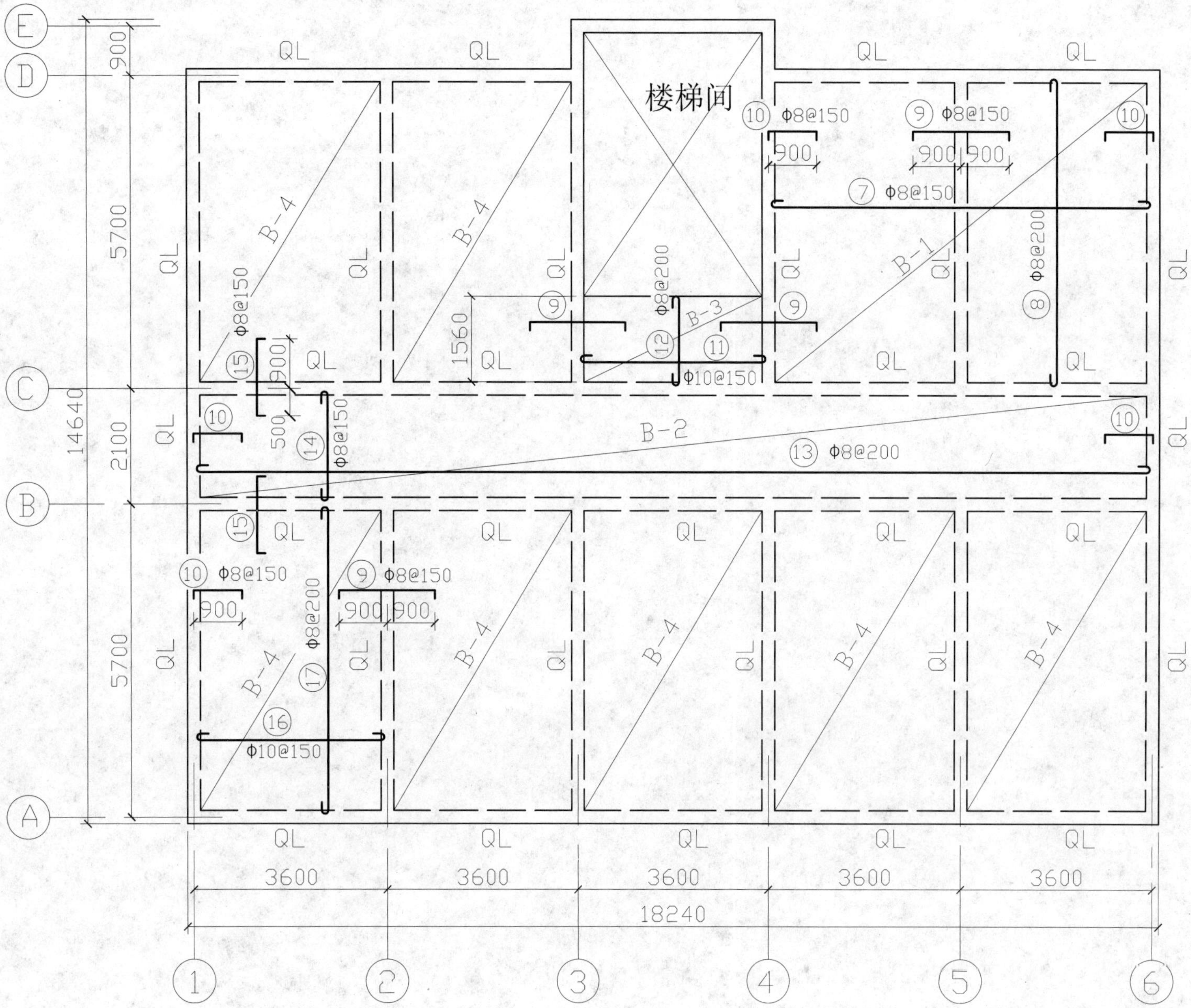

楼层结构平面图 1:100

楼板钢筋结构图			班级	学号	成绩
制图	（姓名）	（日期）	（单位）		
校核					

附图8 图7-80 大图